《航天遥感监测油料火灾污染环境行为的理论与方法》著者名单

陈志莉　刘　强　刘洪涛　唐　瑾

胡谭高　尹文琦　杨　毅　宁甲练

航天遥感监测油料

火灾污染环境行为的理论与方法

陈志莉　等著

化学工业出版社

·北京·

本书共分9章，分别对油料火灾的国内外研究现状和污染特征分析进行了概述，介绍了油料燃烧火焰特征光谱分析及提取方法研究，基于天-空-地一体化平台的油池火遥感监测实验研究，基于Landsat 8数据的油料火点及烟气遥感监测识别研究，基于航天遥感影像的油库火灾温度反演研究，油库目标遥感监测快速提取模型研究，基于航天遥感信息的油库火灾大气污染预测与评估研究，航天遥感探测识别地表溢油污染的初步探索研究以及对目前已有研究情况的总结。

本书内容具有专业性及新颖性，可供有应对突发油料火灾污染需求的政府机构的决策者、技术人员和管理人员，卫星传感器研发单位研究人员参考，也可供高等学校环境科学与工程、油气安全与防护等专业的师生参阅。

图书在版编目（CIP）数据

航天遥感监测油料火灾污染环境行为的理论与方法/陈志莉等著. —北京：化学工业出版社，2018.11
ISBN 978-7-122-32972-1

Ⅰ.①航… Ⅱ.①陈… Ⅲ.①航天遥感-应用-油料污染-火灾监测 Ⅳ.①X560.2

中国版本图书馆CIP数据核字（2018）第207380号

责任编辑：刘　婧　陈　丽　　文字编辑：汲永臻
责任校对：杜杏然　　装帧设计：刘丽华

出版发行：化学工业出版社（北京市东城区青年湖南街13号　邮政编码100011）
印　　刷：北京京华铭诚工贸有限公司
装　　订：三河市瞰发装订厂
710mm×1000mm　1/16　印张14½　彩插4　字数264千字
2019年3月北京第1版第1次印刷

购书咨询：010-64518888　　售后服务：010-64518899
网　　址：http://www.cip.com.cn
凡购买本书，如有缺损质量问题，本社销售中心负责调换。

定　　价：85.00元

PREFACE

前言

我国拥有油库数量众多且规模日益扩大，油库发生火灾爆炸事故的概率高、危害极大。现有油库火灾污染监测手段主要以地面现场监测为主，总体技术水平滞后，难以满足需要。航天遥感是快速、实时、动态、省时省力监测大范围油库火灾污染的最佳途径。国内外鲜有学者开展突发油库火灾污染航天遥感监测研究，缺乏航天遥感监测油库火灾污染的理论与方法。

本书阐述的内容是作者近年来承担的国家自然科学基金面上项目“航天遥感监测油库火灾污染环境行为的理论与方法研究”和国家863计划课题（军口）中部分关键研究成果的积累，同时得到了“中央支持地方高校市政工程重点学科、自治区优质本科专业给排水科学与工程项目经费资助”。现将部分研究成果进行系统整理后分享给读者。

本书共分9章，第1章综述了航天遥感监测各类火灾事故的国内外研究现状并分析了油料火灾污染特征。第2章阐述了油料燃烧火焰特征光谱分析，提出了油料池火焰识别指数OPFDI。第3章为基于天-空-地一体化平台的油池火遥感监测实验研究。第4章对多起油库火灾事故的Landsat 8影像进行了分析，提出了油料火灾火点及烟气遥感监测识别方法。第5章提出了采用Landsat 8 OLI影像第7波段构建油库火灾温度反演模型。第6章提出了一种基于小波与分水岭变换的遥感图像分割方法，可准确快速地提取油库目标，为后续模拟预测油库火灾污染提供几何建模依据。第7章为基于航天遥感信息的油库火灾大气污染预测与评估研究，并开发了相应的软件分析模块。第8章对地表溢油污染的航天遥感探测识别进行了初步探索研究，以实现及时发现油料泄漏事故从而减少发生火灾爆炸二次事故的风险。第9章对已有研究成果进行了总结。

本书各章分工如下：第1章由陈志莉、唐瑾、刘洪涛和刘强撰写；第2章由刘洪涛和刘强撰写；第3章由杨毅、陈志莉、刘强和唐瑾撰写；第4、第5章由刘洪涛、胡谭高和陈志莉撰写；第6章由胡谭高撰写；第7章由刘强和陈志莉撰写；第8章由尹文琦、刘强和宁甲练撰写；全书由陈志莉、刘强、杨毅和宁甲练统稿。

本书的相关研究得到了周志鑫院士、孟新研究员、万志龙研究员、李为民教授、程承旗教授、李秉秋研究员、张学庆研究员、杨震研究员等专家的无私指点与帮助，在此表示衷心的感谢。本书的出版得到了桂林理工大学出版基金的资助，另感谢桂林理工大学环境科学与工程学院在本书出版过程中给予的支持与帮助。

由于作者水平所限，书中不妥之处在所难免，恳请各位专家与读者批评指正。

著者

2019 年 1 月

CONTENTS

目录

第1章 绪论

1.1 研究背景

油库是国家石油储存和供应的基地。我国拥有油库数量众多且规模日益扩大，一旦发生油库火灾爆炸事故则危害巨大。而现有的油库火灾污染监测理论与方法严重滞后，不能满足突发油库火灾污染应急监测与快速响应的需要。本研究利用航天遥感等先进技术监测油库火灾污染，是远距离快速发现与大尺度动态监测油库火灾污染的最佳途径，对提高我国突发油库火灾污染应急监测与快速响应能力、维护人民生命财产安全、大幅减少国家经济损失、维护国防安全及保护生态环境均具有极其重要的意义。

油库发生火灾爆炸事故的风险、危害极大。据统计，油库发生事故的概率非常高，油库火灾爆炸是最为常见的事故，火灾爆炸事故占油库事故总数的42.4%以上，我国每年因各类油库火灾、事故带来的损失达数亿元。另外油库作为重大危险源，也易成为恐怖袭击和未来战争打击的重点目标。2005 年，国内外连续发生了多起油库和罐区重大火灾事故，造成了重大经济损失，给社会带来了恶劣影响。2005 年 12 月 11 日，英国伦敦的邦斯菲尔德油库发生了油气泄漏导致的剧烈火灾爆炸事故，大火持续了 60h，油库 20 余座油罐损毁，燃烧产生了大量浓烟，造成了严重的大气污染，浓烟长度最大时达到了 320km。2013 年 11 月 22 日，青岛东黄输油管道发生火灾爆炸事故，共导致 62 人死亡，136 人受伤，直接经济损失约为 7.5 亿元人民币。2015 年 6 月 10 日，乌克兰基辅州一油库发生爆炸，火灾造成至少 4 人丧生，12 人受伤。

油库火灾污染航天遥感监测研究是应急监测与快速响应的迫切需要。油库火灾通常会形成大范围火场及污染，只有大范围、多位点、快速监测污染状况才有实用价值。现有油库火灾监测技术主要是传统的地面现场监测方法，仅能获取近地面小区域空间的污染信息，监测范围局限性很大，监测设备安全隐患大，监测成本高，总体技术水平滞后，不能满足突发油库火灾污染应急监测与快速响应的需要。而航天遥感能够进行大面积、全天时、全天候的环境监测，能够提供常规环境监测手段难以获得的跨省界、跨国界乃至全球性的环境遥感数据，不但可以快速、实时、动态、省时省力地监测大范围的油库火灾污染，还可以实时、快速跟踪突发油库火灾污染的发展状况，能够提供综合系统性、瞬时或同步性的污染区域信息，是突发油库火灾污染应急监测的最佳途径。目前，除本课题组前期研究外，国内外鲜有学者针对突发油库火灾污染开展航天遥感监测研究，也鲜有相关遥感监测影像资料。同时，由于油库火灾爆炸事故通常伴随火焰传播、产生强烈热辐射及各类复杂污染物质并易发生“多米诺效应”等复杂化学反应，形成更为复杂的污染物质，如何利用航天遥感技术监测油库火灾污染的环境行为是一大技术难题，因此，开展油库火灾污染航天遥感监测研究是油库火灾污染应急监测与快速响应的迫切需要。

综上所述，为了满足突发油库火灾污染应急监测与快速响应的需要，必须对航天遥感技术监测油库火灾污染环境行为的理论与方法进行系统深入的研究，提出一套系统的、具有可操作性的理论和方法去支持突发油库火灾污染的宏观、快速、连续和动态的监测。

1.2 国内外研究现状

目前针对油料火灾的航天遥感监测研究较少，但针对其他形式的火灾，如森林火灾、草原火灾、煤田火灾等，国内外学者已开展了广泛的航天遥感监测研究，使用的卫星包括 Terra、Landsat、SPOT、Quick Bird 及 IKONOS 等[1~7]。

1.2.1 基于 AVHRR 数据的火灾监测研究

航天遥感技术应用于火灾监测始于 20 世纪 70 年代末 80 年代初，通过遥感手段分析火灾污染信息效率高，具有其他监测手段无法比拟的优势。国内外针对森林火灾面积开展了系列遥感监测研究，以遥感图像的目视解译法及数据统计法为主。遥感图像法是利用火灾前后图像差异对森林火灾面积进行估算，该方法早期研究基于NOAA/AVHRR数据，AVHRR具有空间分辨率低、时间分辨率高的特点[8,9]。1987年我国多处森林火灾在NOAA气象卫星的影像上被发现，研究人员对火灾进行了实时监测，先后分析了多景遥感影像，及时掌握了林火蔓延动态等重要信息，为消防指挥人员的决策提供了依据。1999年我国已有3个监测中心，包括30个省共157个林火卫星监测网，可直接调用监测影像对林火信息进行研究[10]。易浩若[11]基于NOAA卫星的AVHRR数据，通过灰度修正像元等四种方法并结合地理信息系统计算森林过火面积，精度可达90%。国外研究人员早期基于AVHRR数据分析了废气燃烧、秸秆焚烧及植被燃烧等信息[12,13]。

1.2.2 基于MODIS数据的火灾监测研究

AVHRR数据主要集中使用于遥感探测火灾研究的早期阶段，随着科技的不断发展，卫星遥感技术不断成熟，越来越多先进的卫星传感器被用于火灾监测的研究中。近年来Terra卫星上的MODIS数据被广泛用于火灾监测研究中[14~16]。根据维恩位移定律，物体的温度升高，其对应的发射光谱峰值波长向短波方向移动。燃烧火焰的温度通常可以达到几百甚至上千开尔文，火焰发射光谱的峰值波长应该比常温地物发射光谱的峰值波长短。Kaufman等[17]提出了固定阈值法提取火点像元。该方法基于MODIS中红外通道（中心波长为4μm）及热红外通道（中心波长为11μm）对高温火点及背景地物的不同响应，通过设定阈值来提取火点像元，该算法的主要判别式为：

$$T_4 \geqslant 320\text{K} \tag{1.1}$$

$$T_{11} \geqslant 250\text{K} \tag{1.2}$$

$$T_4 - T_{11} \geqslant 10\text{K} \tag{1.3}$$

$$T_4 > T_{4\text{b}} + \delta T_{4\text{b}} \tag{1.4}$$

$$T_4 - T_{11} > \delta T_{41\text{b}} + \delta T_{41\text{b}} \tag{1.5}$$

式中，T_4、T_{11}分别表示MODIS中心波长为4μm通道及11μm通道的亮温；$T_{4\text{b}}$表示波长为4μm通道的常温背景像元的亮温均值；$T_{41\text{b}}$表示4μm通道及11μm通道的像元亮温差均值；$\delta T_{4\text{b}}$表示4μm通道背景像元亮温标准差；$\delta T_{41\text{b}}$表示4μm通道及11μm通道的像元亮温差的标准差。满足上式中的像元可视为火点像元。段卫虎等[18]通过该算法，成功的识别了位于我国西南地区的林火。

李建等[19]以MODIS为数据源，通过Kaufman提出的亮温阈值法对林火的探测识别进行了研究，并以空间分辨率更高的HJ-1BIRS数据进行精度对比验证。结果表明，亮温阈值法识别林火的效率和精度较高，但算法中的阈值设定对识别精度的影响较大，且识别结果受研究区、气候、气象、植被类型及遥感传感器类型影响较大，高温裸地等地物对识别精度也有一定的影响，在该算法的基础上引入燃料掩膜法可有效去除高温噪声像元引起的误判，但受植被种类及季节变化影响较大，且燃料掩膜需要火灾发生前的影像数据进行 NDVI 最大值合成，时效性不及亮温阈值法。覃先林等[20]基于 MODIS 数据，对比分析了亮温阈值法与亮温-植被指数法识别森林火点像元的精度，结果表明亮温-植被指数法的精度更高，总体识别精度可达 80%。

森林火灾发生前绿叶在红外波段有较强的吸收，在近红外波段有较强的反射，在遥感影像上植被信息可用归一化植被指数（NDVI）来识别。森林发生火灾后，树叶遭到毁伤，其叶片的光谱特性发生显著变化[21]。张春桂[22]基于 MODIS 数据，通过分析波段 2 的反射率在火灾前后的变化识别过火面积，通过灾前、灾后 NDVI 的变化来识别毁林面积，并与野外调查的结果进行精度验证，结果表明精度较高。针对 MODIS 数据空间分辨率较低、高温火点存在混合像元的问题，研究人员提出了亚像元火点温度及发射强度的反演方法。Peterson 等[23]分析了背景像元辐射强度与包含火点像元高温辐射间的差异，提出了火点像元的发射强度计算模型，基于 Dozier 提出的亚像元火点像元温度反演方法反演了火灾温度。崔学明等[24]使用 MODIS 数据，基于 Dozier 提出的亚像元火点计算模型，求解高温火点温度和面积，并对比相同卫星上空间分辨率更高的 ASTER 数据，结果表明该方法计算火点面积较为理想。为克服 MODIS 数据空间分辨率较低的问题，黄诚等[25]对 MODIS 的林火监测数据进行了像元分解处理，结果表明该方法对克服 MODIS 空间分辨率低的缺点有一定的帮助。MODIS 火灾识别算法受地域及气候等因素的影响，焦琳琳等[26]基于 MODIS 火灾数据产品（MOD14）对我国境内的野火分布进行了研究，分析了影响野火空间分布识别精度的因素。Justice 等[27]验证了 MODIS 火灾数据产品（MOD14）对火点提取的有效性，以非洲发生的火灾影像为数据源，并将提取结果与 ASTER 影像提取结果进行了对比分析。MODIS 用于探测火点的两个通道的空间分辨率均为 1km，对于低温、面积较小的闷烧火点提取有一定的限制。Louis Giglioa 等[28]对 Kaufman 的火点探测识别算法进行了改进，可有效识别尺度更小、温度更低的火点，并降低了错误判别的概率。Liming 等[29]研究指出，太阳辐射会降低 4μm 通道火点与周边地物之间的辐射亮度差异，为了降低太阳辐射对该通道探测火点精度的影响，提出了一种新的火点识别算法。

研究人员基于 MODIS 数据，还对其他形式的火灾开展了系列研究。齐少群等[30]使用 MODIS 数据对哈尔滨地区的秸秆焚烧区域进行了提取分析。Wang

等[31]针对温度更低、尺度更小的火灾探测提出了改进的火点识别算法。Blackett[32]针对印度尼西亚火山活动，对比了可见-红外成像仪 VIIRS 及 MODIS 对高温火山的探测结果，结果表明基于 VIIRS 数据的探测结果更优，两种传感器对火山探测的差异主要由空间分辨率的差异决定。

1.2.3 基于 Landsat 卫星数据的火灾监测分析

由于 MODIS 数据空间分辨率较低，对类似于森林火灾、草原火灾及煤田火灾这类大尺度火灾的监测效果较好，但对于尺度较小的火灾往往具有局限性。研究人员基于其他卫星数据，开展了火灾监测研究。目前研究较多的是 Landsat 系列卫星数据。Landsat 系列卫星由美国 NASA 发射，共发射了 8 颗卫星（第 6 颗卫星发射失败），目前仍在运行的卫星为 Landsat 7 及 Landsat 8。Landsat 7 卫星共包括 8 个通道，包括 6 个可见-近红外通道，1 个热红外通道及 1 个全色影像通道。6 个可见-近红外通道影像数据空间分辨率为 30m，热红外通道影像数据空间分辨率为 60m，全色影像数据空间分辨率为 15m。相比 MODIS 数据，Landsat 系列卫星数据的空间分辨率有很大的提高，更适用于监测火灾[33]。国内外研究人员基于 Landsat 系列卫星数据监测森林火灾[34~36]、煤田火灾[37,38]及火山活动[39]等并开展了广泛研究，获得了较好的火烈度评估效果[40,41]。野火在世界范围内广泛存在，Landsat 影像数据可有效区分燃烧与未燃烧区域，对火灾预警也有较好的评估效果。王新民等[42]基于 Landsat TM 数据对大兴安岭特大森林火灾进行了研究，通过遥感影像计算了过火面积，计算精度较高，为消防指挥提供了重要信息。吴立叶等[43]基于 Landsat TM 两景影像数据分析了江西省武宁县的林火迹地。马建行等[44]基于 Landsat 8 数据，研究了不同燃烧指数对秸秆焚烧区域的提取效果，可有效区分焚烧区与未焚烧区。李军[45]基于 Landsat TM 影像数据提取了大同煤层自燃灾害区，提取精度可达 80%。李如仁等[46]根据 Landsat 8 影像数据对乌达矿区的煤火变化趋势进行了研究，提取了煤田区的温度变化信息。谭柳霞等[47]利用 Landsat 5 TM 数据分析了归一化植被指数、归一化火烧指数、差分归一化植被指数和差分归一化火烧指数对林火烈度评估适应性，结果表明归一化火烧指数提取未燃烧及轻度燃烧火灾的精度较高，差分归一化火烧指数提取中度及重度火灾精度较高。Pereira 等[48]基于 Landsat 5 TM 影像研究了火点像元的检测，结果表明通道 4（0.76～0.9μm）是识别火点的有效通道，火点像元在该通道的 DN 值变化最剧烈。利用第 5 通道（1.55～1.75μm）也可以检测火点，但容易与水体发生混淆，需通过第 4 通道的数据进行辅助检验。Salvador 等[49]研究表明可用 Landsat MSS 影像数据识别火灾区域，可通过分析火灾发生前后遥感影像的变化了解火灾发生区域植被的恢复情况，分析火灾受损最严重的区域及火灾发生的原因。Koutsias 等[50] 基于 Landsat 5 TM 影像，分析研究了两种回归模型对林火烧迹地的提取效果，两种模型分别基于 TM 4、TM 7、TM 1 及 TM 4、TM 7、TM 2 波段数据，结果表明所用的两种模型的提取精度分别为 97.37%、97.30%。Maingi[51] 对美国东部的阔叶橡树林火点进行了探测研究，结果表明 ETM＋3、ETM＋4 及 ETM＋7 三个波段的信息可有效区分火点与非火点，使用非标准主成分分析模型可有效识别火点。归一化燃烧比的差值对森林过火面积的提取效果较好，但大气条件的变化对提取的精度有一定的影响[52]。

研究人员根据研究目标的光谱特性，通过波段间的非线性组合构建了系列地物识别指数，例如归一化植被指数、归一化水体指数等。森林火灾及草原火灾扩散面积较大，火灾破坏了健康植被的叶片，导致近红外波段反射率降低。火灾燃烧了大部分枝叶，导致树的阴影减少，在遥感影像上表现为短波红外反射率增高，可利用火灾前后影像的近红外及短波红外反射率的变化提取过火面积。针对灾后植被恢复的情况，研究人员提出了归一化燃烧率［NBR，$NBR=(\rho_5-\rho_7)/(\rho_5+\rho_7)$］提取过火面积[53]，$\rho_5$ 及 ρ_7 分别表示第 5 波段及第 7 波段反射率。

1.3 油料火灾污染特征分析

基于模拟油库火灾外场实验数据，以及对油料燃烧产物及污染特征进行系统分析研究得出：火焰光谱、烟气、溢油反射光谱及局部高温特性可作为油料火灾航天遥感监测识别的特征污染。主要结论如下。

① 油料火灾燃烧产生的主要污染物包括炭黑、CO、NO、NO_x、烃类化合物、SO_2 等，且在油料火灾不同阶段，主要产物的浓度均不相同。芳香族类物质及 H_2S 等均未检出或浓度极低，因此，把芳香族类物质作为油料火灾特征污染物之一而进行航天遥感监测的难度较大。

② 油料燃烧的发烟速率较大，燃烧产生的大量炭黑使得烟气特征明显不同于其他可燃物。烟气可作为油料火灾航天遥感监测识别的污染特征之一。

③ 油料燃烧火焰的发射光谱特征取决于其燃烧产物的光谱吸收与发射，在可见光-红外波段范围内的辐射特征明显不同于其他几种燃料火焰光谱。油料火焰光谱可作为油料火灾污染航天遥感监测识别的特征之一。

④ 油库突发火灾污染事故易造成油料的泄漏，引起水上或地面溢油事故。水上及地面溢油的发射光谱特性可作为油料火灾污染航天遥感识别的特征之一，

为油料火灾航天遥感识别提供依据。

⑤ 实验测得油料火灾燃烧区域中心温度可达1400K以上，明显高于木柴、煤炭、纸张等常规可燃物。局部高温也可作为油料火灾污染航天遥感识别的特征之一。

第2章 油料燃烧火焰特征光谱分析及提取方法研究

2.1 紫外-近红外波段范围内油料池火焰光谱特性研究

2.1.1 实验方法

采用 SSGP-GXJL100 动态瞬时光谱辐射计，对各种油品燃烧火焰的可见光和近红外光谱进行测试分析。试验所用光谱辐射计测量范围为 354～845nm，光谱分辨率为 1nm。测试所用油盘为直径 10cm、高 3cm 的铁盘。点火设备为加加林（JAJALIN）电子点火器。

分别测试 92# 汽油、95# 汽油、0# 柴油及航空煤油的火焰光谱，92# 汽油、95# 汽油、0# 柴油购于某加油站，航空煤油购于某机场。由于实际油料火灾可能发生不同种类油品的储罐爆炸燃烧，为分析混合油品光谱特征，将 92# 汽油与 95# 汽油分别按 1∶1、2∶1 的比例混合，92# 汽油与 0# 柴油分别按 1∶3、3∶1的比例混合。为保证实验的可重复性，每次实验用油量为 60mL。

测试在晚间进行，气压为标准大气压，温度为 26℃±2℃。将待测油料倒入油盘后点燃，将油盘围上挡风板，减少风的脉动对实验结果的影响，如图 2.1 所示。点燃被测油料并调节透镜高度，使火焰燃烧成像可汇聚在 SSGP-GXJL100 瞬时光谱辐射计的入射狭缝处。通过 SSGP-GXJL100 瞬时光谱辐射计的数据记录分析火焰的实时光谱分布情况，采集光谱分布图并记录数据。测试过程如图 2.2 所示。

图 2.1　油料燃烧平台

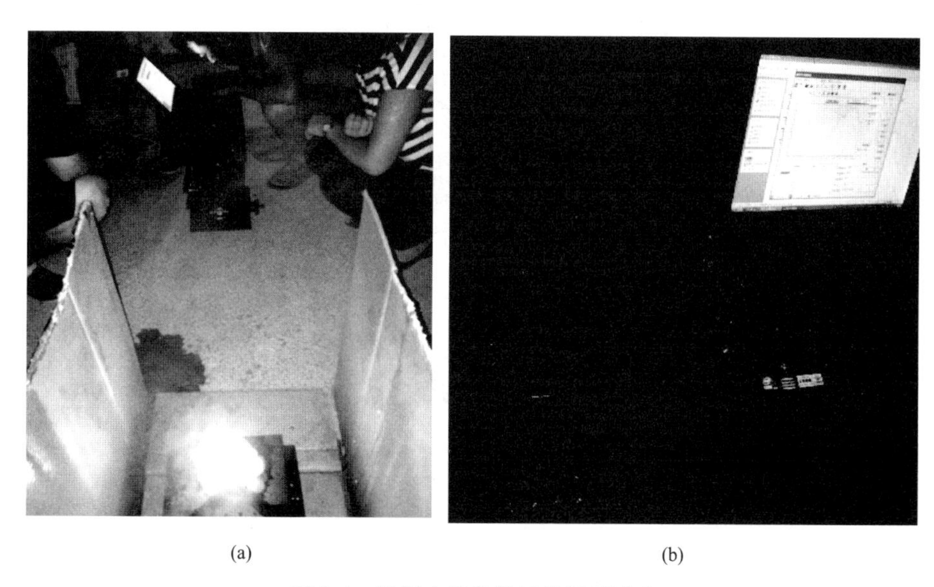

(a)　　　　(b)

图 2.2　油料火焰光谱特性测试试验

2.1.2　油料池火焰光谱特性分析

SSGP-GXJL100 动态瞬时光谱辐射计测得的数据为火焰辐射亮度经过光电转换后的电压信号。实验测得的一组 0# 柴油池火燃烧火焰原始光谱信号结果如图 2.3 所示。从图中可以看出，在 700～800nm 范围内电压信号较强，在 750nm 附近存在一个电压信号最大值。油池火燃烧从点燃至熄灭一般需经过三段发展历程：起火发展阶段、稳定燃烧阶段及衰减熄灭阶段，油池火燃烧三个阶段的燃烧强度可用质量损失速率表征，如图 2.4 所示。其中在起火发展阶段燃料与氧气发生剧烈氧化反应，并伴随着发光发热的现象，在该阶段火焰温度急剧上升，质量损失速率不断增加，对应图 2.4 中的阶段Ⅰ；到了稳定燃烧阶段池火温度在最高值附近上下波动，该阶段火焰温度平均值较为稳定，质量损失速率达到最大值，如图 2.4 中的阶段Ⅱ；随着燃烧过程的进行，燃料逐渐消耗殆尽，燃烧随即进入衰减熄灭阶段，温度急剧下降直至燃烧停止，质量损失速率在该阶段不断减小，对应图 2.4 中的阶段Ⅲ。$0^{\#}$ 柴油在图 2.3 中用虚线勾选出来的谱线，电压信号幅值在同组实验中较低，即在火焰的起火发展及衰减熄灭阶段测得的光谱信号，该阶段火焰向外辐射能量减少，电压信号强度低，符合油池火燃烧发展机理。研

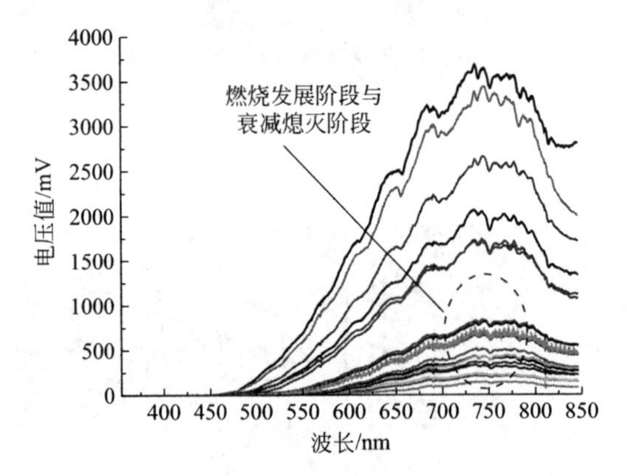

图 2.3　$0^{\#}$ 柴油池火燃烧火焰原始光谱信号

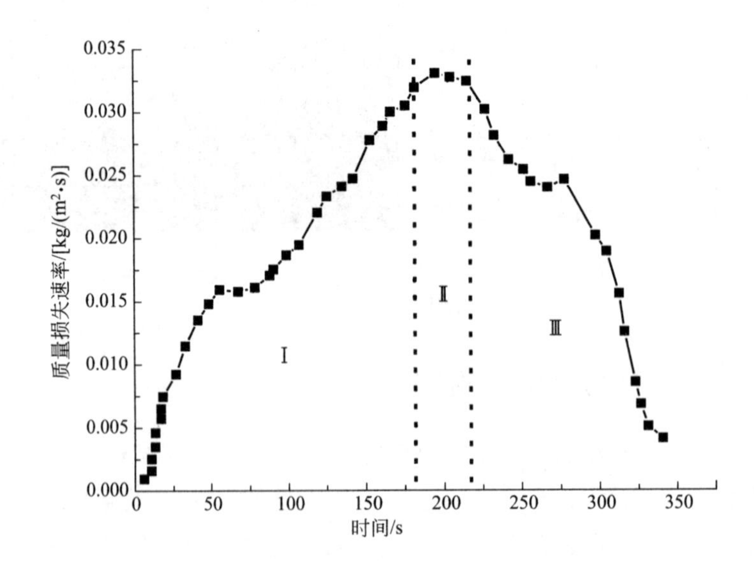

图 2.4　油池火燃烧质量损失速率曲线

究表明火焰温度对火焰光谱的亮度具有一定影响。

光谱辐射仪测试得到的原始数据为电压信号，由于光谱仪在不同波段处的响应是不同的，为获得火焰辐射亮度信号，必须对原始电压信号进行校正，光谱信号系数校准曲线如图 2.5 所示。

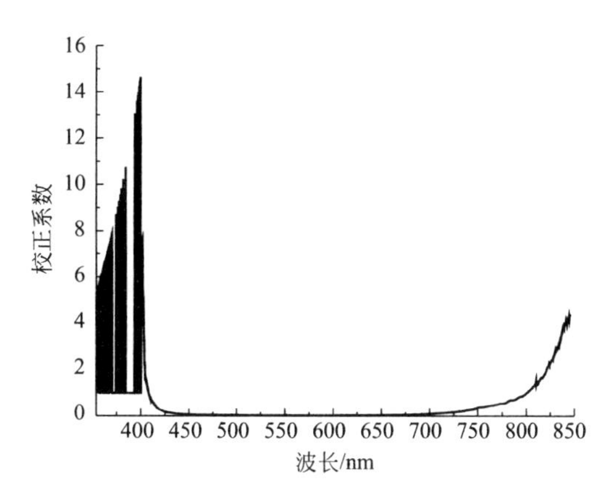

图 2.5　光谱信号系数校准曲线

将电压信号校正成辐射亮度信号方法为：

$$R_\lambda = C_\lambda V_\lambda \tag{2.1}$$

式中，R_λ 表示波长 λ 处火焰光谱辐射亮度；C_λ 表示波长 λ 处的校正系数；V_λ 表示波长 λ 处电压信号。

火焰燃烧过程中温度波动变化及自身的脉动特性，使火焰辐射具有不同的强度。当物体的温度一定时，物体对外发射通量密度可通过普朗克方程及物体的发射率计算：

$$E_\lambda = \varepsilon B(\lambda, T) = \frac{\varepsilon 2\pi h c^2}{\lambda^5 (e^{\frac{hc}{\lambda k T}} - 1)} \tag{2.2}$$

式中，h 表示普朗克常数，$h = 6.63 \times 10^{-34}$ J · S；c 表示光速，$c = 3 \times 10^8$ m/s；k 表示玻尔兹曼常数，$k = 1.38 \times 10^{-23}$ J/K；ε 为物体的辐射发射率，是一个无量纲数值，大小在 0～1 之间，物体发射率与物体自身性质及波长有关；T 表示温度。式中，$B(\lambda, T)$ 表示普朗克方程，用于描述绝对黑体辐射通量密度，黑体是一个理想化的特殊物体，黑体对外界能量只吸收不反射。本研究中将火焰视为朗伯体，不考虑火焰辐射在不同方向上的差异，测试得到的火焰光谱辐射亮度为：

$$R_\lambda = \frac{E_\lambda}{\pi} \frac{\varepsilon 2\pi h c^2}{\pi \lambda^5 (e^{\frac{hc}{\lambda k T}} - 1)} \tag{2.3}$$

物质在外界能量的激发作用下可产生特征谱线，本研究目标是各油品燃烧的火焰，同时也是激发燃烧产物的能量源。实验过程中对各油品稳定燃烧阶段的火焰光谱进行了多次测量，火焰光谱的辐射亮度随波长的变化规律如图 2.6 所示。由于油料燃烧过程中火焰脉动的影响，同一种油品的火焰光谱多次测量数据之间存在一定波动，本质上并没有不同。各油品及混合油品池火焰光谱辐射亮度随波长变化规律相似，在 354～700nm 波段范围内光谱强度较低，在 700nm 后各组光谱曲线呈指数函数形式增加。油池火燃烧是高温油蒸气与空气之间发生的剧烈的氧化反应过程，空气不断被卷吸进火焰内部，因此火焰在燃烧过程中存在较大的脉动频率，对外辐射能也在平均值附近波动。当池火焰从稳定燃烧阶段向衰减熄灭阶段过渡时，其发射光谱的强度逐渐降低。各组油料池火焰在紫外-可见光波段范围内（354～780nm）特征发射波段的发射峰强度不明显。油池火主要的燃烧产物包括 H_2O、CO_2、CO 及烟尘颗粒等，各油品池火焰的光谱特征如图 2.6 中放大区域显示，在 810nm 处存在微弱的发射峰，是燃烧产物 H_2O 的特征峰。

不同物质由不同的分子及原子构成，因此其光谱具有区别于其他物质光谱的特征。实验所选用的几种油品均提炼于原油。柴油主要由直链烷烃、支链烷烃及芳香烃等烃类组成，其中芳香烃占 30%～35%。柴油的黏度较大，与汽油相比，柴油的长链 C—H 的比例更高，但芳香烃含量低于汽油。航空煤油成分复杂，包含上千种化合物，其中有机化合物包括碳原子数目不同的链烃、环烷烃等烃类，结构复杂的芳香族化合物，各成分随油品产地的不同而变化。航空煤油不易蒸发，燃烧热稳定性好，热值较高，适用于涡轮发动机及冲压发动机，由于其使用环境的限制，其中总的芳烃及烯烃含量要低于一定的限值，例如美国的 JP-4 航空煤油。汽油除了包含烷烃及环烷烃等烃类物质外，还包括含有硫、钒等杂原子的化合物，92# 与 95# 汽油的区别主要在于辛烷值的不同。汽油与航空煤油相比更易挥发，燃烧发展速度更快。综上分析，实验中所选用的各油品主要由烃类化合物组成，在开放空间条件下，火焰燃烧过程中将产生多种自由基参与反应，燃烧的主要产物为 H_2O、CO_2、CO 及烟尘颗粒等，无明显差别，因此各油品及混合油品池火焰光谱特征相似。

2.1.3 油料池火焰光谱强度研究分析

油池火在燃烧过程中不断向外辐射热量，对各油品及混合油品的池火焰光谱辐射亮度进行计算，可掌握小尺度油池火燃烧辐射能的变化规律。油池火焰辐射亮度及平均辐射亮度计算方法如式(2.4)、式(2.5) 所示。油池火焰光谱波段平均光谱强度可反映测试波段范围内油池火焰光谱强度变化特征，计算方法如式(2.6) 所示。

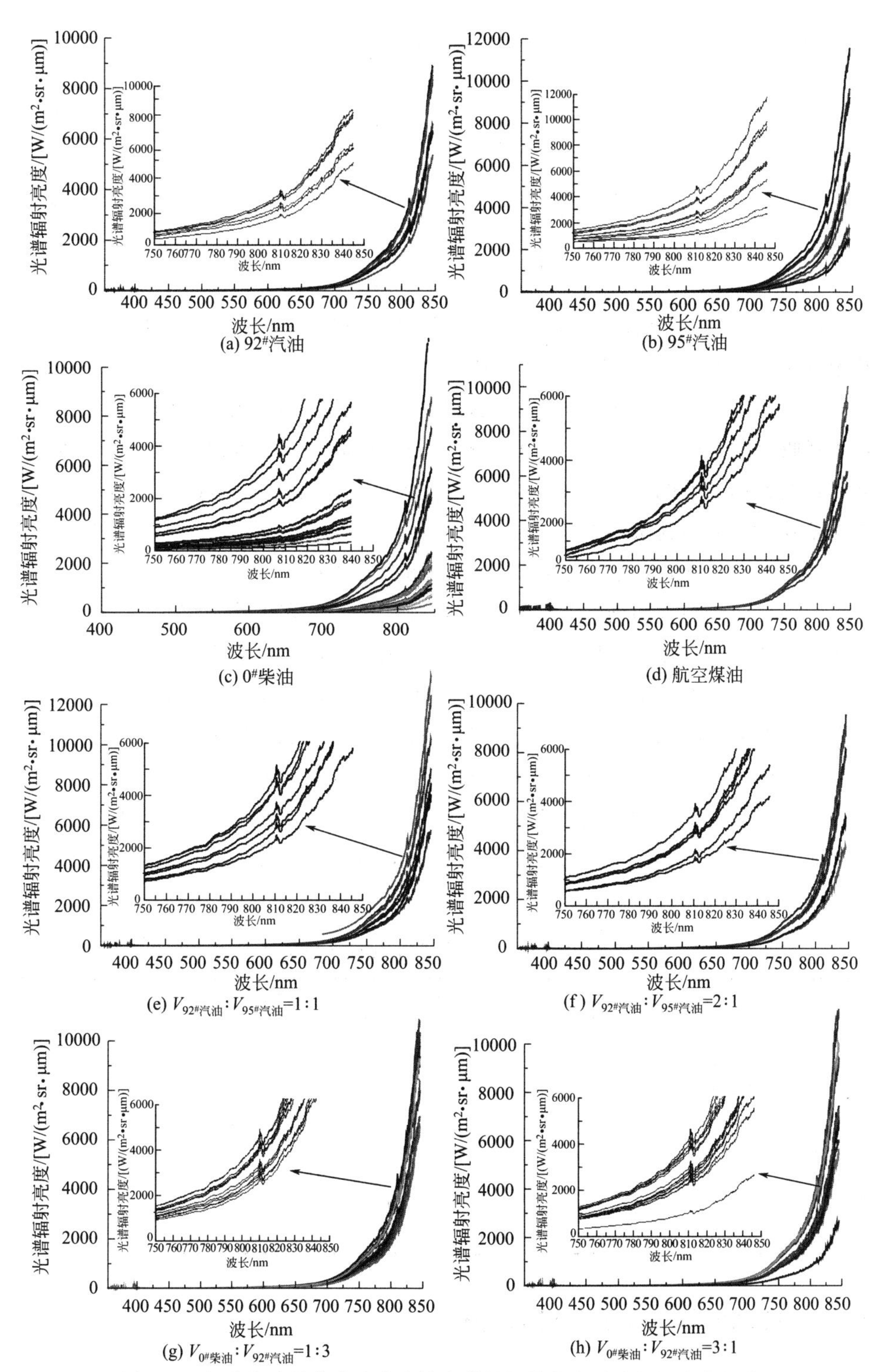

图 2.6　各油品及混合油品池火焰光谱的辐射亮度随波长的变化规律

$$R=\int_{\Delta\lambda} R_{\lambda}\,\mathrm{d}\lambda \tag{2.4}$$

$$\overline{R}=\frac{\int_{\Delta\lambda} R_{\lambda}\,\mathrm{d}\lambda}{N} \tag{2.5}$$

$$\overline{R}_{\Delta\lambda}=\frac{\sum_{i=1}^{N}\int_{\Delta\lambda} R_{\lambda}\,\mathrm{d}\lambda}{N(\lambda_{n}-\lambda_{1})} \tag{2.6}$$

式中，$\Delta\lambda$ 表示测试波长范围，nm，354～845nm；R_{λ} 表示波长 λ 处火焰发射光谱强度；N 表示每组实验测试次数。

实验过程中光谱仪距离火焰较近，忽略光谱仪探测与火焰之间大气对火焰辐射能吸收及散射的影响，燃烧过程中火焰自身的脉动特性及测试环境中风速的变化可影响火焰光谱的强度，在一定程度上也容易造成火焰辐射能量的波动变化。各油品及混合油品池火焰光谱强度计算结果如表 2.1 所列。实验测得的各油品及混合油品池火焰光谱辐射亮度计算结果如图 2.7 所示，各组油品及混合油品池火焰光谱强度变化与油料池火焰各燃烧阶段规律相符。在燃烧发展阶段，火焰的燃烧强度逐渐加剧，温度不断升高，对外辐射强度逐渐增强，火焰光谱强度也呈逐渐上升的趋势；在燃烧稳定阶段，火焰的温度最高，燃烧强度最大，火焰温度在最大值附近上下波动，根据斯特藩玻尔兹曼定律，火焰的辐射强度与火焰温度四次方成正比，即火焰的辐射能在火焰稳定燃烧阶段在最大辐射亮度上下波动，因此计算得到的火焰光谱强度也在最大值上下波动；在衰减熄灭阶段，随着液态燃料逐渐燃烧殆尽，火焰的对外辐射强度逐渐降低，火焰光谱强度也呈逐渐降低的趋势。

表 2.1 油料池火焰光谱强度计算结果 单位：$\mathrm{W/(m^2 \cdot sr)}$

油品	光谱强度范围	平均光谱强度	波段平均光谱强度
92# 汽油	$2.64\times10^4\sim4.73\times10^5$	2.67×10^5	544.5
95# 汽油	$1.88\times10^4\sim4.7\times10^5$	2.7×10^5	550.1
0# 柴油	$1.48\times10^4\sim4.5\times10^5$	1.3×10^5	272.1
航空煤油	$1.89\times10^4\sim4.79\times10^5$	2.14×10^5	435.4
$V_{92^{\#}汽油}:V_{95^{\#}汽油}=1:1$	$2.34\times10^4\sim4.7\times10^5$	2.59×10^5	528.1
$V_{92^{\#}汽油}:V_{95^{\#}汽油}=2:1$	$2.35\times10^4\sim3.67\times10^5$	2.56×10^5	521.1
$V_{0^{\#}柴油}:V_{92^{\#}汽油}=1:3$	$2.54\times10^4\sim4.56\times10^5$	2.62×10^5	712.8
$V_{0^{\#}柴油}:V_{92^{\#}汽油}=3:1$	$1.09\times10^4\sim4.68\times10^5$	2×10^5	395

2.1.4 其他燃料火焰光谱特性分析

遥感探测识别的基础是研究目标的光谱特征。为深入分析油池火焰光谱特

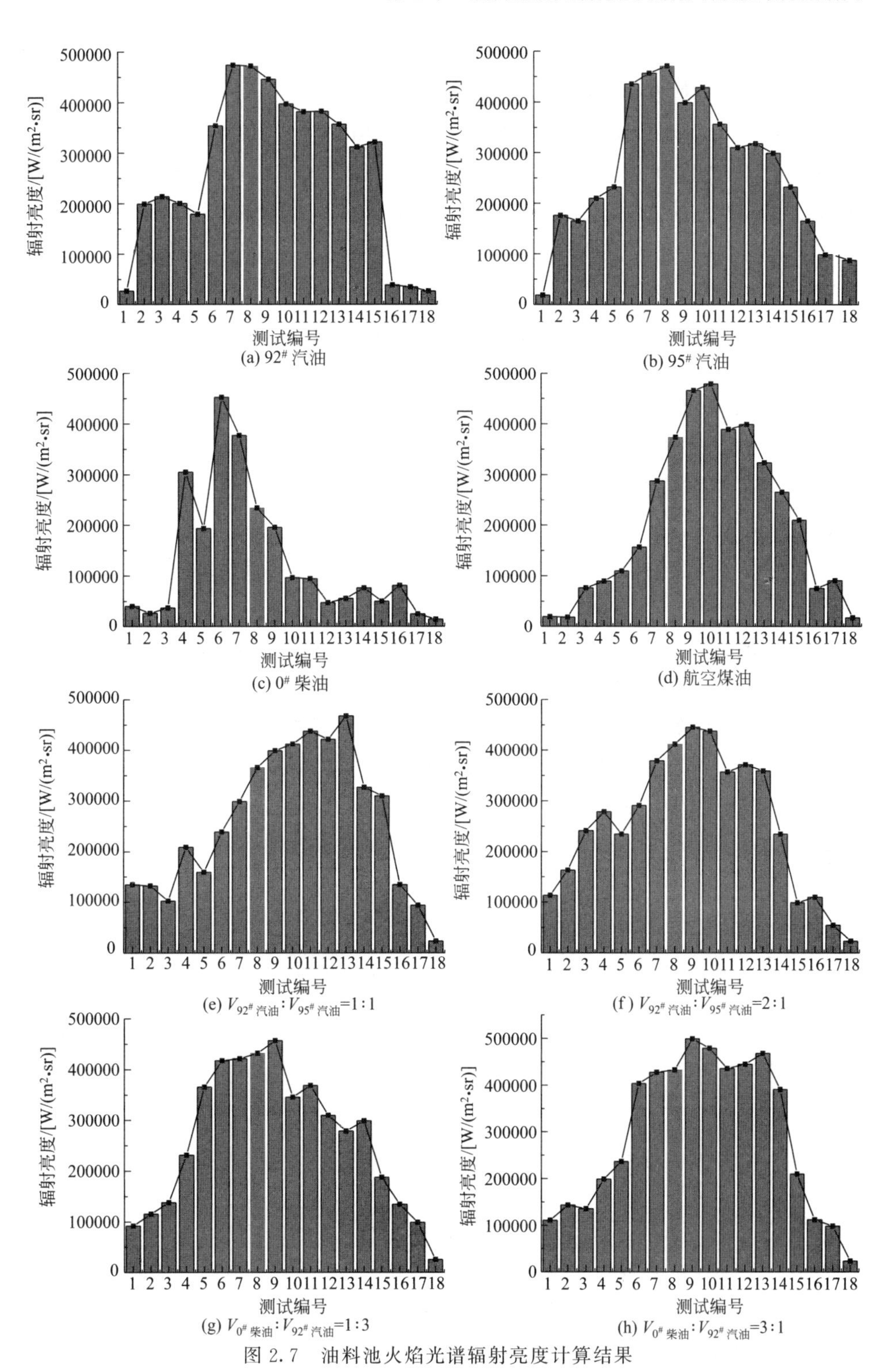

图 2.7　油料池火焰光谱辐射亮度计算结果

征，探索了在紫外线、可见光及近红外波段范围内油池火焰与其他燃料火焰光谱的差异，并对其他燃料火焰光谱特征进行简要分析。

许凌飞[54]对炉口火焰光谱进行了分析测试研究，结果表明炉口火焰光谱存在特征元素的发射波段。火焰光谱可看作由特征元素离散谱线及连续谱线组成，连续谱线认为是灰体发出的连续谱段。蔡小舒等[55]对煤粉火焰光谱进行了测试分析，表明煤粉火焰光谱为连续光谱，与灰体辐射类似，煤粉燃烧产生的大量焦炭粒子、飞灰及煤炭颗粒等固体物质在高温环境下产生连续的发射光谱。研究表明，燃料燃烧产生的烟尘颗粒物具有较大的辐射强度，在火焰的辐射中起主导作用。

本研究测试分析得到的各种油品及混合油品池火焰光谱同样可看作由特征元素的离散谱线及连续谱线组成，与许凌飞[54]对炉口火焰光谱分析研究的结论相符。油料池火焰离散的特征谱线包括在紫外线及可见光波段内自由基的发射谱线，以及波长在近红外 810nm 附近 H_2O 产生的特征发射峰；连续谱线主要特征表现为油料不完全燃烧产生的炭黑颗粒的连续辐射，与煤粉火焰光谱类似，表现为灰体辐射特征。

蔡小舒等[55]对多种可燃物火焰光谱进行了分析测试研究，研究结果如图 2.8所示。从图 2.8 中可以看出，柴油、丁烷及蜡烛在 940nm 处存在 H_2O 特征吸收峰，在其他波段处无特征发射或吸收峰，谱线连续平滑；木条、纸张、煤、木炭在 760nm 处存在特征发射峰。对比图 2.8 中其他燃料的火焰光谱，本研究测得的油料池火焰光谱存在微弱差异，表现在 810nm 附近 H_2O 的发射峰，但 H_2O 的发射强度较弱。而油料池火焰在整个波段范围内的谱线同样较连续平滑，与图 2.8 中其他可燃物的火焰光谱特征相似。

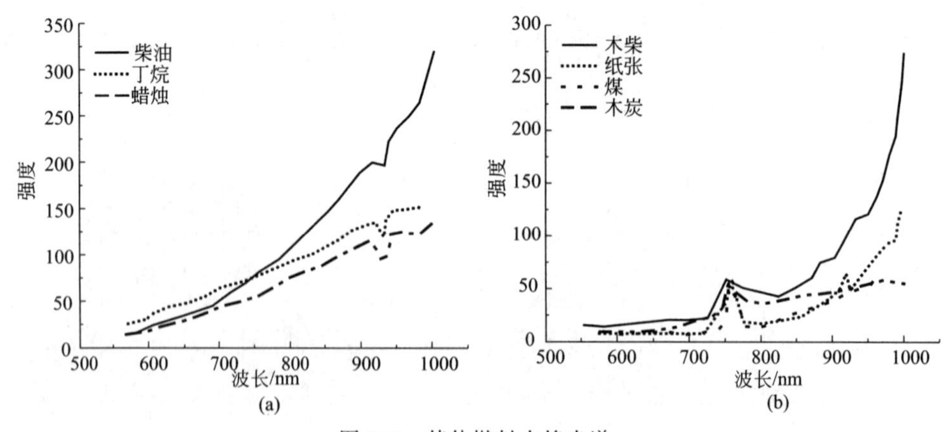

图 2.8 其他燃料火焰光谱

通过研究多种油料池火焰光谱特征，并与其他燃料火焰光谱特征进行对比，结果表明，油料池火焰光谱在紫外线及可见光波段范围内强度很低，燃烧过程中产生的特征元素，例如自由基及分子等的发射强度不明显，火焰燃烧产物的离散光谱主要特征是 810nm 附近 H_2O 的特征发射峰，但烃类燃料燃烧都可产生 H_2O，难以通过该特征对油料池火焰光谱和其他燃料火焰光谱进行有效区分。但油料池火焰光谱在 700nm 后的强度逐渐增大，不完全燃烧产生的炭黑颗粒的连续光谱强度较强，因此可基于该波段范围内的光谱信息对高温火焰进行探测识别。

2.2 近红外-中红外波段范围内油料火焰光谱特性研究

2.2.1　实验仪器与材料

采用美国赛墨飞世尔科技（Thermo Fisher Scientific）公司的 Nicolet 6700 傅里叶红外光谱仪，该光谱仪的主要技术参数如表 2.2 所列，实物如图 2.9 所示。

表 2.2　Nicolet 6700 傅里叶红外光谱仪主要技术参数

设备技术指标	信噪比	探测器	光谱测试范围	光谱分辨率
参数	50000：1	锑化铟(InSb) 碲镉汞(MCT)	InSb(1～5.4μm) MCT(2.5～14μm)	5nm

图 2.9　Nicolet 6700 傅里叶红外光谱仪

Nicolet 6700 傅里叶红外光谱仪测得的火焰光谱信号以波数 W（cm^{-1}）表示，而遥感影像的光谱信息是以波长表示的，为了便于分析，将实验测得的光谱数据换算成以波长（μm）表示，换算公式为：

$$\lambda = \frac{1}{W} \times 10^4 \tag{2.7}$$

实验选用的油品除柴油、汽油外，增加了车用润滑油。为了提取红外波段范围内的油料池火焰红外光谱特征，测试了其他常见燃料火焰光谱并进行了对比分析。分别选用酒精（乙醇含量99%）、纸张、木柴及蜂窝煤。其中酒精（乙醇含量99%）、纸张（A4）及蜂窝煤均购于市场，木柴选用杨树的枯树枝。实验过程中保证每次实验油盘内的油量相同，每次用油50mL；酒精燃烧火焰光谱测试实验每次使用酒精60mL；木柴每次使用数条，保证每次实验质量差在±0.1kg范围内；纸张火焰光谱测试实验每次使用20页纸。

实验在室外开放空间进行。航天遥感获取影像资料的过程是在目标的上方进行拍摄的，为模拟航天遥感获取影像资料，构建了全火焰红外测试系统。在各种燃料的火焰上方搭建光学系统，获取整个火焰的光谱信息。在可升降三脚支架上安装反射镜，反射镜为圆形（直径为15cm），如图2.10所示。调节反射镜高度和角度，使地面火焰发射光能被反射镜反射到光谱仪探头处。调节好的反射镜距地面1.5m、距光谱仪1.3m，与地面呈45°放置，搭建的光学系统实验平台如图2.11所示。实验过程中室外温度为（19±2)℃，气压为1个标准大气压，风力较微弱。每次实验前先测定环境背景噪声，消除背景噪声对测试结果的干扰。由于实验条件有限，测得的火焰光谱信号强度为相对强度，未经过黑体定标处理，但实验结果不影响火焰光谱特征波段的提取分析。

图2.10 实验使用的三脚架

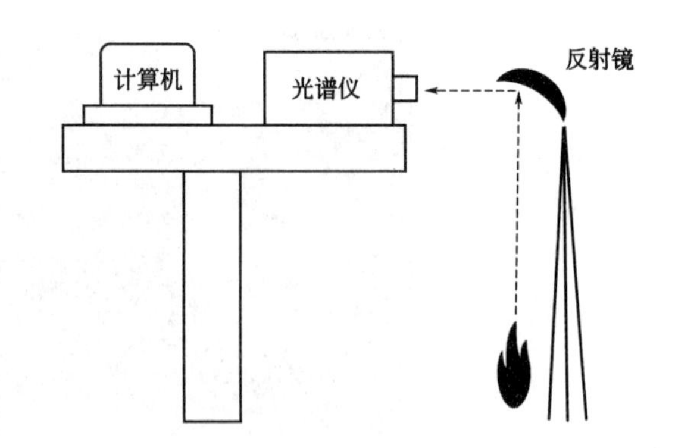

图2.11 实验平台布局

2.2.2 各油品及混合油品池火焰光谱特性分析

油料燃烧过程一般包括燃烧发展、稳定燃烧及衰减熄灭三个阶段。油料池火燃烧属于有焰燃烧，且燃烧过程中液态油不断被气化，与空气中的氧气发生反应，释放大量的热量，氧气不断被卷吸至火焰内部；另外环境中风对火焰的稳定性也有一定的影响，因此火焰的温度是在温度平均值上下波动的。各组油池火燃烧实验均在开放空间条件下进行，环境条件较为统一。以 0# 柴油池火焰光谱为例，分析火焰的光谱特征。

0# 柴油池火焰光谱测试结果如图 2.12 所示，分别为 InSb 及 MCT 传感器的测试结果，InSb 传感器光谱测试范围为 1～5.4μm，从图中可以看出，在 1.2μm 附近存在发射峰，为高温 H_2O 的特征发射峰；在 1.7μm 附近存在发射峰，为油料不完全燃烧产生的高温炭黑颗粒的发射峰。油料首先在火焰的高温作用下被气化成油蒸气，油蒸气与空气中的氧气发生化学反应，伴随着发光和放热；当油蒸气与氧气的化学反应在缺氧状态下进行时，则产生大量的烟气颗粒，温度及氧气的浓度对炭黑颗粒形成的影响较大。

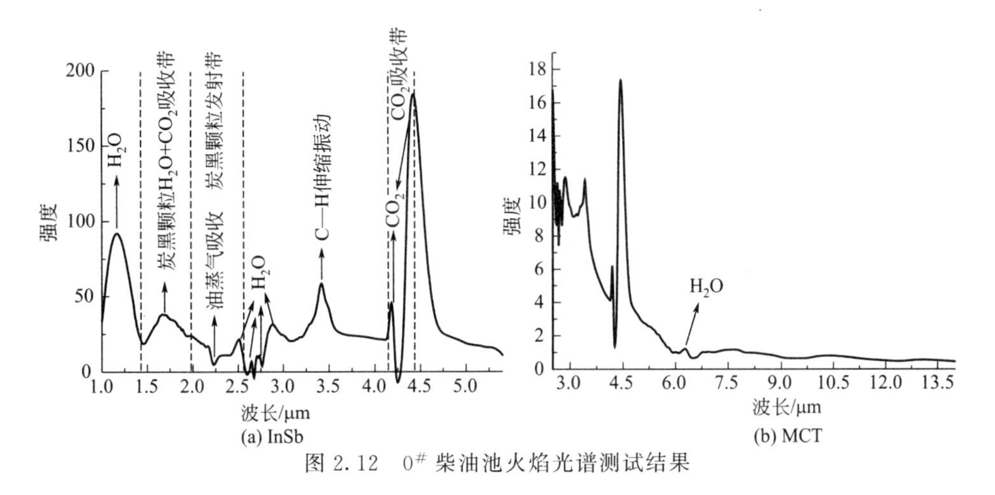

图 2.12　0# 柴油池火焰光谱测试结果

在 1.75～2.0μm 波段范围，大气中的 H_2O 及 CO_2 对火焰发射光谱有较强的吸收，1.87μm 是 H_2O 的特征吸收波段。在 2.0～2.6μm 波段范围内不存在 H_2O 及 CO_2 的特征发射峰，光谱产生的辐射强度主要是高温炭黑颗粒产生的，在该波段范围内，火焰发射光谱的大气透过率为 1[56]，即大气在该波段范围内对发射光谱不存在吸收，但在 2.0～2.6μm 波段范围内出现了吸收现象，是油池表面未燃烧的油蒸气吸收产生。在 2.6～4.2μm 波段范围内，大气中的 H_2O 对火焰光谱发射强度存在吸收，2.66μm 是 H_2O 特征吸收波段。在 2.5～3.0μm 波段范围内存在 4 个 H_2O 的发射峰，是火焰燃烧产生的高温 H_2O 特征峰，油料燃烧产生的高温 H_2O 在该波段范围内的发射强度被大气中冷的 H_2O 部分吸收。在 3.4μm 附近存在发射峰，是参与油料燃烧反应的油蒸气中的烃类化合物的 C—H 伸缩振动峰。4.2～4.5μm 波段范围内存在较强的 CO_2 吸收带，在

4.2μm 及 4.5μm 附近存在 CO_2 发射峰，其中在 4.5μm 附近的 CO_2 发射峰强度在整个测试波长范围内最高，是识别高温火焰的重要波段。

MCT 传感器的测试范围为 2.5～14μm，从图中可以看出，在 5μm 后，0# 柴油池火焰光谱在 6.3μm 附近存在一个微弱的 H_2O 的发射峰，在 6.3μm 后 0# 柴油池火焰光谱不存在明显的发射峰与吸收谷，且光谱的强度较低。

对 92# 汽油、95# 汽油、航空煤油及润滑油的池火焰光谱进行了测试分析，并对数据进行了归一化处理，结果如图 2.13 所示。从图中可以看出，92# 汽油、95# 汽油、航空煤油、润滑油池火焰光谱与 0# 柴油池火焰光谱特征相似：在 1.2μm 附近存在 H_2O 强发射峰。在 2.0～2.6μm 波段范围内光谱辐射亮度主要是炭黑颗粒发射产生的，在 2.2μm 附近的吸收峰是油池表面油蒸气吸收产生的。在 2.5～3.0μm 波段范围内存在 4 个高温 H_2O 发射峰。在 3.4μm 附近存在发射峰，是参与油料燃烧反应的油蒸气中的烃类化合物的 C—H 伸缩振动峰。在 4.2μm 及 4.5μm 附近存在 CO_2 发射峰。

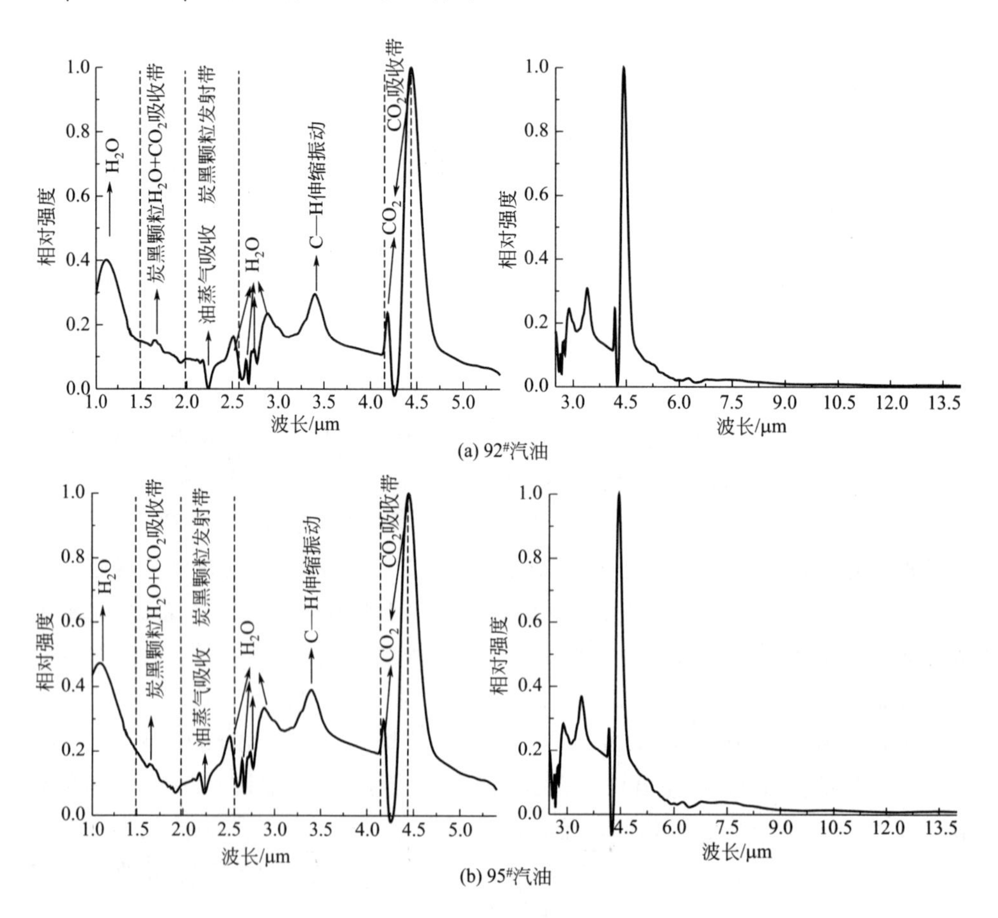

(a) 92#汽油

(b) 95#汽油

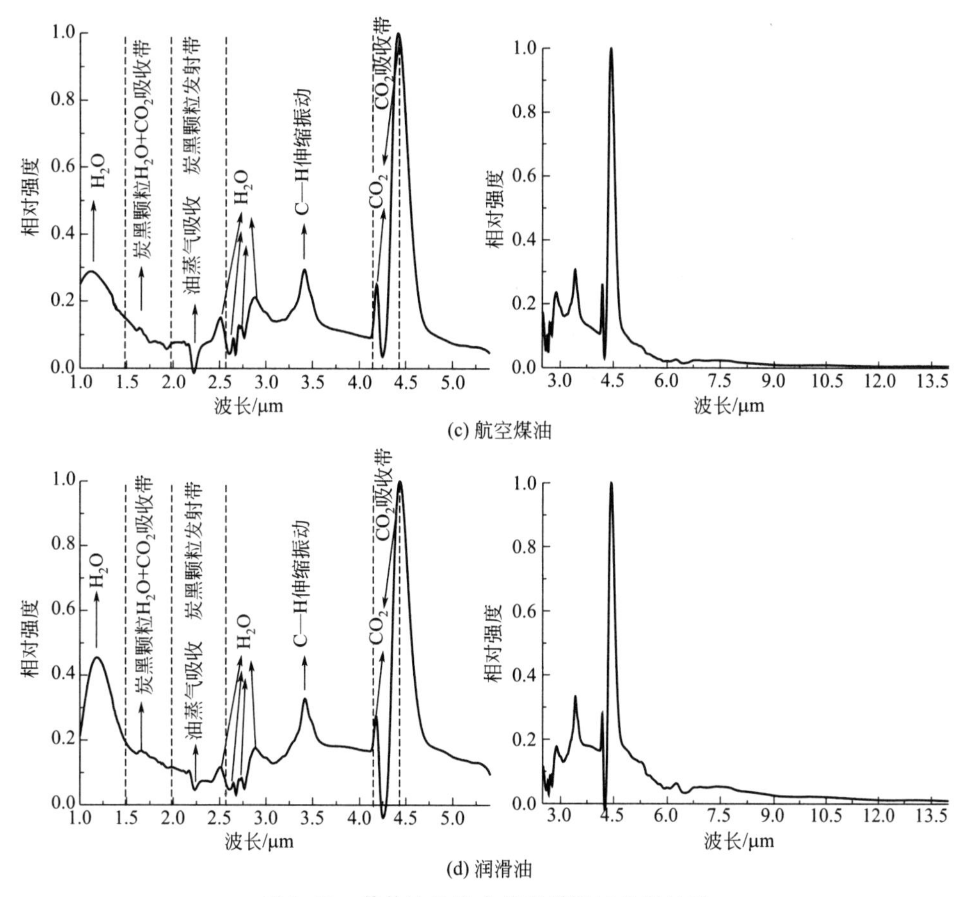

(c) 航空煤油

(d) 润滑油

图 2.13　其他油品池火焰光谱测试分析结果

油料火焰燃烧过程中温度的变化对辐射强度产生了一定的影响，且同种油料不同的燃烧阶段其火焰光谱发射强度不同。研究表明，温度对 H_2O 的特征峰有影响，例如在电站锅炉内封闭高温条件下，燃烧产生的 H_2O 在 940nm 波长处呈现发射峰，而在开放空间条件下，火焰温度比锅炉内火焰温度低，相同波长处 H_2O 的辐射光谱呈吸收峰。本研究中各油品池火焰光谱测试结果未出现火焰温度改变特征峰的吸收或发射特性。原因在于本实验是在相同的室外开放空间条件下进行的，环境条件较为稳定，同时本研究构建的全火焰光谱测试系统可以测得整个火焰的光谱信息。燃烧过程中温度的变化对特征波段的带宽有影响，温度越高带宽越宽，但温度的变化不影响特征波段的提取分析。

实验中测试的几种油品池火焰光谱特征相似，经分析主要有以下几点原因。

① 不同油品间的品质差异主要由加工、生产工艺决定。各油品均提炼于原油，各油品组成成分存在差异。$0^{\#}$ 柴油中饱和烷烃含量约为 89.6%，芳香烃含量约为 8%，剩下成分主要包括醇、烯及酸等。航空煤油中环烷烃含量约为

92.1%，芳香烃含量约占7.9%。92# 汽油与95# 汽油主要差异体现在辛烷值含量的不同。

② 各油品的池火焰光谱特征分析表明，在特征波段的发射峰主要由燃烧产物CO_2、H_2O及炭黑颗粒产生，吸收峰或吸收带由空气中的CO_2、H_2O及油料表面的油蒸气产生，高温燃烧产物的发射与空气、油蒸气的吸收共同构成了油料池火焰红外波段的光谱特征。

实验中针对实际可能发生的混合油品燃烧，对92# 汽油和0# 柴油按不同的比例进行了混合，测定了混合油品火焰的光谱特征，如图2.14所示。从图中可以看出，混合油品火焰光谱特征与每种油品火焰光谱特征相似，特征波段均为燃烧产物CO_2、H_2O及炭黑颗粒产生的特征发射峰。

2.2.3 油料池火焰不同燃烧区域光谱特性分析

油料池火焰分为三个区域，分别为连续区、间歇区及烟气区，如图2.15所示。连续区主要包括汽化的液态燃料及燃烧产物等，为“富燃料区”，该区域温度较高；间歇区主要由燃烧产物组成，如CO_2、H_2O及烟尘颗粒等；烟气区则主要包括燃烧产生的气体及烟尘颗粒等。对火焰不同燃烧区域的光谱特征进行测试研究，可深入了解油料池火焰的发射光谱特征。

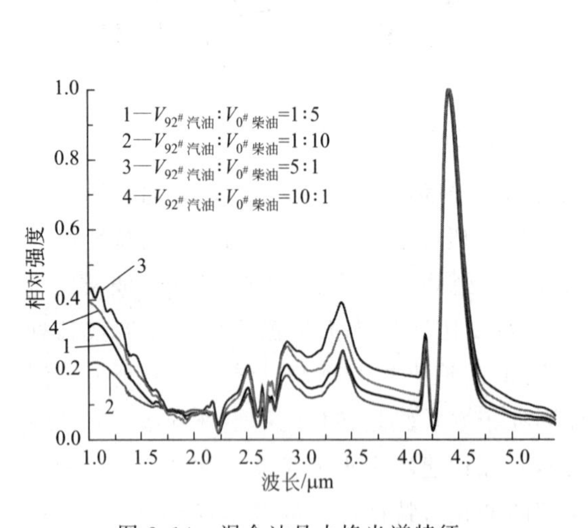

图2.14 混合油品火焰光谱特征

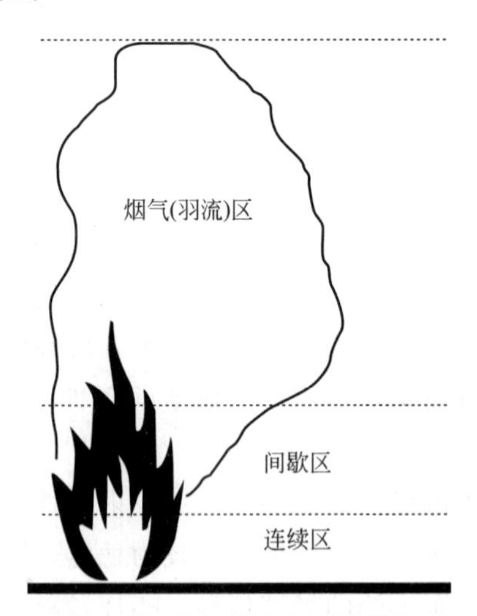

图2.15 油料池火焰不同燃烧区域示意图

将光谱仪置于火焰的侧方，距离火焰1m。调节火焰与光谱仪之间的相对高度，分别测试92# 汽油、95# 汽油池火焰连续区、间歇区、烟气区的火焰光谱。润滑油属于重质油，池火焰高度相对较小，因此只对润滑油池火焰的根部（连续区）及顶部（烟气区）的光谱进行了分析测试研究。实验测试平台如图 2.16 所示。

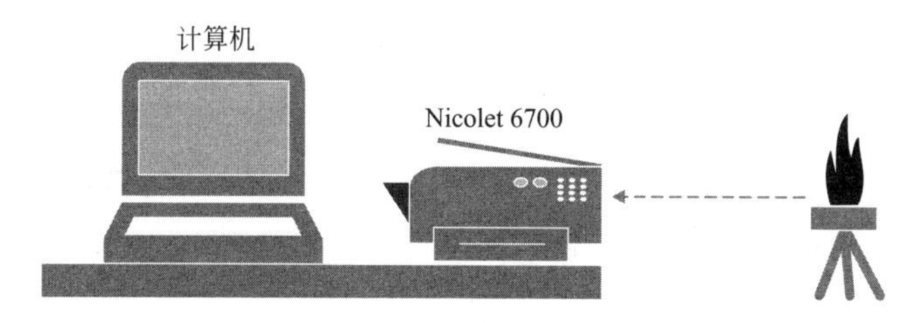

图 2.16　火焰不同燃烧区域测试平台

由于火焰脉动等因素影响，火焰不同区域光谱信号包含较大噪声。图 2.17 所示是 92# 汽油池火焰烟气区光谱，从图中可以看出，信号受火焰脉动的影响较大，光谱曲线存在较大的噪声。

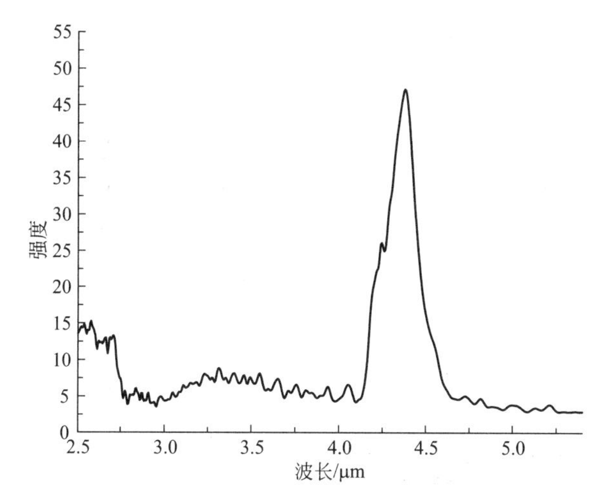

图 2.17　包含噪声的 92# 汽油池火焰烟气区光谱

为消除噪声的影响并简化计算量，对原始光谱信号进行小波分解处理，选用 db4 小波基进行 5 层分解，以第 5 层低频系数作为光谱信号的基本信息。对多种油料的不同燃烧区域光谱特征小波分解处理结果如图 2.18～图 2.20 所示，为避免火焰脉动的影响干扰光谱特征，每次处理均选用 5 次连续测量的光谱数据。如图 2.18 所示，92# 汽油池火焰三个燃烧区域的光谱基本特征存在明显差别：在 2.5～5.0μm 波段范围内，火焰烟气区主要光谱特征为 4.0～4.5μm 波段范围内高温 CO_2 发射峰，2.5～4μm 波段范围内无明显特征；每组测量结果之间波动较大，分析原因是该区域火焰与空气换热剧烈，温度变化不稳定，火焰脉动频率较高，如图 2.19 所示，从左至右三幅图像测试间隔为 0.2s，火焰顶端烟气区脉动变化明显。火焰间歇区的光谱特征同样是 4.0～4.5μm 波段范围内高温 CO_2 发射峰，

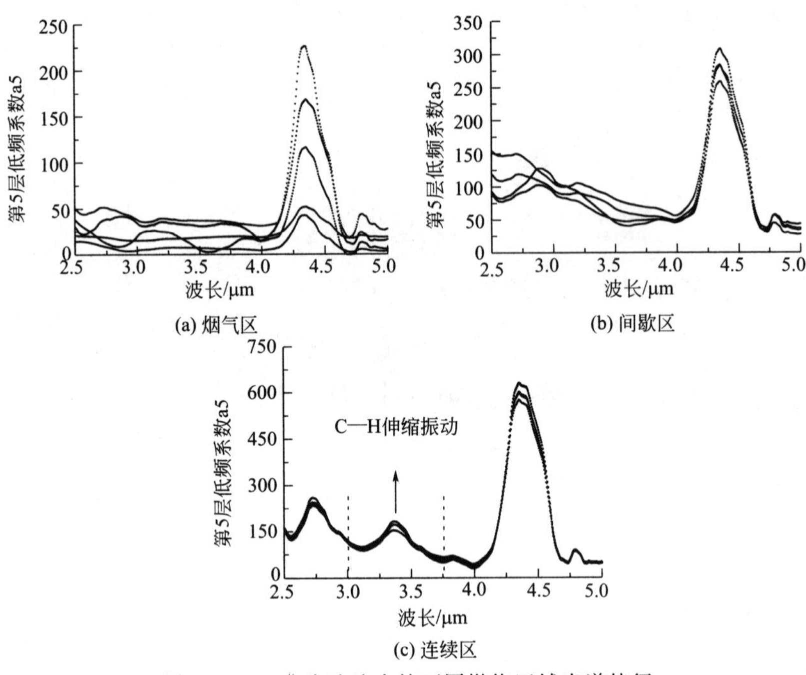

图 2.18 92# 汽油池火焰不同燃烧区域光谱特征

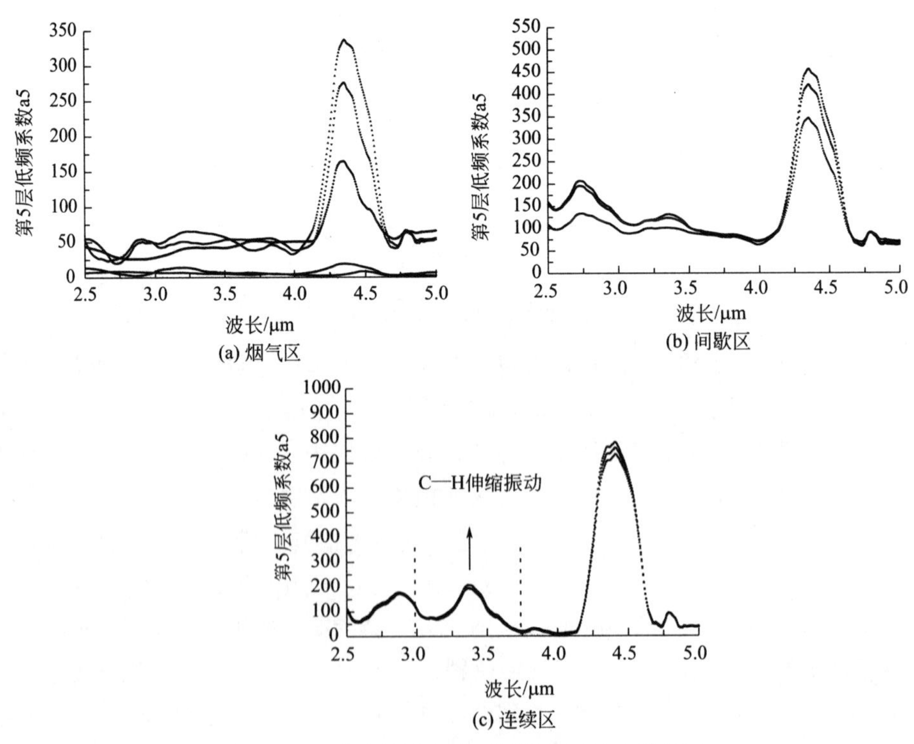

图 2.19 95# 汽油池火焰不同燃烧区域光谱特征

2.5～3.0μm 波段范围内炭黑粒子发射光谱强度较高，与烟气区相比，每组测量结果之间波动略小，表明该区域火焰脉动频率相对较低。火焰连续区的光谱特征明显，每组测量结果之间波动较小，表明该区域燃烧较为稳定，如图 2.19 中虚线内标注的部分；2.5～3.0μm 波段范围内炭黑粒子发射光谱强度较高，且在 3.4μm 处存在 C—H 伸缩振动峰，表明 92# 汽油池火焰光谱在 3.4μm 处的特征峰可由高温油蒸气产生。

如图 2.19 所示，与 92# 汽油池火焰不同区域光谱特征相似，95# 汽油池火焰三个燃烧区域的光谱特征差异明显，烟气区的光谱特征体现在 4.0～4.5μm 波段范围内高温 CO_2 发射峰，2.5～4.0μm 波段范围内无明显特征，火焰的脉动导致光谱的重复性较差；火焰间歇区光谱特征是 4.0～4.5μm 波段范围高温 CO_2 发射峰，2.5～3.0μm 波段范围内炭黑粒子发射光谱强度相对更高；火焰连续区光谱特征明显，每组测量结果之间波动较小；2.5～3.0μm 波段范围内炭黑粒子发射光谱强度更高，且在 3.4μm 处存在 C—H 伸缩振动峰，表明 95# 汽油池火焰光谱在 3.4μm 处的特征峰可由高温油蒸气产生。

如图 2.20 所示，润滑油池火焰顶部光谱特征与 92# 汽油、95# 汽油池火焰烟气区光谱特征相似，4.0～4.5μm 波段范围内高温 CO_2 发射峰明显；火焰根部光谱特征明显，测试结果较为稳定，2.5～3.0μm 波段范围内炭黑粒子发射光谱强度更高，且在 3.4μm 处存在 C—H 伸缩振动峰，表明润滑油池火焰光谱在 3.4μm 处的特征峰可由高温油蒸气产生。

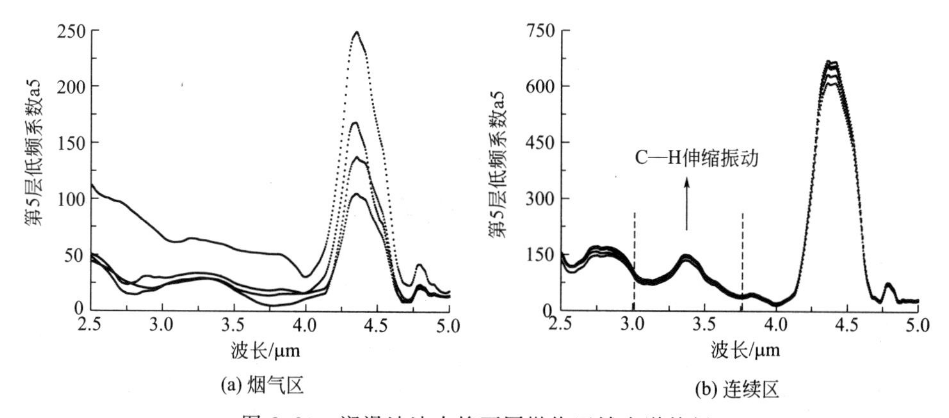

(a) 烟气区　(b) 连续区

图 2.20　润滑油池火焰不同燃烧区域光谱特征

对三种油品池火焰不同区域发射光谱强度进行计算，计算方法：

$$I=\int_{\Delta\lambda} I_{\lambda}\,\mathrm{d}\lambda \tag{2.8}$$

式中，$\Delta\lambda$ 表示测试波长范围 2.5～5μm；I_{λ} 表示波长 λ 处光谱强度。三种油料池火焰不同燃烧区域平均光谱强度如表 2.3 所列。

表 2.3 油料池火焰不同燃烧区域平均光谱强度

油品	火焰区域	平均光谱强度
92# 汽油	烟气区	79
	间歇区	239.8
	连续区	414.3
95# 汽油	烟气区	113.9
	间歇区	343.5
	连续区	402.7
润滑油	烟气区	113.6
	连续区	375.6

三种油品池火焰不同区域光谱特性分析表明，火焰的顶端——烟气区的脉动较强，火焰发射光谱强度相对较弱，仅在 4.0～4.5μm 波段范围内存在 CO_2 发射峰；火焰间歇区脉动强度不及烟气区，光谱主要特征同样是 4.0～4.5μm 波段范围 CO_2 发射峰，且光谱强度高于烟气区；火焰根部——连续区的光谱特征明显，光谱强度最高，3.4μm 处存在 C—H 伸缩振动峰，表明油料火焰光谱在 3.4μm 的 C—H 伸缩振动峰可由连续区的油蒸气产生。

热量传递对油池火的形成非常重要。油池火燃烧首先是油蒸气在高温的作用下与空气中的氧气发生剧烈的发光发热的化学反应，火焰燃烧产生的一部分热量通过热辐射形式传递至油料表面，使液态油料气化。气化的油料在液态燃料的表面、火焰的连续区形成“富燃料层”，主要由油蒸气和燃烧中间产物组成。燃烧产物如 CO_2、H_2O 及炭黑颗粒等在高温浮力的作用下上升，并伴随空气的卷吸，形成间歇区及烟气区。火焰热辐射及液态燃料汽化这种质-热循环的方式，影响油池火焰的大小及形状，如图 2.21 所示。

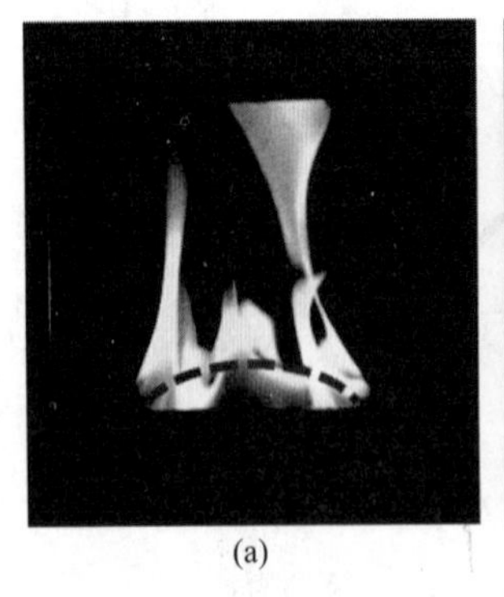
(a)

(b)

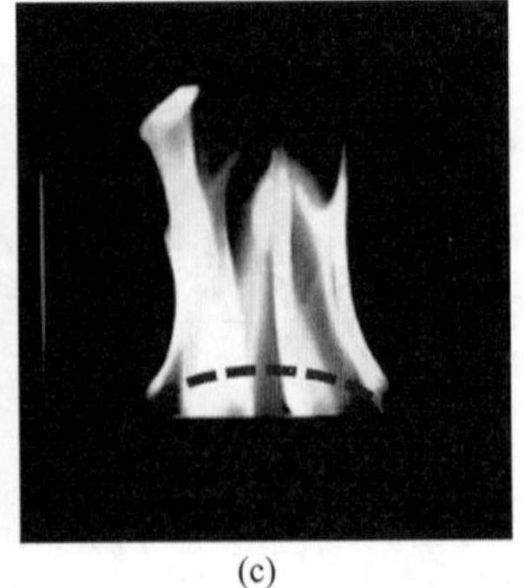
(c)

图 2.21 火焰脉动示意

燃料的种类及燃烧方式对火焰的热传输具有重要影响。油料属于液态燃料，燃烧产物包括各种分子、炭黑颗粒及多种自由基团。根据量子力学原理，分子在外界能量的激发作用下将发生能级跃迁，吸收或发射一定频率的光子。燃烧火焰的高温热辐射，作为CO_2、H_2O等燃烧产物分子能级跃迁的能量源，火焰光谱是燃烧产物的特征光谱。对油池火不同燃烧区域的光谱分析表明，火焰连续区3.4μm处C—H伸缩振动峰是油蒸气产生的，即油品中的高温烃类燃料气体分子发生能级跃迁，引起分子C—H伸缩振动。因此油料池火焰发出的辐射是通过“富燃料层”到达液态油表面，“富燃料层”组分在火焰传热过程中吸收热量，形成烃类燃料汽化分子在3.4μm处C—H伸缩振动峰。

现有的油池火燃烧参数的计算，如质量损失速率及热释放速率、传热模型都是将火焰作为一个整体的热源，而未考虑液态油表面的“富燃料层”对火焰辐射的吸热作用。本研究结论对修正现有的油池火辐射传热模型提供了一定的依据，同时可考虑从“富燃料层”着手分析油池火的灭火方法，为消防减灾提供一种新的研究思路。

2.2.4 其他燃料火焰光谱特性分析

为提取分析油料池火焰的红外光谱特征，对酒精（乙醇含量99%）、纸张、蜂窝煤及木柴的火焰光谱进行了测试分析。蜂窝煤的火焰光谱如图2.22所示。

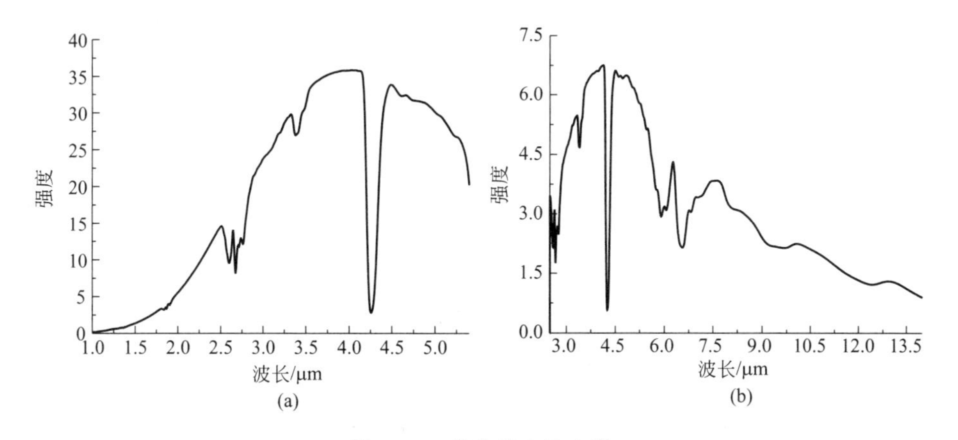

图2.22　蜂窝煤火焰光谱

蜂窝煤的火焰光谱与各油料池火焰光谱相比差异明显，曲线为连续光谱，在4.0～4.5μm范围内存在较强的一谷两峰的特征，且两峰的相对强度几乎相等；4.25μm处CO_2吸收特征明显；在2.5～2.8μm范围内存在H_2O吸收带，3.3μm处存在吸收峰。

蜂窝煤主要由一种或几种煤粉在外界压力及黏合剂的作用下加工成的具有特定形状的煤炭制品。蜂窝煤燃烧是固体可燃物燃烧反应过程，与油料这种液体燃料燃烧机理不同。煤包括挥发分、固定碳、灰分及水分四个主要成分，其中固定碳及挥发分是煤燃烧的主要成分。煤的燃烧过程同样复杂，目前未有详细统一的关于煤燃烧化学反应动力学，煤的起火过程常被看作氧化剂与煤的连续反应过程。早期研究认为，煤燃烧首先是裂解出挥发分，挥发分在高温环境下与氧气发生燃烧反应，产生的高温不断对煤本身加热，当煤中的焦炭达到着火温度后开始持续燃烧。但也有研究表明，煤燃烧时可产生非均相燃烧，挥发分的燃烧与焦炭的燃烧并不孤立。随着燃烧反应的进行，煤燃烧过的残渣固体不再分解出挥发分，固体残渣主要包括煤粉颗粒、焦炭粒子及炭黑等，这些物质在高温环境下都会发射连续光谱，在蜂窝煤火焰光谱中起主导作用。本测试系统得到的煤火焰光谱为整块燃煤火焰及高温固体残渣组成的混合光谱。

酒精火焰光谱测试结果如图 2.23 所示。通过图 2.23 可以看出，酒精火焰光谱与各油料池火焰光谱之间也存在较大差异。与酒精火焰光谱相比，在 1.0～1.5μm 的波段范围内，油料池火焰光谱在 1.2μm 附近存在一个 H_2O 发射峰，而酒精在 1.2μm 及 1.47μm 附近存在两个发射峰；在 2.5～3.0μm 波段范围内油料池火焰光谱存在 4 个发射峰，而酒精只存在 3 个发射峰，在该波段范围内大气中的 H_2O 对酒精火焰光谱辐射强度吸收更强烈；酒精属于低碳燃料，燃烧没有产生大量的浓烟，在 3.0～4.0μm 波段范围内发射强度较低，在 2.8～3.3μm 及 3.4～4.1μm 波段范围内存在较强的吸收带。酒精主要由乙醇组成，但其燃烧反应过程也较为复杂，包含 383 个基元反应。汽油组成成分比酒精更复杂，同为液体燃料，汽油与酒精火焰光谱的差异主要是燃料化学组成及燃烧反应机理不同决定的。

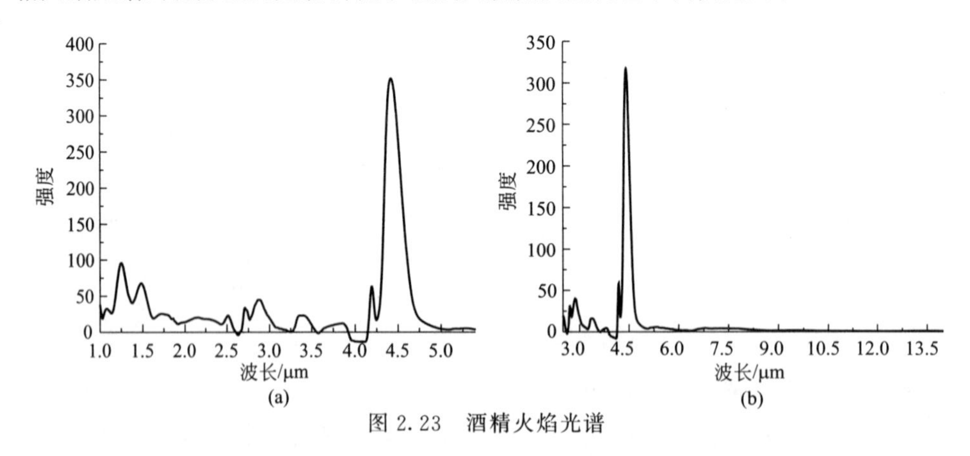

图 2.23 酒精火焰光谱

木柴火焰光谱如图 2.24 所示。木柴火焰光谱的特征主要体现在 4.5μm 附近的 CO_2 发射峰，与各油料池火焰光谱差异主要体现在 3.4μm 处无 C—H 伸缩振动峰。木柴燃烧机理与油料池火燃烧机理相比差别较大。木柴可看作由半纤维素、木质素及纤维素组成。木柴燃烧的过程为：外界热源对木柴加热，温度达到 100℃，木柴内部液态 H_2O 开始蒸发；温度进一步升高，木柴发生热解反应，挥发出少量的挥发分；当温度在 280～500℃时，热解反应强烈，是木质素和纤维素的热解过程；当温度超过 500℃时，木柴的积炭缓慢燃烧。

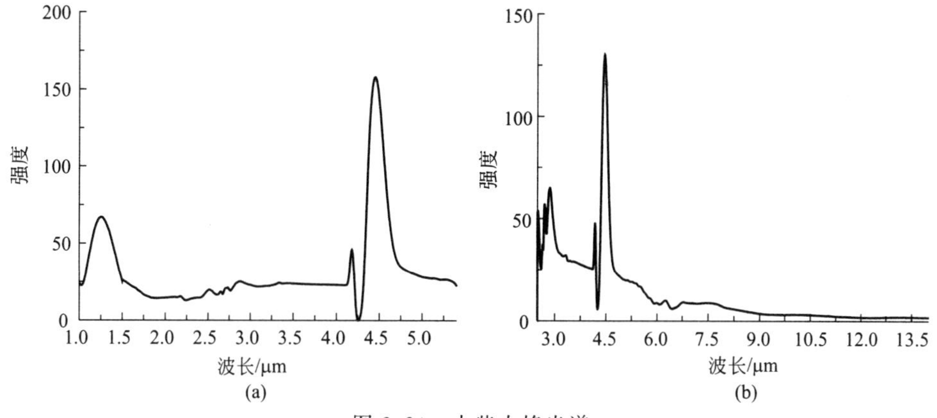

图 2.24　木柴火焰光谱

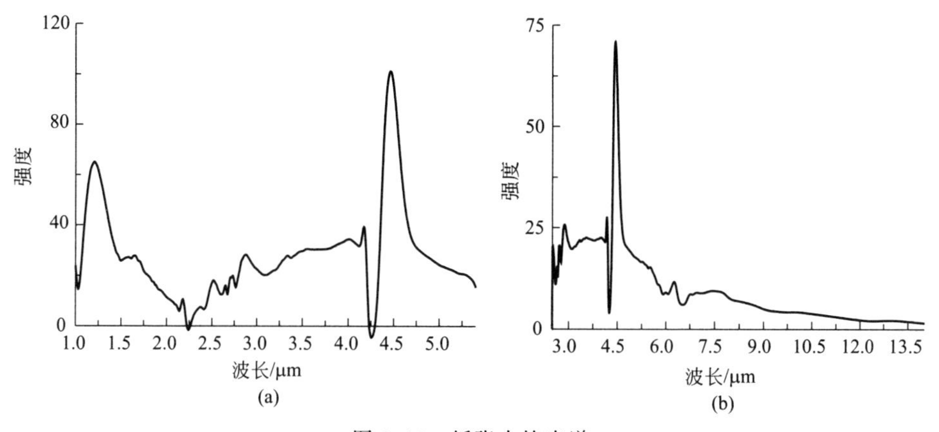

图 2.25　纸张火焰光谱

纸张火焰光谱如图 2.25 所示，从图中可以看出 4.5μm 附近的 CO_2 发射峰最强，与各油料池火焰光谱差异主要体现 3.4μm 处无 C—H 伸缩振动峰。木柴与纸张同为固体燃料，燃烧反应过程相似。油料、木柴与纸张的火焰光谱因燃料组成及化学反应机理的不同而表现出差异性。木柴与纸张的完全燃烧产物主要为 CO_2 及 H_2O，因此火焰光谱的主要特征体现在此两种燃烧产物的发射波段处。

为进一步深入分析油料池火焰与其他燃料火焰光谱特征的差异，对各燃料的火焰光谱信号进行小波分解处理。选用 db2 小波基函数进行 5 层分解处理，分别对比各燃料火焰光谱的低频信号及高频信号。由于各油品火焰光谱特征相似，因此选择 $0^{\#}$ 柴油、$92^{\#}$ 汽油池火焰光谱信号为代表。蜂窝煤火焰光谱最特殊，因此不做小波分解处理。

0# 柴油、92# 汽油与酒精、木柴及纸张火焰光谱的低频系数对比分析结果如图 2.26 所示。油料及酒精同属液体燃料，油料中的烷烃是重要组分，酒精主要组分为乙醇。烃类化合物在 3.0～4.5μm 区间存在特征红外光谱，因此主要在该波段范围内对 0# 柴油、92# 汽油、酒精、木柴及纸张的火焰光谱细节系数进行了分析，结果如图 2.27 所示。各燃料火焰光谱低频系数及高频系数特征波段统计如表 2.4 所列。

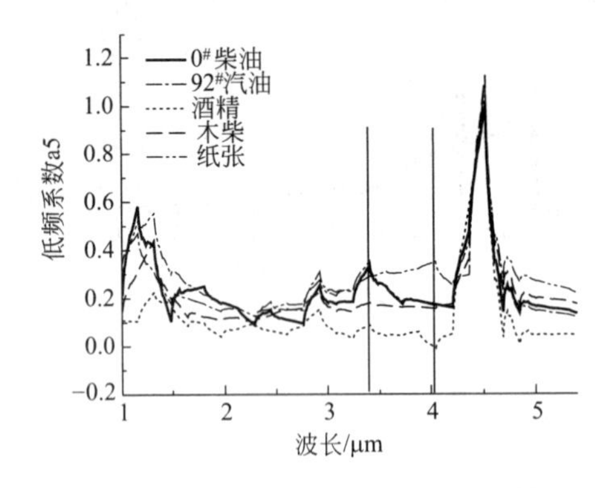

图 2.26 db2 小波 5 层分解低频系数

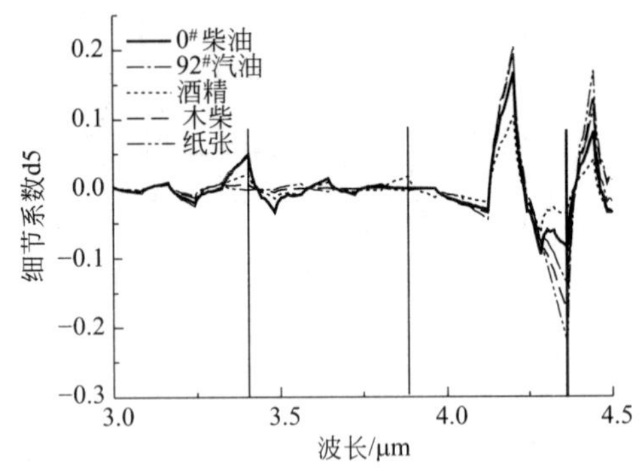

图 2.27 db2 小波 5 层分解细节系数

表 2.4 各燃料火焰光谱低频系数及高频系数的特征波段

燃料	a5(1.0～5.0μm)	d5(3.0～4.5μm)
0# 柴油	1.2μm,2.9μm,3.4μm,4.5μm	3.4μm,4.5μm
92# 汽油	1.2μm,2.9μm,3.4μm,4.5μm	3.4μm,4.5μm
95# 汽油	1.2μm,2.9μm,3.4μm,4.5μm	3.4μm,4.5μm
航空煤油	1.2μm,2.9μm,3.4μm,4.5μm	3.4μm,4.5μm
润滑油	1.2μm,2.9μm,3.4μm,4.5μm	3.4μm,4.5μm
酒精	1.2μm,2.9μm,3.4μm,4μm,4.5μm	3.4μm,3.8μm,4.3μm,4.5μm
木柴	1.2μm,2.9μm,4.5μm	4.3μm,4.5μm
纸张	1.2μm,2.9μm,4.5μm	4.3μm,4.5μm

从图 2.26 可以看出，五种燃料火焰光谱低频系数具有较大差别，具体表现为：0# 柴油、92# 汽油及酒精火焰光谱在 3.4μm 处呈现出较强的发射峰，是液态燃料蒸气 C—H 伸缩振动引起的，且酒精在 4.0μm 附近还存在一个吸收峰；纸张及木柴的火焰光谱在 3.4μm 处无 C—H 伸缩振动峰。0# 柴油、92# 汽油、木柴与纸张的火焰光谱因燃料组成及化学反应机理的不同而表现出差异性。木柴与纸张的完全燃烧产物主要为 CO_2 及 H_2O，因此火焰光谱的主要特征体现在此两种燃烧产物的发射波段处。0# 柴油、92# 汽油、酒精、木柴及纸张的火焰光谱小波分解细节系数如图 2.27 所示。从图 2.27 中可以看出，木柴、纸张在 3.3～4.0μm 区间内光谱曲线近似一条水平直线，无明显特征；0# 柴油、92# 汽

油、酒精在 3.4μm 处呈现出较强的发射峰，且酒精在 4.3μm 附近的吸收强度不及其他几种燃料，且在 3.8μm 附近存在较强的发射峰，是区别于油料火焰光谱的主要特征波段。

2.2.5 油料池火焰识别指数的构建研究

对比分析各燃料火焰的光谱特性表明，各油品火焰光谱特征相似，在 3.4μm 及 4.5μm 存在较强的发射峰，其中 3.4μm 波段处的特征峰是油池表面油蒸气吸收火焰辐射形成的，是各油品的特征峰。其他各燃料的火焰光谱特征同样为 4.5μm 波段处 CO_2 的强发射峰。

有研究人员针对地物的光谱特性提出了系列指数用于特定地物的识别，例如归一化植被指数［NDVI, NDVI＝(NIR－R)/(NIR＋R)］用于植被的识别分析[57]，遥感影像经过归一化植被指数计算后，影像中植被表现为高亮的特征。Mcfeeters[58]提出了归一化水体指数（NDWI）用于遥感影像中水体的提取分析。徐涵秋在此基础上提取了改进的归一化差异水体指数[59]，该指数不仅对影像中的水体提取效果较好，而且可以有效识别水体中的杂质，解决了基于遥感影像提取分析水体中杂质的难题。

本研究从各油品与其他燃料火焰光谱的差异分析入手，提出了油料池火焰识别指数（oil pool fire detection index，OPFDI）。该指数的计算方法为：

$$\mathrm{OPFDI}=\frac{2L_{\lambda 3.4}-L_{\lambda 3.2}-L_{\lambda 3.8}}{L_{\lambda 4.5}} \tag{2.9}$$

式中，$L_{\lambda 3.4}$ 表示波长为 3.4μm 处火焰发射光谱强度；$L_{\lambda 3.2}$ 表示波长为 3.2μm 处火焰发射光谱强度；$L_{\lambda 3.8}$ 表示波长为 3.8μm 处火焰发射光谱强度；$L_{\lambda 4.5}$ 表示波长为 4.5μm 处火焰发射光谱强度。

该指数的构建思路如下。

① 考虑了油料池火焰在 3.4μm 处的特征峰，在该峰的两侧分别有一个谷，因此在 3.4μm 的两侧分别选择 3.2μm 及 3.8μm 波段处的光谱值进行差值分析。酒精在 3.4μm 处的发射峰较为微弱，其他燃料在 3.4μm 不存在特征峰，因此酒精、木柴、纸张的火焰光谱经过此差值分析后的数值较小。

② 火焰在不同燃烧阶段有不同温度，且存在自身的脉动等因素，火焰对外辐射的能量不稳定，为了消除该影响因素，将差值进行归一化处理，即除以每组光谱数据的最大值，也就是 4.5μm 处的光谱强度。

为验证 OPFDI 对油料池火焰的识别效果，以 $0^{\#}$ 柴油池火焰的光谱数据为代表，分析油料池火焰与其他燃料火焰的 OPFDI 之间的差异。每种燃料随机选取 40 组实验结果进行 OPFDI 计算分析，结果如图 2.28 所示。

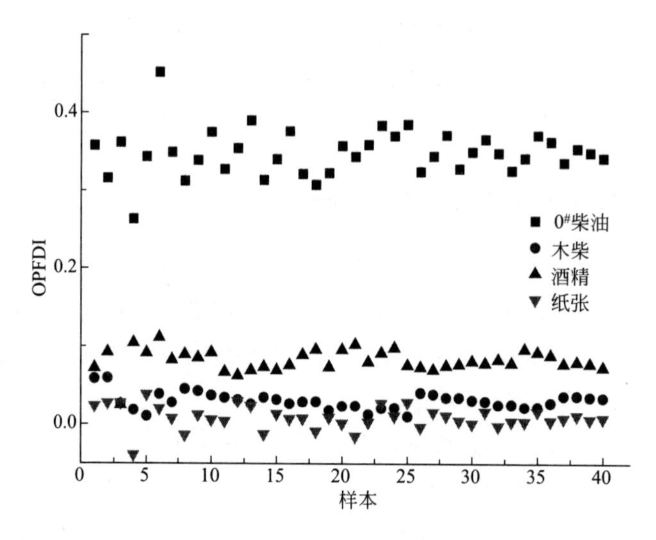

图 2.28 各燃料火焰 OPFDI 对比结果

通过图 2.28 可以看出，0# 柴油火焰光谱的 40 组数据计算得到的 OPFDI 均大于 0.2，且大部分数值都大于 0.3。而其他几种燃料火焰光谱的 OPFDI 均小于 0.2，其中木柴和纸张火焰光谱的 OPFDI 均小于 0.1，酒精火焰光谱 OPFDI 在 0.1 附近。油料火焰光谱与其他几种燃料火焰光谱的 OPFDI 差异明显，表明基于光谱数据，通过计算 OPFDI 识别油料火焰是可行的。

2.2.6 各燃料火焰光谱实验结果的讨论

在红外波段范围内，3～5μm 及 8～14μm 是重要的大气窗口。常温地表物体的温度一般在 300K 左右，辐射能的峰值波长一般在 9.26～14.3μm，恰好位于 8～14μm 的大气窗口内，航天遥感传感器的热红外波段设置在此波段范围内，如 NOAA 卫星 AVHRR 传感器的第 4、第 5 通道（10.5～11.5μm、11.5～12.5μm），Terra 卫星上的 MODIS 传感器的第 31、第 32 通道（10.78～11.28μm、11.77～12.27μm）。热红外通道数据常用于常温地表的温度反演及热惯量交换分析等。

对于地面的高温目标，例如燃烧的火焰等，温度一般可以达到 600K 以上，对应的辐射峰值波长约为 4.8μm，该波长位于中红外波段 3～5μm 的大气窗口内，在该波段范围内的传感器常用于火山、火灾等高温目标的识别。张勇等[60,61]研究了 BOMEMMR-154 光谱仪对植被火灾监测效果，结果表明在 4.34～4.76μm 波段范围内可有效监测火点，称为火点遥感通道。MODIS 的火点识别算法也是基于火点像元在 4μm 波段及 10μm 波段处温度热异常构建的。本研究结论也证实了这一点，实验测试的各燃料的火焰光谱均在 4.5μm 波段处达到最大值，在该波段处的高发射强度可作为遥感识别火焰的判据。

本研究通过利用 MCT 传感器对各燃料的火焰光谱进行了测试分析，结果表明在波长 6～14μm 波段范围内，各燃料火焰光谱的强度均较低，虽然 8～14μm 的波长范围是重要的大气窗口，但传感器在该波段范围内不利于对高温火焰进行监测。

地物光谱的特征波段是地物识别的重要信息，Vodacek 等[62]基于钾在 767nm 及 770nm 波段的发射光谱特征，提出了植被火灾的高光谱遥感监测方法。本研究拟通过在紫外-近红外（354～845nm）波段范围内的油料火焰光谱测试分析找到特征波段，但在紫外波段范围内，油料火焰燃烧产生的特征基团的发射光谱强度较弱，特征不够明显；在近红外波段 810nm 处存在一个微弱的 H_2O 发射峰，但烃类燃料燃烧均会产生 H_2O，因此无法通过该波段进行燃料种类的识别。此外，Dennison 等[63]研究表明，火焰燃烧产生的烟气限制了传感器在可见光及近红外波段的火灾识别效果，但在短波红外波段范围内，烟气对火灾监测效果的影响较小。

综上，可通过 3～5μm 波段范围内传感器接收到的地物发射强度进行高温目标的监测。当高温目标为燃烧的火焰，可通过计算火焰光谱 OPFDI 以达到判别油料火焰的目的。

2.3 小结

在室外开敞空间条件下搭建了火焰光谱红外测试分析系统，在紫外-近红外波段（354～845nm）及近红外-中红外波段（1～14μm）研究分析了 92# 汽油、95# 汽油、0# 柴油、航空煤油、润滑油池火焰光谱特征，并与纸张、木柴、酒精及蜂窝煤的火焰光谱特征进行了对比分析研究。通过小波分解对各燃料火焰光谱的特征波段进行了提取分析，研究分析了油料池火焰不同燃烧区域的光谱特性。基于油料池火焰光谱特征分析，提出了油料池火焰识别指数 OPFDI。主要结论如下。

① 各组油料及混合油料池火焰光谱特征相似，在紫外-可见光波段范围内（354～700nm）发射强度较弱，在 700nm 后火焰发射光谱强度迅速增强，在 810nm 附近的 H_2O 特征发射较为明显。油池火燃烧产生的炭黑颗粒连续发射能力较强，炭黑颗粒在火焰中激发产生的连续光谱呈灰体特征。

② 92# 汽油、95# 汽油、0# 柴油、航空煤油和润滑油池火焰光谱特征相似，

在 1.1μm、2.4μm 及 2.8μm 附近存在 H_2O 的特征发射峰，在 4.2μm 及 4.5μm 存在 CO_2 的发射峰，其中 4.5μm 处的 CO_2 发射峰在整个光谱测试范围内强度最高；各油品池火焰光谱在 3.4μm 处存在 C—H 伸缩振动峰；各油品火焰光谱在 6.3μm 附近存在一个微弱的 H_2O 的发射峰；在 6.3μm 后各油品火焰光谱不存在明显的发射峰与吸收谷，且光谱的强度较低。

③ 油料池火焰烟气区主要光谱特征为 4.0～4.5μm 波段范围内高温 CO_2 发射峰，该区域火焰与空气换热剧烈，温度变化不稳定，火焰脉动频率较高。火焰间歇区的光谱特征是 4.0～4.5μm 波段范围内高温 CO_2 发射峰；与烟气区相比，火焰间歇区脉动频率相对较低。火焰连续区的光谱特征明显，该区域燃烧较为稳定，2.5～3.0μm 波段范围内炭黑粒子发射光谱强度较高，且在 3.4μm 处存在 C—H 伸缩振动峰，表明油料池火焰光谱 3.4μm 处的特征峰是高温油蒸气吸收火焰的电磁辐射产生。油料池火焰各燃烧区的光谱强度关系为：连续区＞间歇区＞烟气区。

④ 提出了油料池火焰识别指数（oil pool fire detection index，OPFDI），油料池火焰光谱 OPFDI 与其他燃料火焰光谱 OPFDI 差异明显。

第3章 基于天-空-地一体化平台的油池火遥感监测实验研究

3.1 实验平台设计及数据获取

3.1.1 天-空-地一体化的外场实验设计

本研究进行了天-空-地一体化监测油料火灾污染的外场实验，搭建了外场实验平台，采用××卫星进行航天遥感监测、无人机监测以及地面气体便携式监测仪和温度传感器监测等，进行了多次模拟油库火灾大气污染外场实验及测试分析。实验有两大目的：一是对开敞空间中油料（柴油）燃烧过程中污染物的产生与扩散过程、空气流场中热辐射量特征、温度场分布等进行实时监测，并总结其内在规律；二是实现天-空-地一体化监测模拟油库火灾污染，分析地面监测数据和航空遥感监测信息，为航天遥感信息提取模型的构建与校正提供依据。

（1）外场实验设计

外场实验选择在重庆市沙坪坝区的后勤工程学院训练场内，周围地势空旷，地表覆盖类型单一，非常有利于开展天-空-地一体化监测实验。经过实验前的综合分析，选定试验场宽度为 29.5m，长度为 64.0m；对角线长度分别为 69.0m 和 71.3m；其中，在对角线位置同时放置 4 个直径达 5m 的火盆模拟油库（中心位置经纬度坐标为：北纬 29°38′0.48″；东经 106°19′32.77″），如图 3.1 所示。

天-空-地监测系统主要包括地面监测系统、航空监测系统和卫星监测系统。

地面监测系统包括温度梯度监测系统、热辐射监测系统以及污染物浓度监测系统。温度监测系统由温度传感器、温度传感器支架、计算机分析系统组成。热辐射监测系统由 HT50 高温辐射热流传感器和计算机分析系统组成。污染物浓度监测系统由地面与空中两部分组成，其中地面部分通过收集近火源处的烟气，对烟气中的气体污染物浓度进行测定，采用监测仪器为 TestoT350 烟气分析仪，监测气体污染成分包括 CO、NO、NO_x、HC、SO_2。空中部分采用了高程达 30m 的消防云梯作为实验台架，将检测仪器送入空中并固定位置，对油盆上空烟气中的气体污染物浓度进行测定，监测仪器为 PGM-7840 型复合式气体检测仪，监测污染物包括 CO、NO、SO_2。航空监测系统包括 Microdrones MD4-200 四旋翼无人机、可见光传感器、红外传感器以及热红外传感器，可以实现对模拟油库火灾污染可见光、热红外以及红外成像监测。卫星监测系统由××卫星组成，可实现对模拟油库火灾的可见光、高光谱、红外成像监测。

(a) 试验场鸟瞰图

(b) 火盆中心位置

图 3.1　外场实验地理位置

（2）热红外航空遥感影像的获取

天-空-地一体化监测研究中，采用无人机进行航空遥感监测，监测任务见表 3.1。

表 3.1　无人机监测任务

飞行序列	传感器	高度/m	位置	任务	用途
1	红外热成像摄像机	30	火盆正上方	采集热红外影像	提取油库火灾热辐射场信息
2	红外热成像摄像机	30	火盆正上方及周边	采集热红外影像	提取油库火灾热辐射衰减场信息

对热红外遥感影像进行密度分割，得到温度场产品。利用热红外无人机影像可以有效监测油库火灾发生时周围环境的温度场变化情况。

（3）地面温度监测的布点

为了给遥感反演提供依据，地面温度监测布点应与遥感数据的空间分辨率相对应，其布点设计如下。

① 第一组温度传感器监测点：共计 21 个，东南西北四个方向各布设 5 个监

测点，每个点之间距离油盆边缘各 10m（因为红外遥感数据的空间分辨率为 10m)，火盆中心位置或尽可能近位置周边布设监测点 1 个。

用途：用于建立温度场反演模型。示意图如图 3.2 所示。

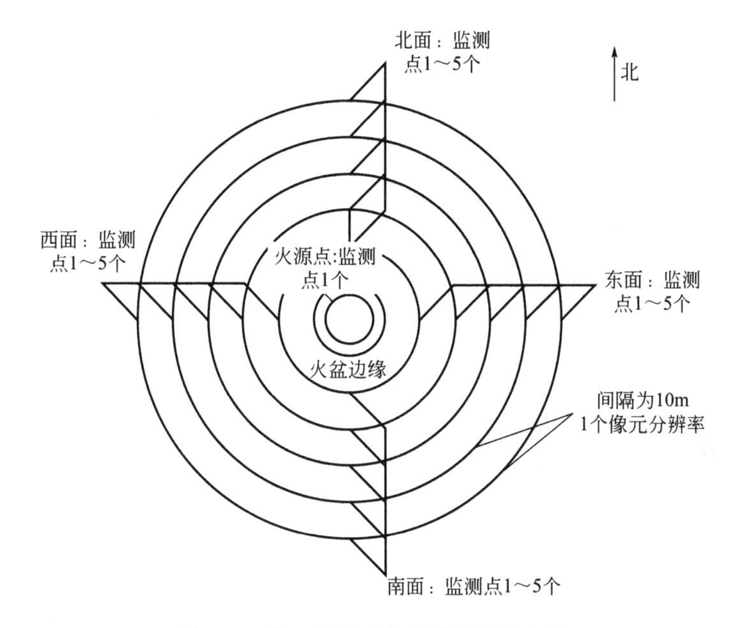

图 3.2　第一组温度传感器监测点布设

② 第二组温度传感器监测点：共计 6 个，东南西北四个方向随机各布设 1 个监测点，火盆中心位置或尽可能近位置周边布设监测点 2 个。

用途：用于验证温度场反演结果精度。示意图如图 3.3 所示。

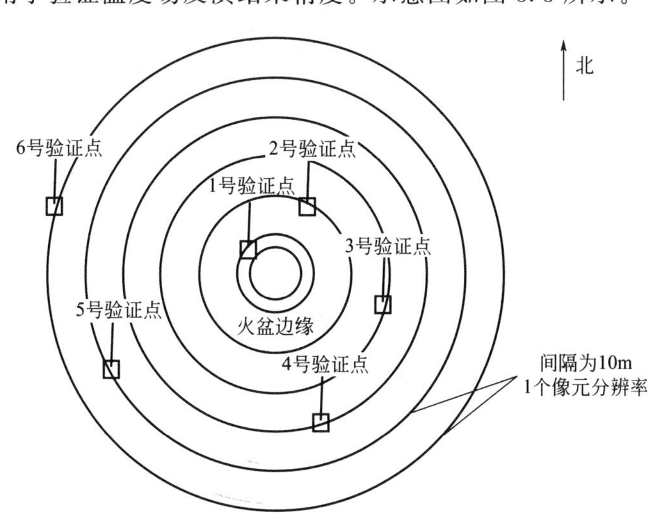

图 3.3　第二组温度传感器监测点布设

③ 第三组温度传感器监测点：共计 4 个，在研究区操场周边东南西北四个方向随机各布设 1 个监测点，距离操场 500～1000m。

用途：用于获取实验当天的周边环境温度，评价反演的整体精度。

通过建立同步的××卫星的航天遥感监测、无人机的航空遥感监测及地面传感器的温度监测，可分别获得高分辨率热红外遥感影像、热红外航空遥感影像及地表温度数据。利用航天遥感影像和地面监测数据可以构建油料火灾周围温度场反演模型，并对模型进行校正优化，航空遥感可监测油料火灾温度场发展态势。

(4) 外场实验台架

火盆为油料燃烧的容器，包括两个直径 2.5m 和两个直径 2m、高均为 0.3m 的火盆，火盆由 3mm 厚的钢板焊接而成，结构如图 3.4 所示。实验前先向火盆中加入一定量的水，可防止高温引起的火盆变形。在火盆上覆盖细铁丝网，保证燃烧的均匀性和持续性。火盆采用 Q235 钢焊接而成，无明显腐蚀，不会导致燃烧时产生附属产物而影响监测结果。实验中四个火盆间隔组成一个近圆形，如图 3.5所示；组合后直径近似为 5m。

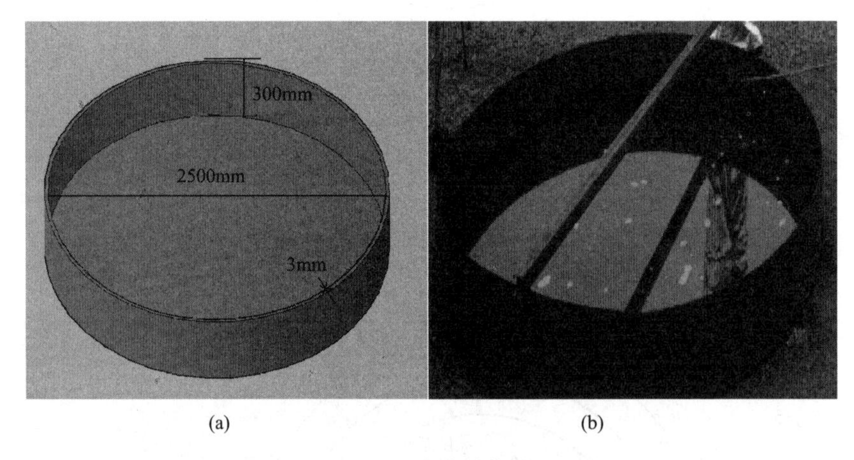

图 3.4 火盆结构图

(5) 个体防护以及应急装备

为了满足模拟油库火灾实验场近距离监测作业和应对突发火灾蔓延事件应急处理的需求，还需要准备防火服、灭火毯、灭火器等防护及应急处理处置装备，如图 3.6～图 3.8 所示。

3.1.2 数据获取

3.1.2.1 航天卫星遥感数据获取

(1) 高分辨率热红外遥感影像的获取分析

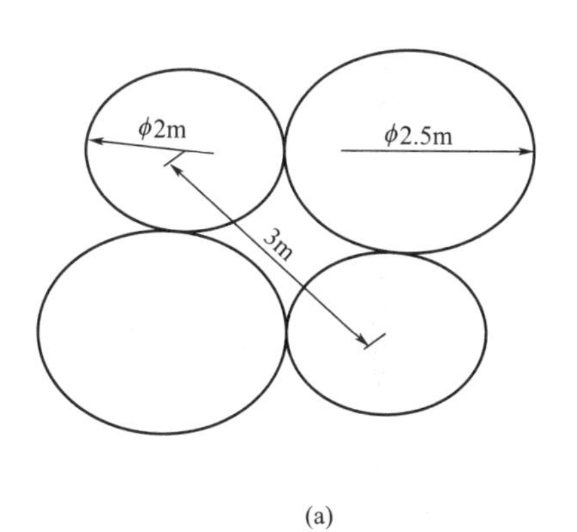

(a)

(b)

图 3.5　火盆布置

图 3.6　防火服

图 3.7　灭火毯

图 3.8 油库火灾模拟外场实验现场

为了构建和校正温度场反演模型，在模拟油库火灾外场实验监测时，选择空间分辨率相对较高的××卫星的红外相机（波谱范围 8～10μm，空间分辨率 10m），通过分析计算卫星的准确过境时间，选择在天气晴好的条件下进行模拟油库火灾实验，通过卫星姿态控制和编程，获取了模拟油库火灾实验热红外遥感影像，成像时间为 2 月 5 日 15 时，如图 3.9 所示。

图 3.9 ××卫星热红外波段影像

(2) 多光谱遥感影像概况

本研究采用××卫星，其他卫星也可以用于油库火灾污染监测。自 1962 年 TIPOS－Ⅱ发射成功，星载遥感仪器开始为地表温度反演研究提供热红外遥感数据，NOAA 系列卫星、Landsat 系列卫星、Terra/Aqua 系列卫星等国外卫星，风云系列气象卫星、中巴资源卫星、环境卫星等国内卫星，上面搭载的遥感仪器源源不断地提供可用于地表温度反演的热红外遥感数据。这几种常用遥感器的通道特性总结如表 3.2 所列。

表 3.2　常用于反演地表温度的遥感器及其通道特性

星载传感器	通道标识	波长/μm	空间分辨率	噪声等效温差(300K)/K	调制传递函数(MTF)(1.09km)	温度范围/K	覆盖周期/d
NOAA/AVHRR3	Channel 4 Channel 5	10.30～11.30 11.50～12.50	1.09km	≤0.12	>0.30	180～335	1
Landsat 7	Channel 6	10.40～12.50	60km	—	—	—	16
TERRA/MODIS	Channel 31 Channel 32	10.78～11.28 11.77～12.27	1km	0.05	— —	— —	1
FY-3VIRR	Channel 4 Channel 5	10.30～11.30 11.50～12.50	星下点 1.1km	0.034 0.059	— —	<312.72 <320.25	1
CBERS02 IRMSS	Channel 9	10.40～12.50	星下点 156m	1.2	—	—	26
HJ-1B 红外相机	Channel 4	10.50～12.50	星下点 300m	≤0.3	—	—	4

3.1.2.2　航空无人机遥感数据获取

本实验采用 Microdrones MD4-200 四旋翼无人飞行器系统，如图 3.10 所示。

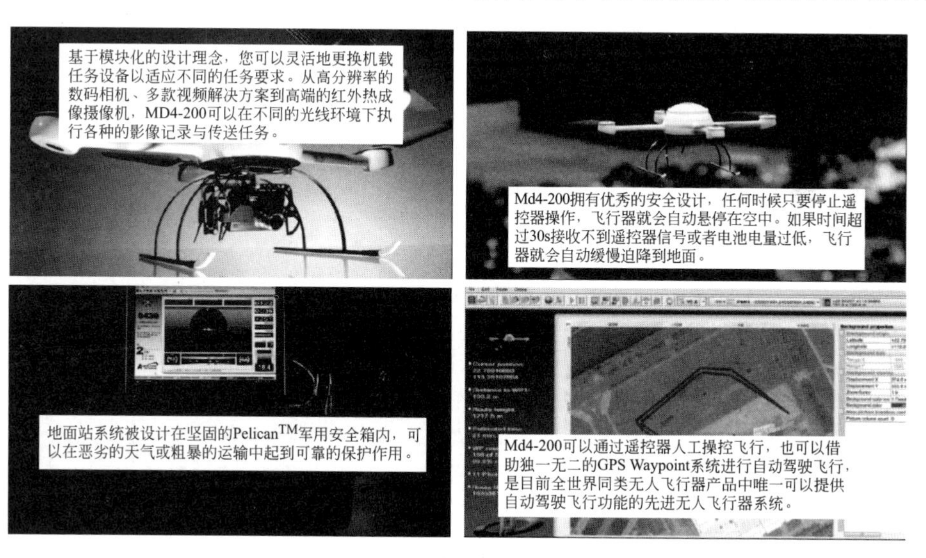

图 3.10　MD4-200 四旋翼无人机

为了较好地满足实验要求，MD4-200 四旋翼无人机携带了四款机载传感器，如图 3.11 所示。

① 数码相机：1200mp，37～111mm，F2.5～5.4。

② 日光型彩色摄像机：480TV Lines PAL。

机载设备

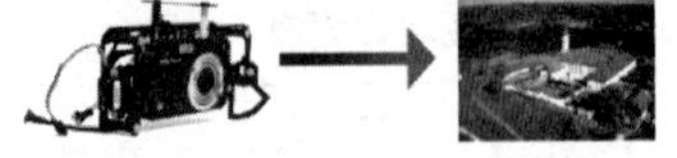

数码相机:1200mp,37～111mm,F2.5～5.4

(a) 数码相机

机载设备

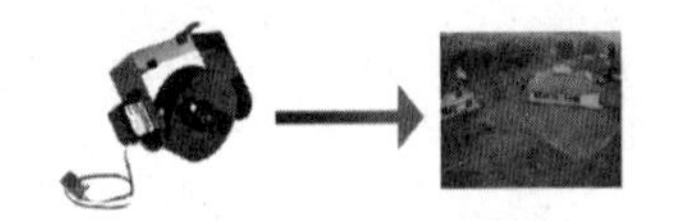

日光型彩色摄像机:480TV Lines PAL

(b) 日光型彩色摄像机

机载设备

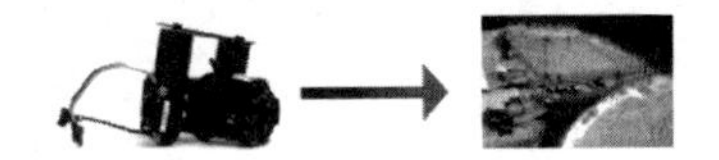

微光黑白摄像机:0.0003Lux,570TV Lines PAL,F1.4

(c) 微光黑白摄像机

机载设备

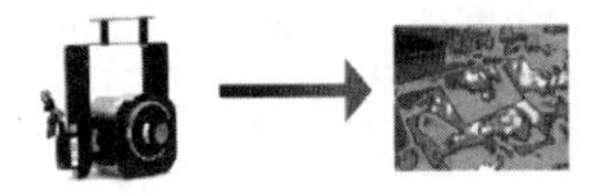

红外热成像摄像机:7～14μm,625TV Lines PAL

(d) 红外热成像摄像机

图 3.11　MD4-200 四旋翼无人机携带的四款机载传感器

③ 微光黑白摄像机：0.0003Lux。

④ 570TV Lines PAL，F1.4。

⑤ 红外热成像摄像机：7～14μm，625TV Lines PAL。

本次试验中，无人机主要承担的监测任务是在油库火灾模拟实验场上空飞行执行监测任务。具体任务如表 3.3 所列。

表 3.3　无人机监测任务

飞行序列	传感器	高度/m	位置	任务	用途
1	数码相机	30	火盆正上方	采集可见光影像	提取油库目标及火焰范围
2	彩色摄像机	30	火盆正上方	追踪火势现场情况	获取火势发生发展过程
3	彩色摄像机	30	火盆正上方及周边	追踪火势现场情况及烟雾飘散情况	获取火势发生过程及污染物飘散范围
4	红外热成像摄像机	30	火盆正上方	采集热红外影像	提取油库火灾热辐射场信息
5	红外热成像摄像机	30	火盆正上方及周边	采集热红外影像	提取油库火灾热辐射衰减场信息

3.1.2.3　地面数据采集系统

（1）采样系统

油料燃烧后，火场附近以及燃烧产物的气体温度很高，检测设备不能靠近火场，也无法直接采样检测。因此，实验中需对高温污染物进行远程抽样和冷却。自制采样系统由采气装置、冷却装置、空气压缩泵、输送管等组成，结构如图 3.12 所示。

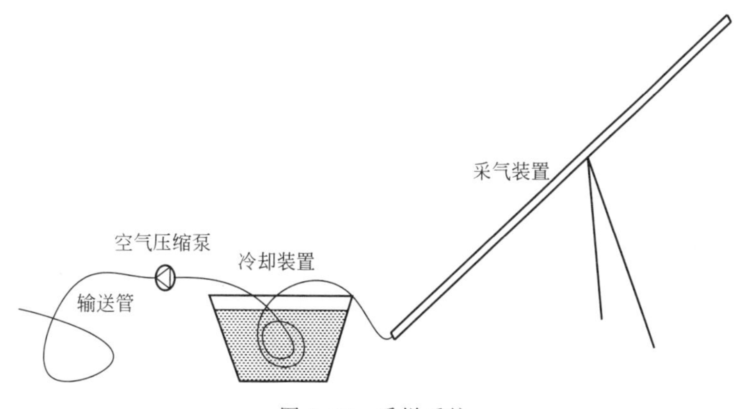

图 3.12　采样系统

采气装置由 ϕ0.25m×3m 的钢管和支架组成，可进行定点、高温场或火焰区域污染气体采集；冷却装置为浸入水中的 ϕ0.08m×1.5m 黄铜管；空气泵为膜片式空气压缩泵，可将样气输送至检测设备。

（2）传感器支架

为了能够布置温度传感器和热辐射传感器，专门设计制作了 10 个可拆卸、组装的传感器支架。每个支架上间隔 0.5m 预设有孔，可根据高度需要布置不同高度的多个传感器。这些支架之间设计有对接头，可以实现多个支架的串联对接，从而可以将传感器布置在更高的高度，如图 3.13 所示。

图 3.13　传感器支架

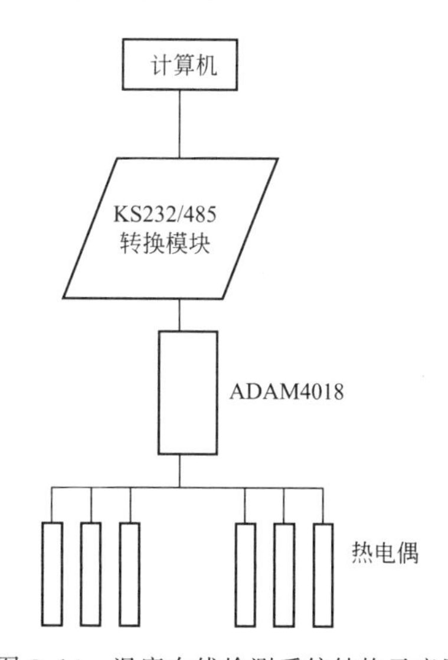

图 3.14　温度在线检测系统结构示意图

数据采集系统主要由温度在线检测系统、污染物浓度测试系统、辐射热流计、现场视频采集系统等组成。温度在线检测系统由热电偶、采集模块和接口转换模块、数据采集计算机组成，检测系统结构示意图和系统组件如图 3.14 和图 3.15所示。

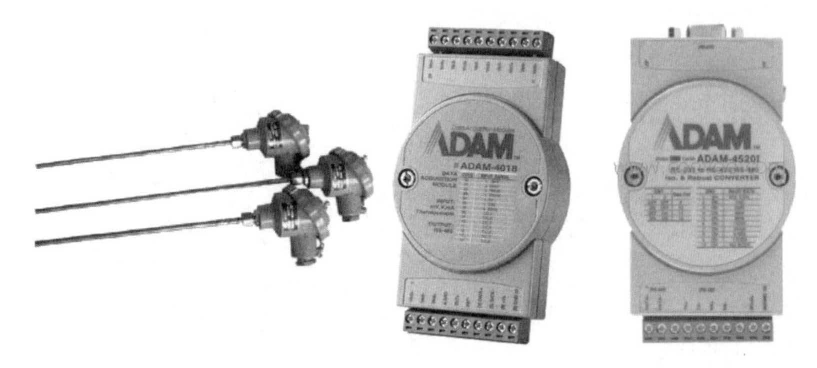

图 3.15　温度在线检测系统组件

其中，热电偶采用铠装的镍铬-镍硅 K 型热电偶，精度±0.75%t，适用于−200～1300℃范围的温度测量。数据采集采用 ADAM4018 采集模块。在数据采集计算机终端，采用 MCGS 组态软件完成现场数据的采集与监测、前端数据的处理与控制。在本次实验中，温度数据连续采集、保存时间间隔为 2s，采集软件界面如图 3.16 所示。

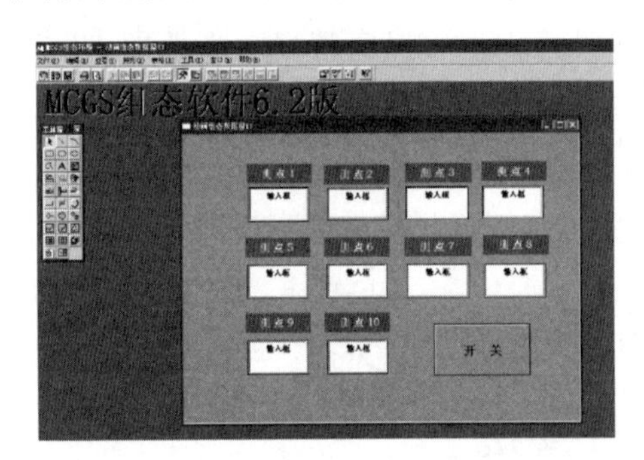

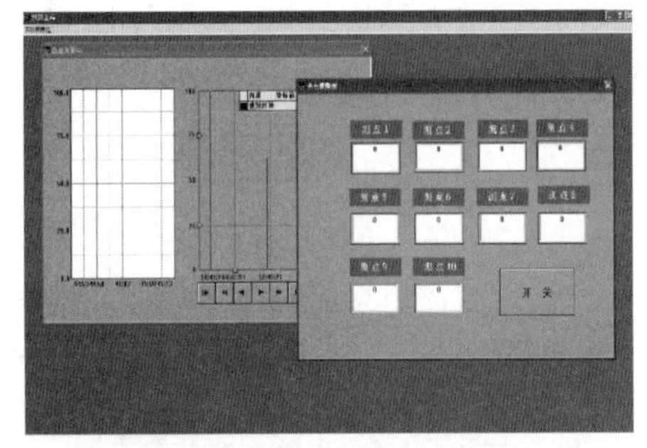

图 3.16　温度数据在线采集软件界面

（3）辐射热流计

采用辐射热流计对火场周围热辐射的强度以及破坏性进行定量检测。辐射热流计由以色列 Fourier 公司的 DaqPRO 数据记录仪和美国 ITI 公司的 HT50 高温辐射热流传感器组成，如图 3.17 所示。

（4）气体污染物浓度监测设备

气体污染物浓度监测设备包括地面与空中两部分，其中地面部分通过近火源处的烟气采集系统收集烟气，对烟气中的气体污染物浓度进行测定，采用监测仪器为德图仪器 TestoT350 加强版烟气分析仪，监测项目包括 CO、NO、NO_x、

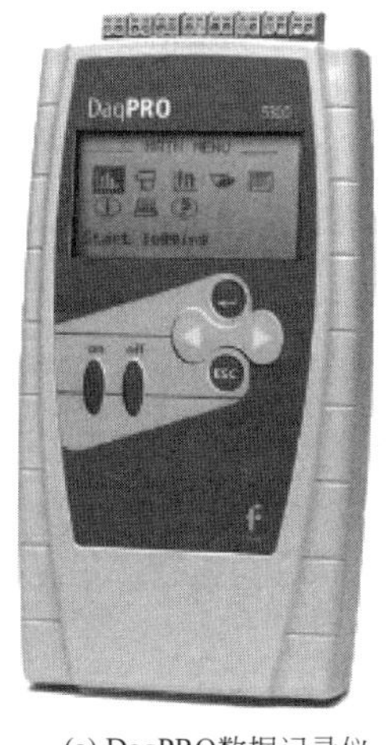

(a) DaqPRO数据记录仪

(b) HT50 高温辐射热流传感器

图 3.17　辐射热流计组件

HC、SO_2。空中部分采用了高程达 50m 的消防云梯作为实验台架，将检测仪器送入空中并固定位置，对火盆上空烟气中的气体污染物浓度进行测定，监测仪器为 PGM7840 型复合式气体检测仪，监测项目为 CO、NO、SO_2，如图 3.18 所示。

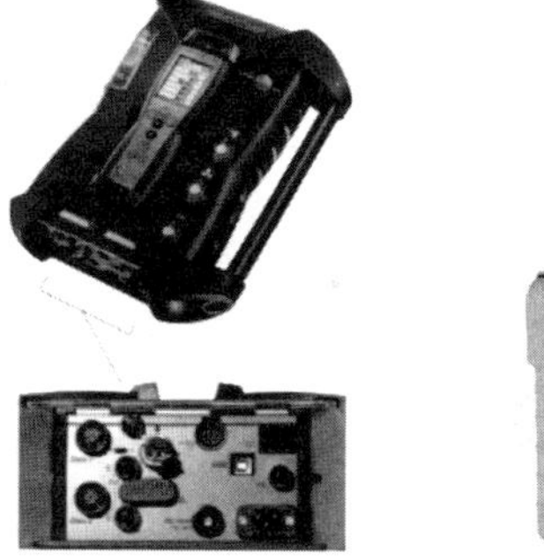

(a) TestoT350加强版烟气分析仪

(b) PGM7840型复合式气体检测仪

图 3.18　气体污染物浓度监测设备

（5）现场视频采集设备

实验现场采用汉邦高科 HB8600 数字硬盘录像机和高清监控摄像机进行实时监控，如图 3.19 所示。

通过现场视频采集设备，可对模拟火灾现场的火焰、烟雾、风向等信息进行实时记录。结合温度在线采集设备、辐射热流计、废气分析仪等设备所采集的数据，构建模拟油库火灾现场污染物、热辐射、温度场、流场等的三维模型。

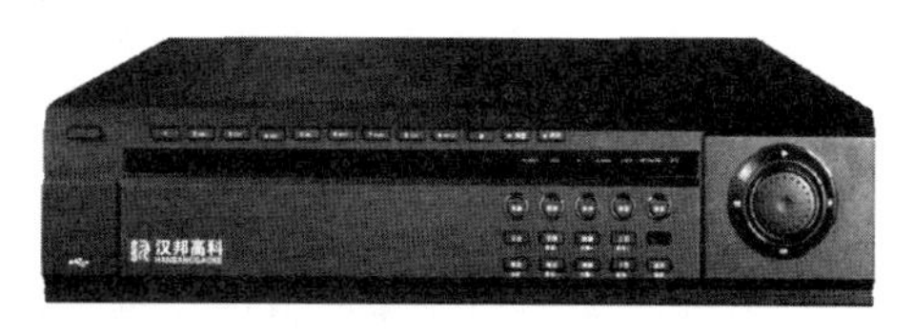

(a) HB8600数字硬盘录像机

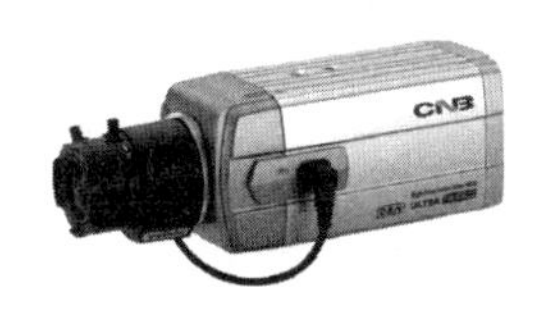

(b) 高清监控摄像机

图 3.19　现场视频采集设备

3.1.3 实验过程及结果分析

由于油库发生火灾爆炸时，大量油料燃烧并向外界释放大量的热，这些热量主要以热辐射、热对流的形式不断向外扩展。当火灾爆炸附近有可燃的树木、杂草等可燃物时，仅靠热辐射和热对流所传递的热量就可能引燃这些可燃物，从而引起火灾爆炸态势和扩大灾害损失。因此，在对油库火灾爆炸污染和灾害危险性进行评估的时候，不仅需要对燃烧污染物的有害气体及粉尘进行研究，还需要对燃烧过程中产生的热污染以及灾害扩散能力进行评估分析。本研究过程中，在火场周围布置了10个温度测点以及1个热辐射测点，对油料燃烧过程中的环境温度、热辐射值进行实时采集；在火盆燃烧的下风向布置了气态污染物的地面现场监测设备（包括地面和50m云梯放置的监测设备）；同时采用了四旋翼无人机从空中对火场周围的温度场进行红外拍摄，以获取火场周围热辐射、热对流的热传递数据。实验时环境温度11℃，气压为98.6kPa。

本研究主要进行了四次模拟油库火灾外场实验，其目的是探索开敞空间油料燃烧污染发展态势与特点，以及分析比较不同工况条件对污染的影响。四次实验的工况数据见表3.4。

表3.4 四次模拟油库火灾外场实验的工况数据

实验序号	火盆油品加注情况	汽油辅助点火	点火时间	风速/(m/s)	风向	传感器布点
第一次	2个直径2.5m火盆各加注25L $0^{\#}$柴油，2个直径2m火盆各加注16L $0^{\#}$柴油	4个火盆共加注1L汽油	11:17	0.8	东北风偏东约30°	如图3.20所示
第二次	2个直径2.5m火盆各加注50L $0^{\#}$柴油，2个直径2m火盆各加注16L $0^{\#}$柴油	4个火盆共加注1L汽油	13:18	1	北偏东约45°	与第一次相同
第三次	4个火盆各加注25L $0^{\#}$柴油	4个火盆共加注1L汽油	14:59	1.4～2	北偏东22.5°～45°	改变了温度传感器的测点位置，热辐射传感器位置不变
第四次	4个火盆各加注25L $0^{\#}$柴油	4个火盆共加注1L汽油	15:52	1.4～1.6	北偏东0～30°	传感器的测点布置与第三次实验相同

四次实验的工况数据说明：第一次实验中4个火盆加注的柴油量比较少，燃烧时间短；第二次实验中4个火盆加注的柴油量增大，燃烧强度增大，两次检测的传感器的布点位置不变；第三次实验中4个火盆加注相同量的柴油，改变了温度传感器的测点位置，但热辐射传感器位置不变；第四次实验与第三次实验的工况条件一致，是一次重复实验，旨在分析和比较两次相同实验中燃烧过程、燃烧

产物以及污染有何变化，分析污染的变化规律。

3.1.3.1 第一次实验

(1) 热辐射及温度数据分析

本次实验中，主要是对模拟油库火灾现场水平方向上的温度场、定点热辐射量进行了测量，温度测点、辐射测点以及与火场的相对位置如图3.20所示。

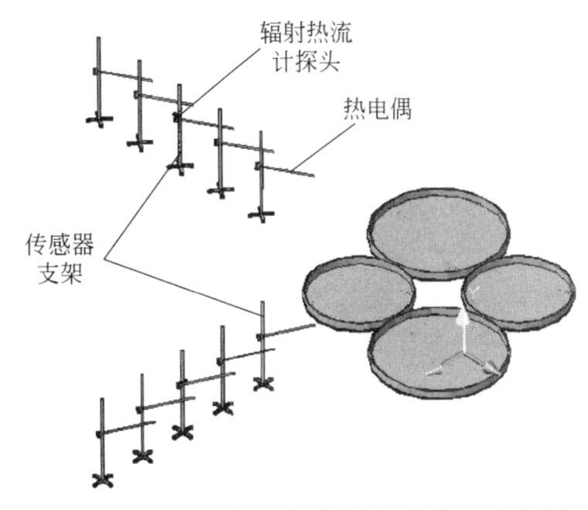

图3.20 热电偶及辐射热流计布置示意图

本次实验在2个直径2.5m的大火盆各加注25L 0# 柴油、2个2m直径的小火盆加注16L 0# 柴油，最后再在4个火盆中合计加入1L汽油用以辅助点火。点火时间为11：17，风速约0.8m/s，东北风向偏东约30°，实验过程中风速、风向发生了较小变化，但总体上风速、风向稳定。

实验中，风速较小，火场火焰近似呈锥状，如图3.21所示，在水平各方向上的热传递情况较为接近。实验过程中，火焰在风的作用下发生了略微偏转，从而使1组（1～5温度测点）1测点处比2组（6～10温度测点）6测点距离火焰近了约0.5m。

图3.21 第一次实验火场现场燃烧情况

实验中，各温度测点的检测数据如图3.22所示。

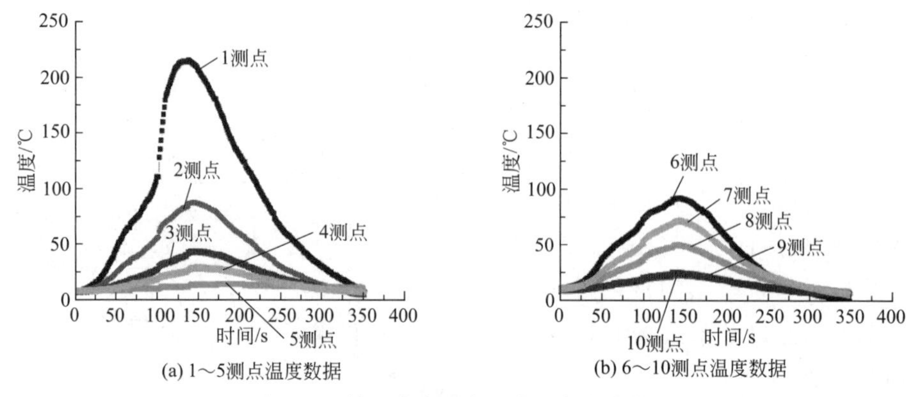

图 3.22　第一次实验各温度测点实验数据

从图 3.22 中两组温度测点的数据可以看出，最接近火焰的 1 测点和 6 测点处，数据相差达到了近 150℃，而其他测点温度则相差较小（2 测点与 7 测点温度差约为 10℃）。由此可见，距离火场越近，火焰周围的温度场梯度越大，距离越远，温度梯度越小，航拍的红外成像图也印证了这一点，如图 3.23 所示。

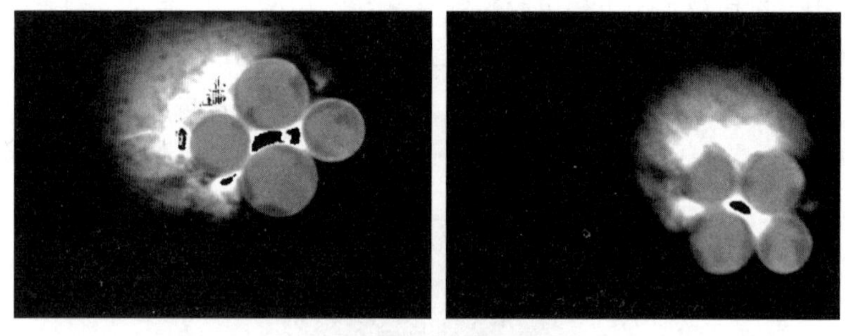

图 3.23　航拍的火场温度场图像

从图 3.23 可以看出，火场周围的温度场应是以火焰为中心向周围辐射，风向对火场周围近距离范围内的温度场有着非常显著的影响。随着时间推进，风向发生了变化，但是燃烧过程中风向对热辐射量的变化影响较小，如图 3.24 所示。

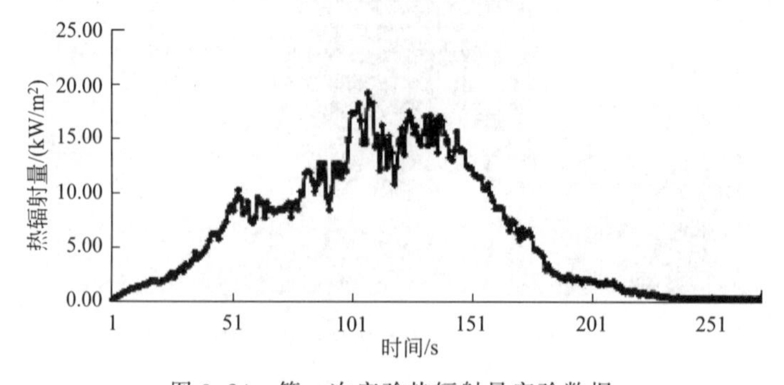

图 3.24　第一次实验热辐射量实验数据

热量的传递主要有热传导、热对流、热辐射3种。本次实验中热传递方式则主要为热对流和热辐射。热辐射是指空间中的物体不断向外界发射出辐射，其传递无需任何介质，主要影响因素是热源的温度、黑度、表面积，其带来的温度场应该是均匀的、以热源为中心的辐射场。而对流传热是热能在液体或气体中从一处传递到另一处的过程，主要是由于质点位置的移动，使温度趋于均匀，其主要影响因素则是空气流场变化。

因此可以初步判定，热辐射是以火焰为中心向周围辐射扩散，决定了温度场的整体温度分布；而对流则决定了火焰中心位置，并使近场温度梯度升高，加强了火焰近场的温度。随着油料燃烧的不断进行，周围温度场温度的不断升高，当温度达到外界可燃物的着火点时，就会引起火灾的蔓延。

（2）模拟实验场的航空遥感监测

① 可见光航空遥感影像

由图3.25中可见光航空遥感影像可知，本次油品燃烧时间持续了约4min，火势在第30s左右达到极大值，伴随着大火还有浓烟产生，燃烧过程的监测清晰、准确。因此，无人机的可见光航空遥感影像可以作为监测油库火灾发展态势的一种有效手段。

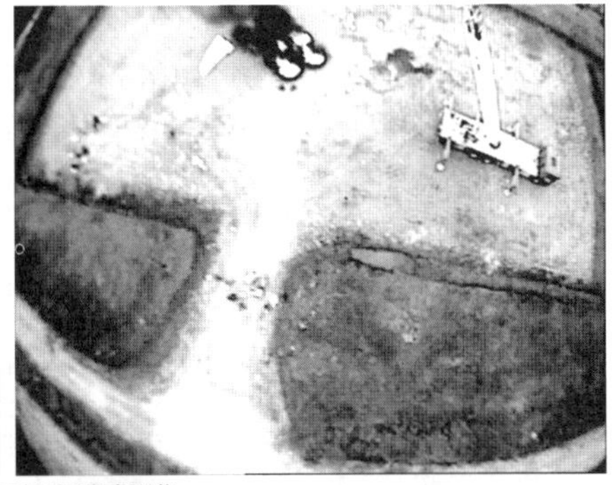

(a) 刚点火时可见光遥感影像

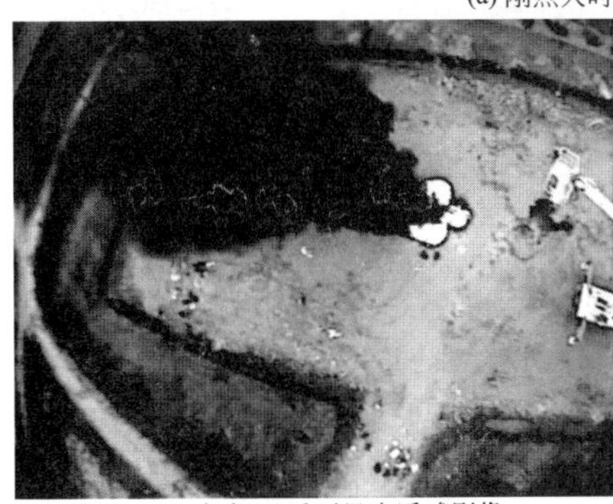

(b) 点火10s后可见光遥感影像

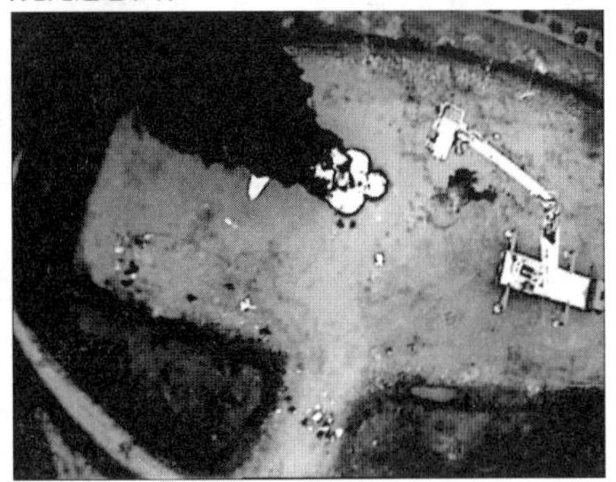

(c) 点火20s后可见光遥感影像

图3.25

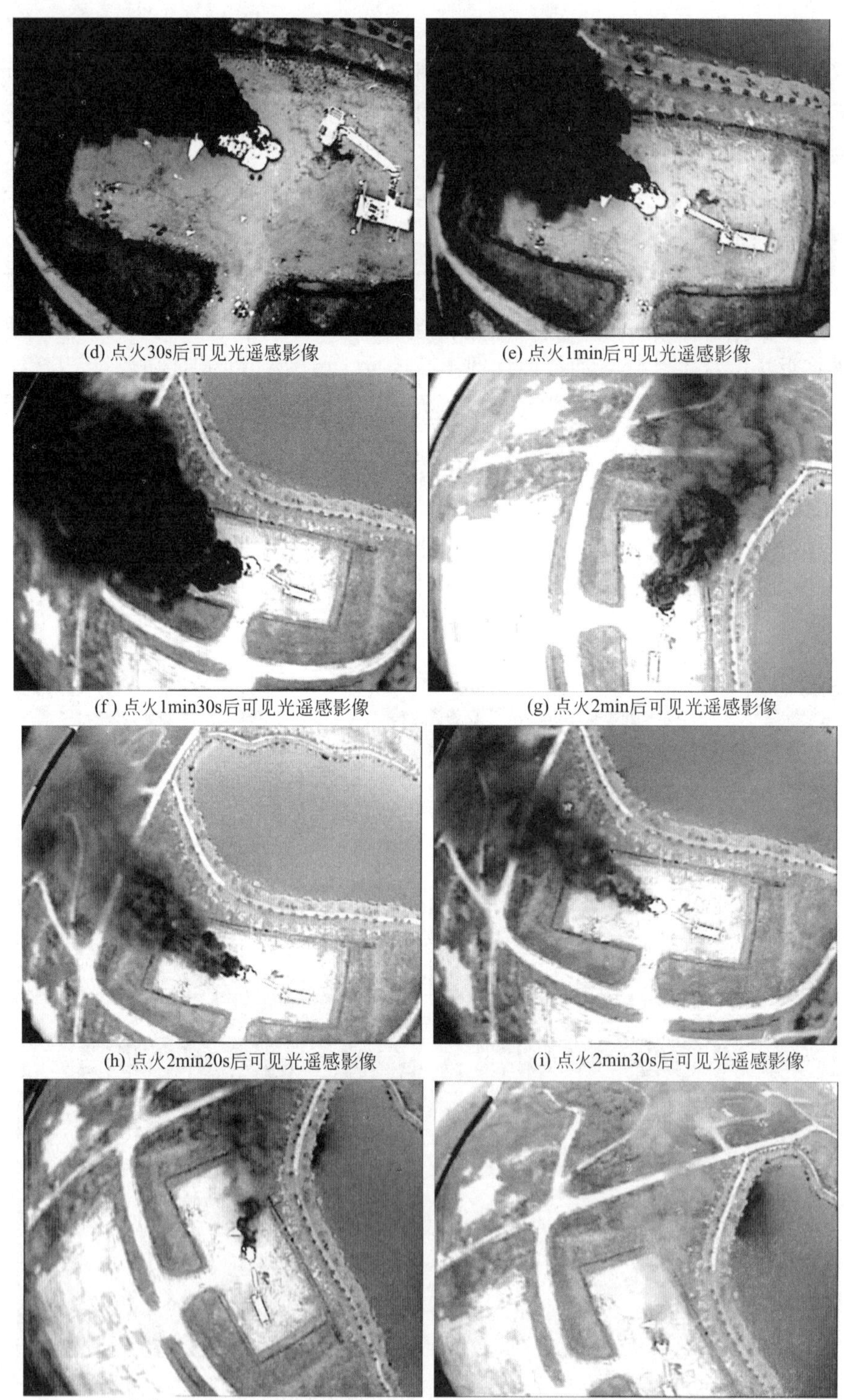

(d) 点火30s后可见光遥感影像

(e) 点火1min后可见光遥感影像

(f) 点火1min30s后可见光遥感影像

(g) 点火2min后可见光遥感影像

(h) 点火2min20s后可见光遥感影像

(i) 点火2min30s后可见光遥感影像

(j) 点火2min50s后可见光遥感影像

(k) 点火3min20s后可见光遥感影像

(l) 点火3min50s后可见光遥感影像

(m) 点火4min30s后可见光遥感影像

图 3.25 可见光航空遥感组图

② 热红外航空遥感影像

(a) 刚点火时热红外遥感影像

(b) 点火10s后热红外遥感影像

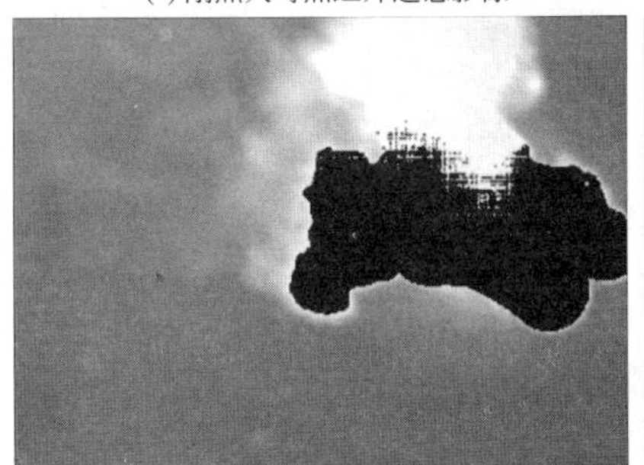

(c) 点火20s后热红外遥感影像

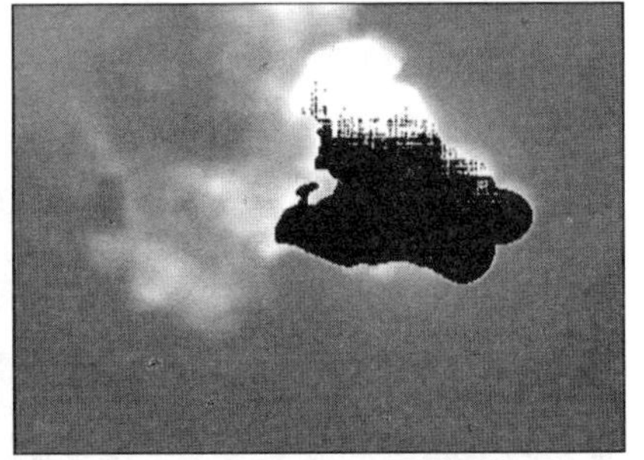

(d) 点火30s后热红外遥感影像

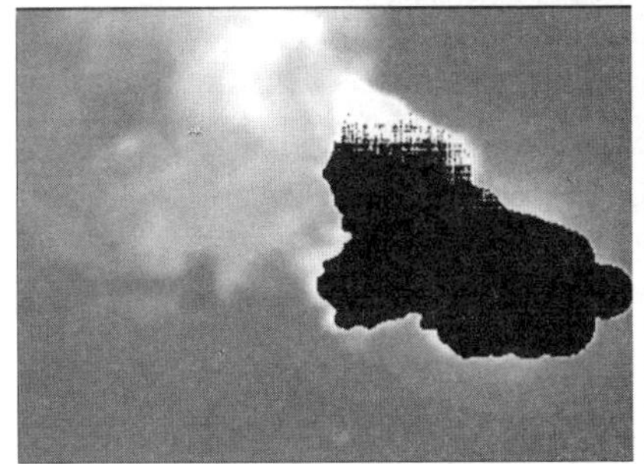

(e) 点火1min后热红外遥感影像

(f) 点火1min30s后热红外遥感影像

图 3.26

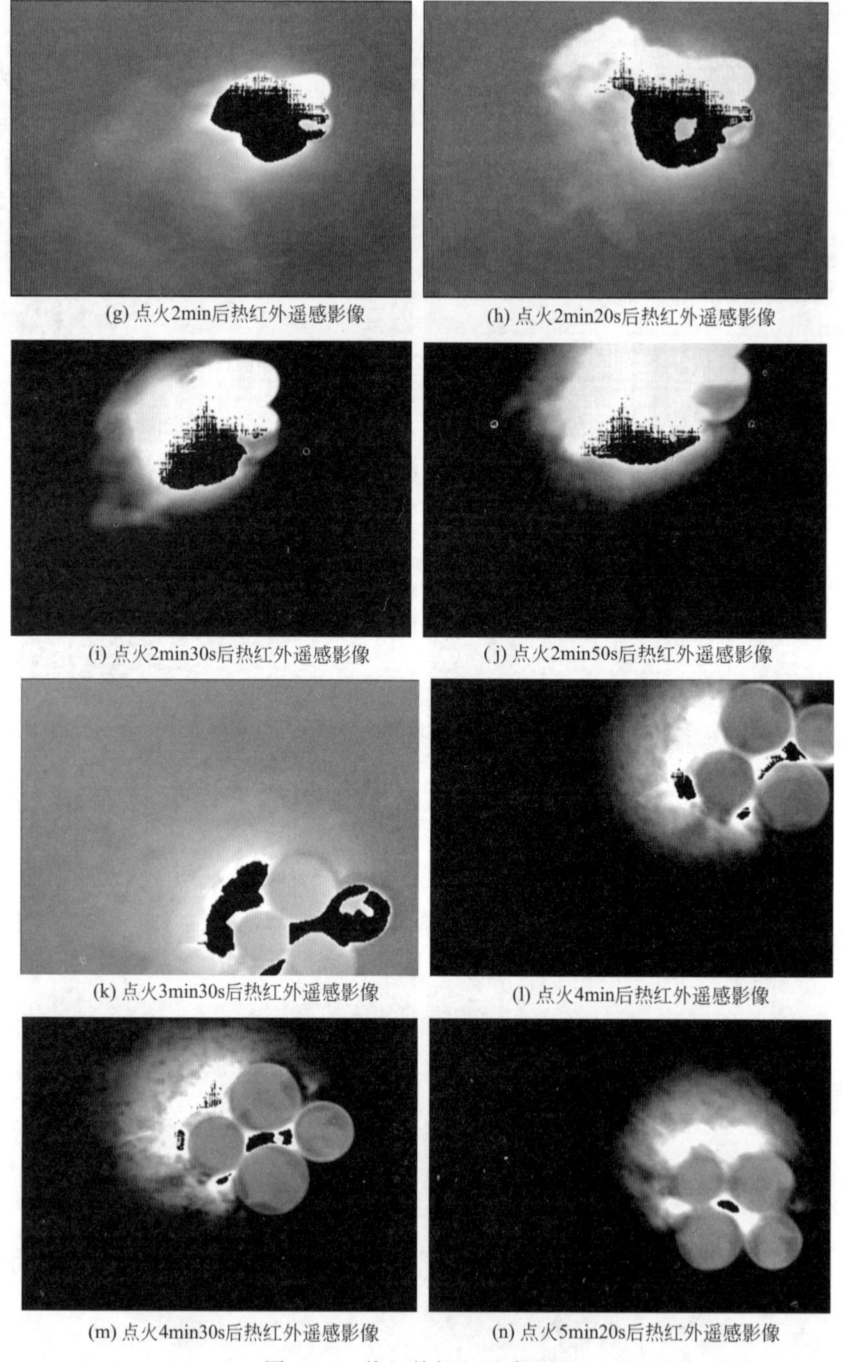

(g) 点火2min后热红外遥感影像

(h) 点火2min20s后热红外遥感影像

(i) 点火2min30s后热红外遥感影像

(j) 点火2min50s后热红外遥感影像

(k) 点火3min30s后热红外遥感影像

(l) 点火4min后热红外遥感影像

(m) 点火4min30s后热红外遥感影像

(n) 点火5min20s后热红外遥感影像

图 3.26 热红外航空遥感组图

对热红外遥感影像（如图 3.26 所示）进行密度分割，就可得到温度场产品（如图 3.27 所示）。本次油品燃烧时间持续了约 4min，温度场随火势变大而向周围扩散，火苗中心温度迅速上升。同样，可以从图像中看出火焰释放的烟尘也具有较高的温度。利用热红外无人机影像可以有效监测油库火灾发生时周围环境的温度场变化情况。

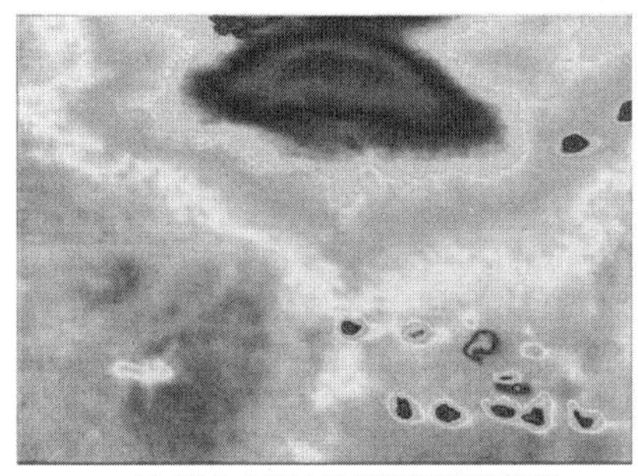

(a) 刚点火时油盆周边温度场信息

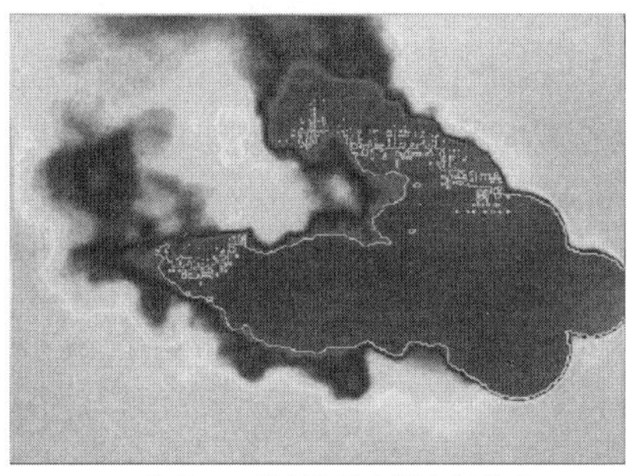

(b) 点火10s后油盆周边温度场信息

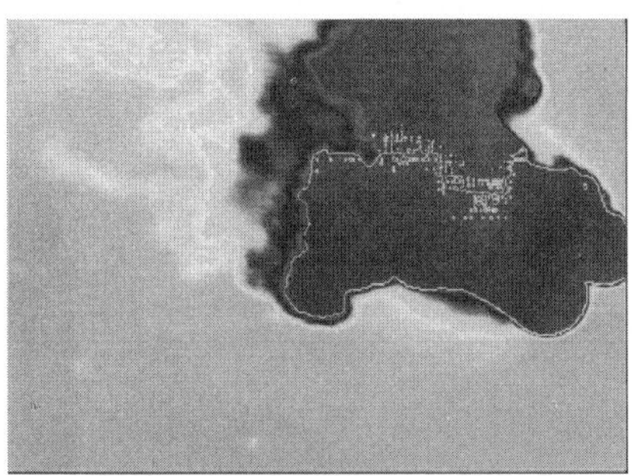

(c) 点火20s后油盆周边温度场信息

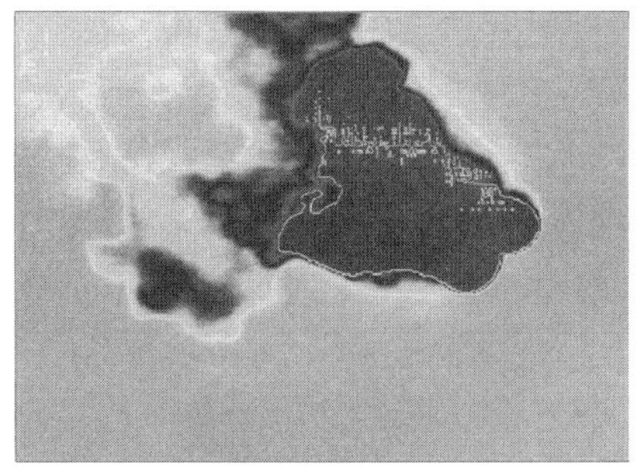

(d) 点火30s后油盆周边温度场信息

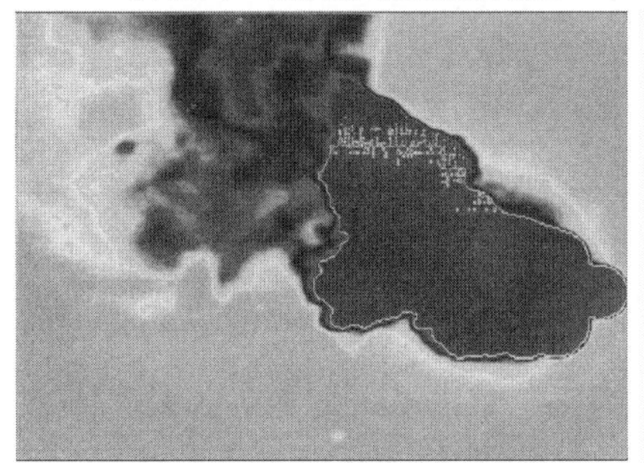

(e) 点火1min后油盆周边温度场信息

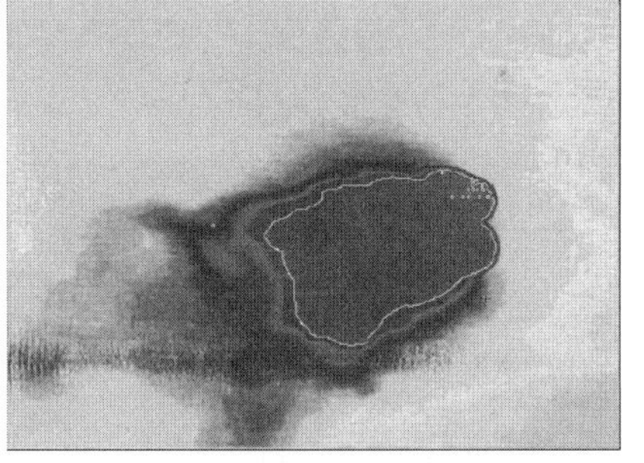

(f) 点火1min30s后油盆周边温度场信息

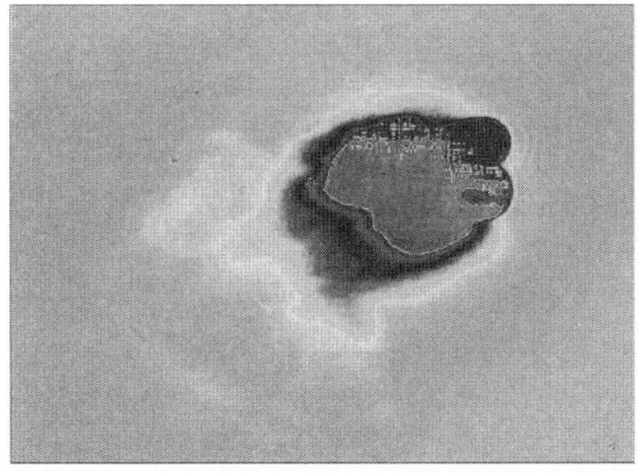

(g) 点火2min后油盆周边温度场信息

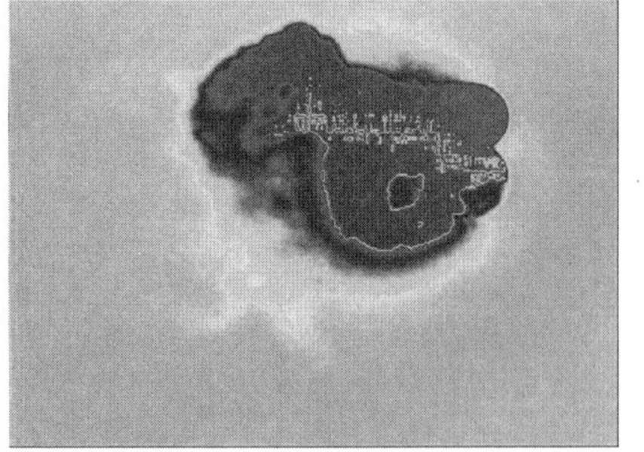

(h) 点火2min20s后油盆周边温度场信息

图 3.27

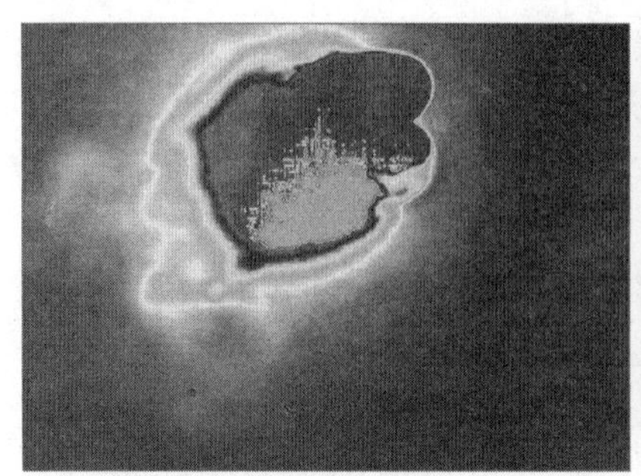

(i) 点火2min30s后油盆周边温度场信息

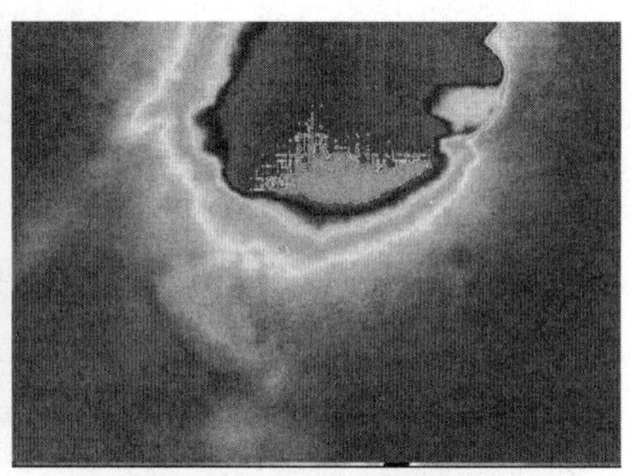

(j) 点火2min50s后油盆周边温度场信息

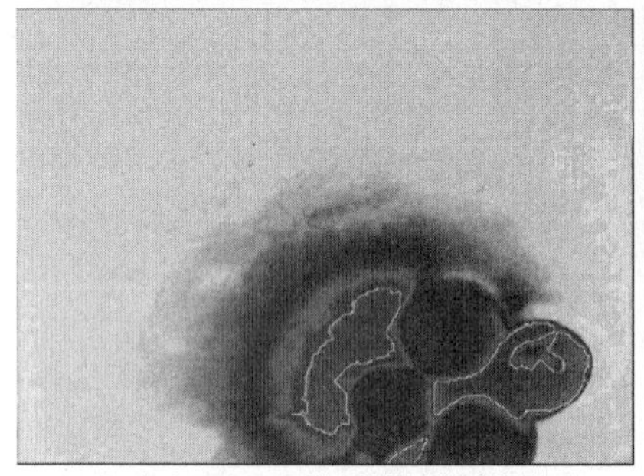

(k) 点火3min30s后油盆周边温度场信息

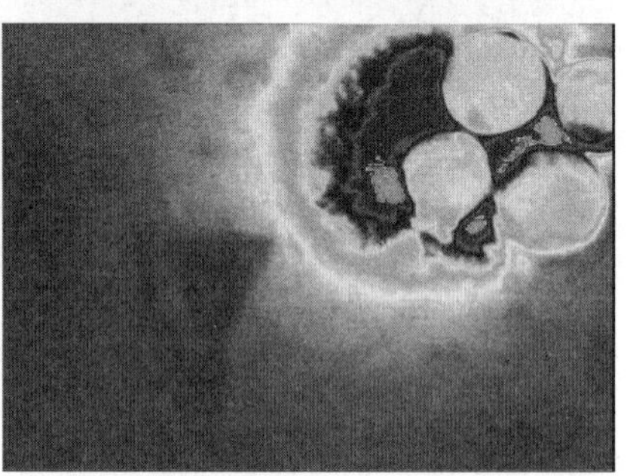

(l) 点火4min后油盆周边温度场信息

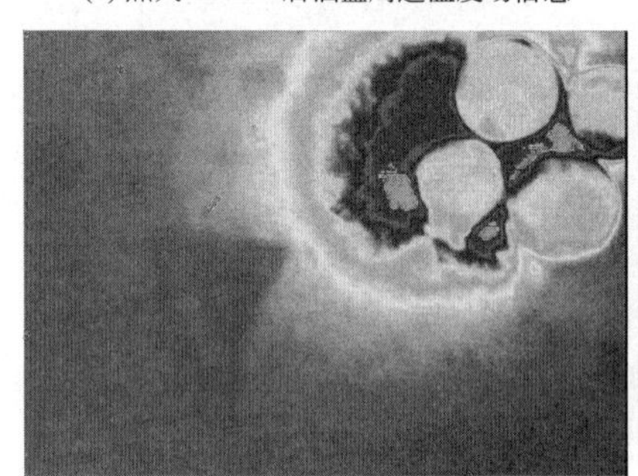

(m) 点火4min30s后油盆周边温度场信息

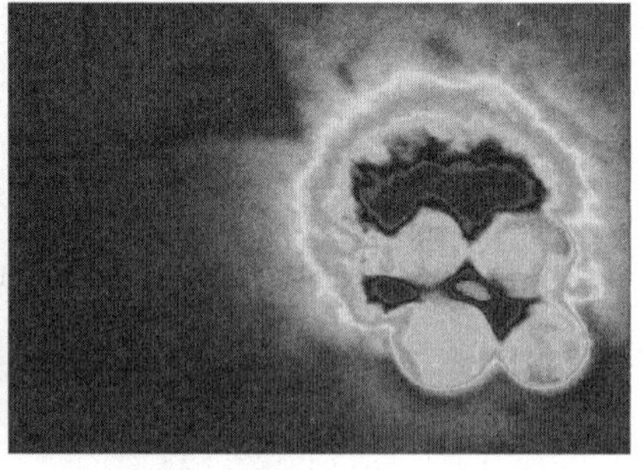

(n) 点火5min20s后油盆周边温度场信息

温度场信息

低温 高温

图 3.27　油盆周边温度场信息组图

3.1.3.2　第二次实验

第二次实验向 2 个直径 2.5m 的大火盆各加注 50L 0# 柴油、2 个 2m 直径的小火盆加注 16L 0# 柴油，最后再在 4 个火盆中合计加入 1L 汽油以作点火之用。在 13:18 点火，当时风速约 1m/s，风向北偏东约 45°，如图 3.28 所示。

（1）热辐射及温度数据分析

温度传感器及热辐射传感器布置与第一次实验相同，检测实验数据如图 3.29、图 3.30 所示。

图 3.28　第二次实验现场

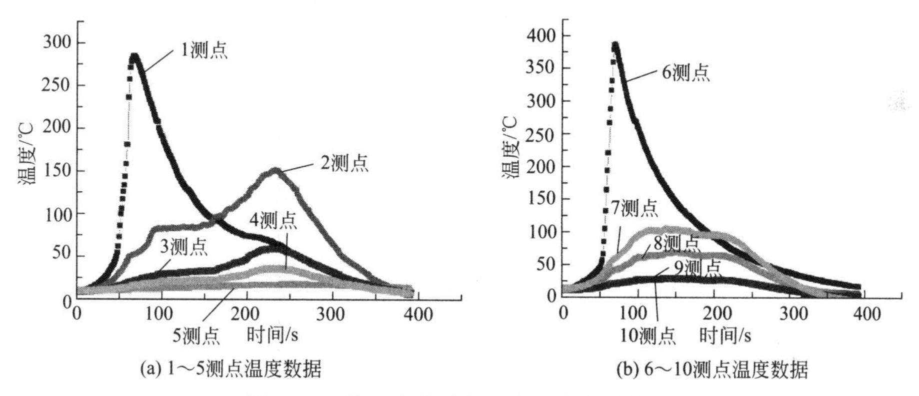

图 3.29　第二次实验各温度测点实验数据

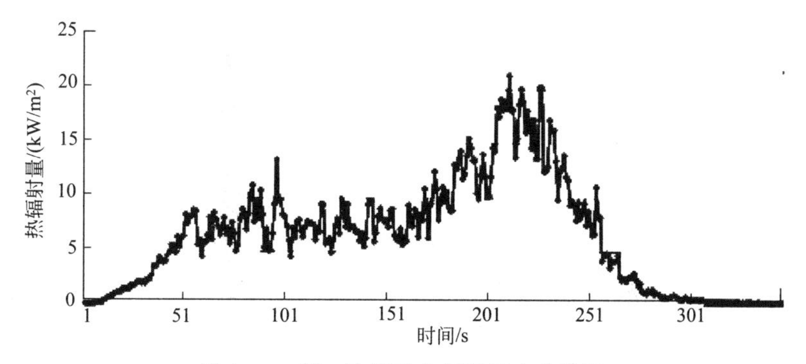

图 3.30　第二次实验热辐射量实验数据

对比前两次实验所得温度和辐射结果可以看出，风向对近场的温度影响非常大，最接近火焰的温度测点处温度、温度上升速率均得到大幅增加。但是风速、风向的变化对实验火焰 2m 外则影响很小，温度场表现出较好的各向同性；相同测点的热辐射在两次实验中没有发生明显的变化。由于这两次实验中，风速都较小，因此风向引起的对流主要影响范围约为火场外 2m。当风速增大时，这个有效影响范围可能会进一步增大。

(2) 气体污染成分监测结果及分析

第二次实验于 13:18 点火，监测数据来自地面近火源处采样，大约监测 2 分多钟后，气体污染物采样系统因导气管融化堵塞，其后未能再取得烟气数据。其数据结果见表 3.5。

表 3.5　第二次燃烧实验气体污染物监测结果

时刻	CO	H_2S	NO	HC	NO_x	SO_2
13:18:12	0	0.1	0	36	0	0
13:18:42	75	0.0	0	223	0	12
13:19:12	81	0.0	1	0	1	6
13:19:42	901	0.0	3	14	3	58
13:20:12	114	0.0	2	0	2	48
13:20:42	20	0.0	1	0	1	30
13:21:12	5	0.0	1	0	1	21
13:21:42	2	0.0	0	0	0	16
13:22:12	2	0.0	0	0	0	13
13:22:42	1	0.0	0	0	0	12

由上述监测结果可知，实验过程中产生的主要污染物包括 CO、NO、NO_x、HC、SO_2，在油库火灾不同阶段，主要产物的浓度均不相同（由于气体经采样器采样后、通过约 30m 导气管输送至检测仪器，因此检测时间数据滞后约 28s)。在火灾初期，火场整个空间温度较低，一方面油料蒸气蒸发较快、燃烧速度相对较慢、火场周围仍能检测到油气残余；另一方面，火灾初期的燃烧不完全，产生了较高的 CO。随着燃烧实验的进行，燃烧越来越充分，残余油气及生成 CO 都逐渐降低，整个过程中 SO_2 的生成较为稳定。

整个燃烧过程中，CO 最高浓度达到了 901μL/L，NO 最高浓度为 3μL/L，HC 最高浓度为 223μL/L，SO_2 最高浓度为 58μL/L，其中 NO 浓度与 NO_x 浓度一致。在后续的污染物监测中，主要监测 NO 浓度，H_2S 因未检出或浓度极低，可以判定在油库火灾过程中不会产生此类污染。

3.1.3.3　第三次实验

本次实验向 4 火盆中各加注 25L 0# 柴油，然后在 4 个火盆中合计加入 1L 汽油以作点火之用。于 14:59 点火，当时风速 1.4～2m/s，风向北偏东约22.5°～45°。本次实验中，对温度的测点布置进行了修改，热辐射传感器测点位置不变，现场实验布置如图 3.31 所示。

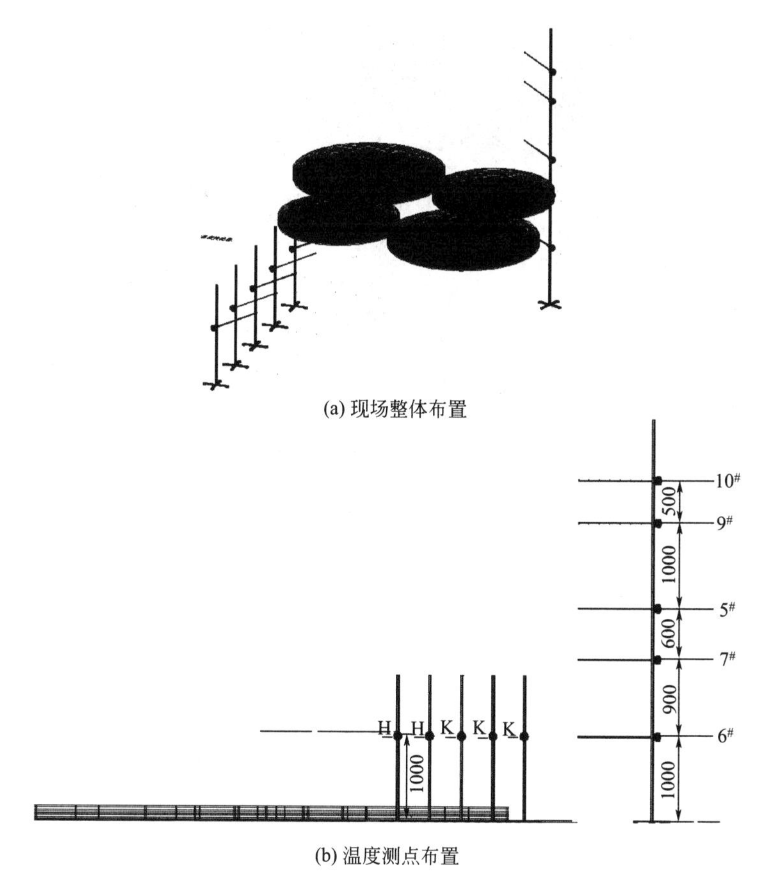

(a) 现场整体布置

(b) 温度测点布置

图 3.31　实验现场及温度测点布置

（1）热辐射及温度数据分析

第三次实验得到各温度测点及热辐射测点实验数据如图 3.32、图 3.33 所示。

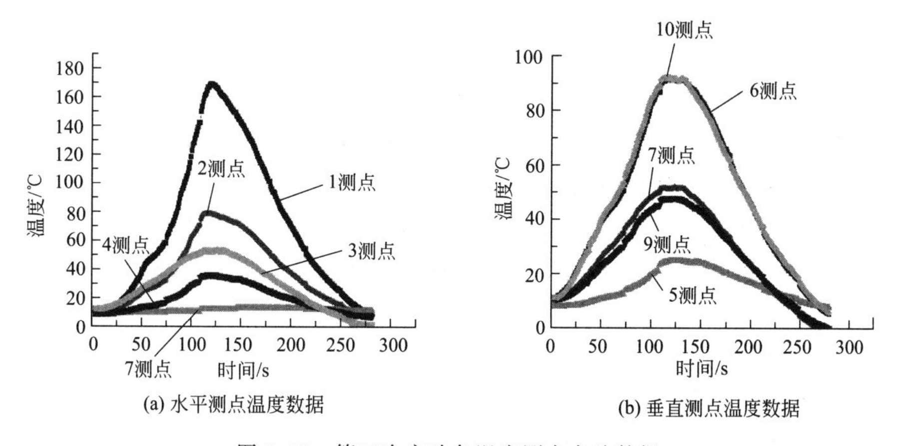

(a) 水平测点温度数据

(b) 垂直测点温度数据

图 3.32　第三次实验各温度测点实验数据

图 3.33 第三次实验油料火焰及烟气

从图 3.32(a) 可以看出，在水平方向上的温度分布与前两次实验相近，随着距离的增加，温度梯度逐渐降低，最接近火场的测点温度远高于其他测点，而在垂直方向上，则不是顺次递减。结合图 3.31 传感器布设位置，可见温度呈现出上下高、中间低的分布规律。这主要是由火焰、烟的形状决定的，如图 3.33 所示。

从图中可以看出，着火点处下部为燃烧明火，上部为浓烟。在测量垂直方向温度分布时，下方火焰可以无阻碍地向外辐射，相距最近的 6 测点所获热量较多、温度较高，而其他测点辐射所得热量较少；在中间结合部，由于存在较大烟气，火焰辐射热被浓烟吸收，使其温度升高，但烟气温度远低于火焰温度、辐射也较小，因此中间测点所得热量较小；而上方由于风向的作用，浓烟包围了 10 测点，此时烟气与测点之间的对流换热急剧增加，因此上方测点温度同样较高。由此，在垂直方向上，温度分布表现出上下高、中间低的分布。

在辐射方面，由于本次添加汽油量较多，油料起燃迅速，因此辐射 100s 左右就达到了辐射峰值，即燃烧最旺盛时间段，但整体热辐射水平与前几次实验相当，辐射对周围温度场的影响也相当，辐射数值如图 3.34 所示。

(2) 气体污染成分检测结果及分析

第三次燃烧开始于 14:59，当时环境情况为：东北风，风速＜2m/s；燃烧大约持续 5min，取样 3min，每 5s 一次测样。地面近火源处气体污染成分监测结果见表 3.6。

① CO 浓度监测结果

由监测结果可知，CO 瞬时最高浓度 1290μL/L，3min 取样过程中平均浓度 154μL/L，通过与《环境空气质量标准》(GB 3095—2012) CO 一小时平均浓度

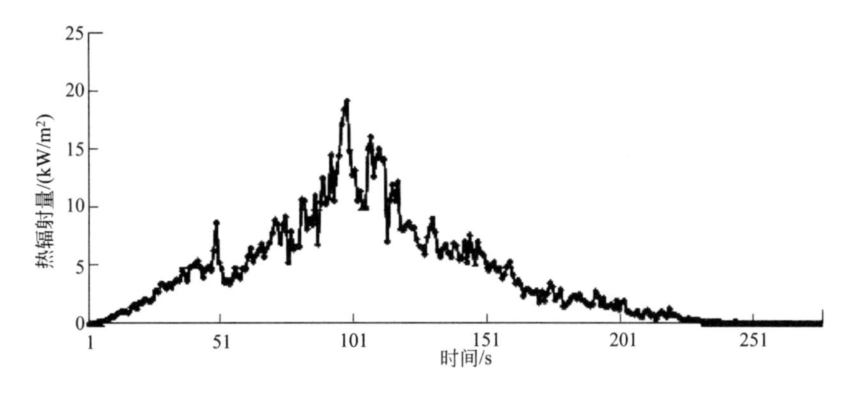

图 3.34　第三次实验热辐射量实验数据

限值二级标准相比较，其瞬时最高浓度超过标准值 161 倍，平均值超过标准值 24 倍（表 3.7）。

表 3.6　第三次燃烧实验 CO 浓度监测结果　　单位：μL/L

时刻	CO	时刻	CO	时刻	CO	时刻	CO
14:59:09	0	15:00:04	83	15:00:59	293	15:01:54	159
14:59:14	0	15:00:09	82	15:01:04	272	15:01:59	101
14:59:19	0	15:00:14	63	15:01:09	222	15:02:04	81
14:59:24	0	15:00:19	100	15:01:14	206	15:02:09	81
14:59:29	0	15:00:24	483	15:01:19	215	15:02:14	66
14:59:34	0	15:00:29	806	15:01:24	209	15:02:19	40
14:59:39	0	15:00:34	1290	15:01:29	164	15:02:24	45
14:59:44	13	15:00:39	787	15:01:34	139	15:02:29	50
14:59:49	44	15:00:44	597	15:01:39	126	15:02:34	39
14:59:54	54	15:00:49	606	15:01:44	265	15:02:39	34
14:59:59	78	15:00:54	341	15:01:49	241	15:02:44	28

表 3.7　CO 浓度超标情况

项目	CO/(μL/L)	换算值/(mg/m³)	标准值/(mg/m³)	超标倍数
峰值	1290	1612.5	10	161
平均值	193	241.25	10	24

② NO 浓度监测结果

由监测结果（表 3.8）可知，NO 瞬时最高浓度 5μL/L，3min 取样过程中平均浓度 2μL/L，因为 NO 在空气中会迅速转变为 NO_2，可以将 NO 浓度视为油燃烧过程中所产生的 NO_2 浓度，通过与《环境空气质量标准》（GB 3095—2012）NO_2 一小时平均浓度限值二级标准相比较，NO_2 瞬时最高浓度超过标准值 51 倍，平均值超过标准值 20 倍（表 3.9）。

表 3.8 第三次燃烧实验 NO 浓度监测结果 单位：μL/L

时刻	NO	时刻	NO	时刻	NO	时刻	NO
14:59:09	0	15:00:04	1	15:00:59	5	15:01:54	2
14:59:14	0	15:00:09	2	15:01:04	5	15:01:59	2
14:59:19	0	15:00:14	2	15:01:10	5	15:02:04	1
14:59:24	0	15:00:19	2	15:01:14	5	15:02:09	1
14:59:29	0	15:00:24	3	15:01:19	4	15:02:14	1
14:59:34	0	15:00:29	4	15:01:24	4	15:02:19	1
14:59:39	0	15:00:34	5	15:01:29	3	15:02:24	1
14:59:44	1	15:00:39	5	15:01:34	2	15:02:29	1
14:59:49	1	15:00:44	5	15:01:39	2	15:02:34	1
14:59:54	1	15:00:49	5	15:01:44	2	15:02:39	1

表 3.9 NO_2 浓度超标情况

项目	NO_2/(μL/L)	换算值/(mg/m³)	标准值/(mg/m³)	超标倍数
峰值	5	10.27	0.2	51
平均值	2	4.1	0.2	20

③ SO_2 浓度监测结果

由监测结果（表 3.10）可知，SO_2 瞬时最高浓度 127μL/L，3min 取样过程中平均浓度 19μL/L，通过与《环境空气质量标准》（GB 3095—2012）SO_2 一小时平均浓度限值二级标准相比较，其瞬时最高浓度超过标准值 725 倍，平均值超过标准值 108 倍（表 3.11）。

表 3.10 第三次燃烧实验 SO_2 监测结果 单位：μL/L

时刻	SO_2	时刻	SO_2	时刻	SO_2	时刻	SO_2
14:59:09	0	15:00:04	5	15:00:59	25	15:01:54	14
14:59:14	0	15:00:09	4	15:01:04	20	15:01:59	14
14:59:19	1	15:00:14	4	15:01:09	19	15:02:04	14
14:59:24	1	15:00:19	6	15:01:14	17	15:02:09	13
14:59:29	2	15:00:24	56	15:01:19	15	15:02:14	12
14:59:34	3	15:00:29	127	15:01:24	14	15:02:19	12
14:59:39	3	15:00:34	126	15:01:29	13	15:02:24	12
14:59:44	4	15:00:39	38	15:01:34	13	15:02:29	11
14:59:49	4	15:00:44	37	15:01:39	16	15:02:34	10
14:59:54	4	15:00:49	29	15:01:44	31	15:02:39	10
14:59:59	6	15:00:54	22	15:01:49	18	15:02:44	9

表 3.11 SO_2 浓度超标情况

项目	SO_2/(μL/L)	换算值/(mg/m³)	标准值/(mg/m³)	超标倍数
峰值	127	362.8	0.5	725
平均值	19	54.3	0.5	108

④ HC 浓度监测结果

由监测结果（表 3.12）可知，HC 在油盆点燃后 1min20s 达到瞬时最高浓度 2298μL/L，3min 取样过程中平均浓度 145μL/L，油燃烧过程中其产生的挥发性有机化合物对周边大气环境具有一定程度的污染。

表 3.12　第三次燃烧实验 HC 浓度监测结果　　单位：μL/L

时刻	HC	时刻	HC	时刻	HC	时刻	HC
14:59:09	0	15:00:04	37	15:00:59	0	15:01:54	0
14:59:14	0	15:00:09	28	15:01:04	0	15:01:59	0
14:59:19	0	15:00:14	6	15:01:09	0	15:02:04	0
14:59:24	1	15:00:19	44	15:01:14	0	15:02:09	0
14:59:29	4	15:00:24	1294	15:01:19	0	15:02:14	0
14:59:34	7	15:00:29	2298	15:01:24	0	15:02:19	0
14:59:39	9	15:00:34	2292	15:01:29	0	15:02:24	0
14:59:44	15	15:00:39	0	15:01:34	0	15:02:29	0
14:59:49	25	15:00:44	0	15:01:39	0	15:02:34	0
14:59:54	22	15:00:49	56	15:01:44	186	15:02:39	0
14:59:59	40	15:00:54	0	15:01:49	11	15:02:44	0

3.1.3.4　第四次实验

本次实验往 4 火盆各加注 25L 0# 柴油，最后再在 4 个火盆中合计加入 1L 汽油以作点火之用。于 15:52 点火，当时风速为 1.4～1.6m/s，风向北偏东0～30°。温度传感器及热辐射传感器布置同第三次实验。

（1）热辐射及温度数据分析

本次实验得到 10 个传感器温度数据如图 3.35 所示。

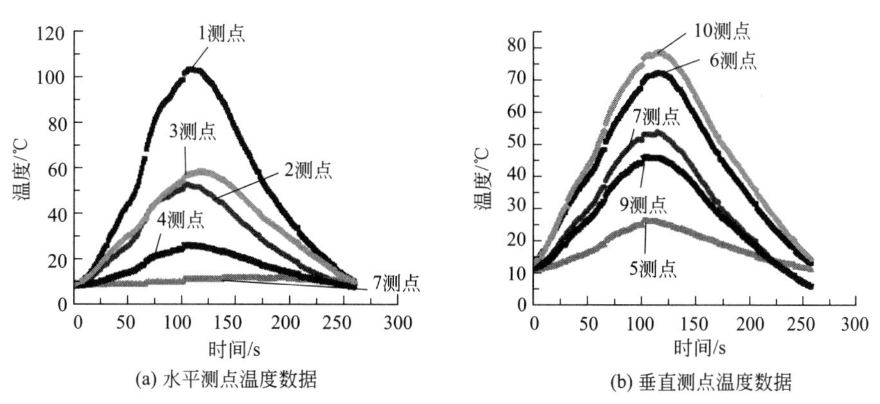

图 3.35　第四次实验各温度测点实验数据

从图中可以看出，水平方向与垂直方向温度的分布与前次实验相近，在垂直方面均表现出上下高、中间低的分布，在水平方向上温度梯度呈现逐渐降低的分布。热辐射量的变化也较为接近，但峰值略低，如图 3.36 所示。

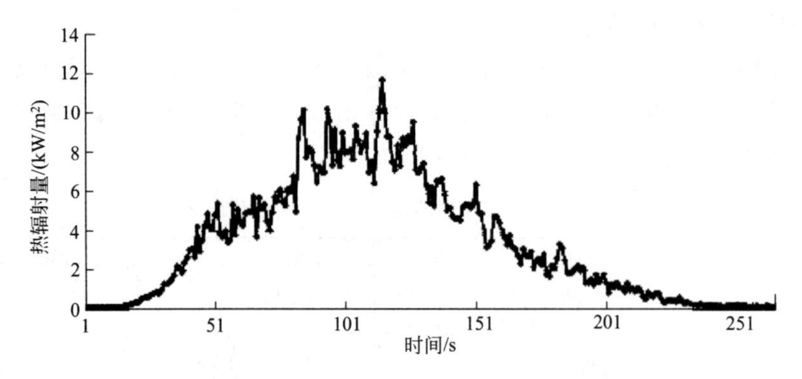

图 3.36 第四次实验热辐射量实验数据

(2) 气体污染成分检测结果及分析

第四次燃烧开始于 15:52，当时环境情况为：东北风，风速<1.6m/s；燃烧持续约 5min，取样 3min，每 5s 一次测样。

① CO 浓度监测结果

由监测结果（表 3.13）可知，CO 瞬时最高浓度 744μL/L，3min 取样过程中平均浓度 154μL/L，通过与《环境空气质量标准》(GB 3095—2012) CO 一小时平均浓度限值二级标准相比，其瞬时最高浓度超过标准值 93 倍，平均值超过标准值 19 倍（表 3.14）。

表 3.13 第四次燃烧实验 CO 浓度监测结果 单位：μL/L

时刻	CO	时刻	CO	时刻	CO	时刻	CO
15:52:12	0	15:53:07	110	15:54:02	671	15:54:57	56
15:52:17	0	15:53:12	92	15:54:07	744	15:55:02	45
15:52:22	0	15:53:17	114	15:54:12	627	15:55:07	35
15:52:27	0	15:53:22	185	15:54:17	479	15:55:12	40
15:52:32	0	15:53:27	276	15:54:22	336	15:55:17	48
15:52:37	4	15:53:32	249	15:54:27	258	15:55:22	40
15:52:42	11	15:53:37	190	15:54:32	204	15:55:27	26
15:52:47	23	15:53:42	199	15:54:37	141	15:55:32	16
15:52:52	31	15:53:47	264	15:54:42	107	15:55:37	10
15:52:57	47	15:53:52	390	15:54:47	101	15:55:42	7
15:53:02	104	15:53:57	558	15:54:52	81	15:55:47	6
						15:55:52	6

表 3.14 CO 浓度超标情况

项目	CO/(μL/L)	换算值/(mg/m³)	标准值/(mg/m³)	超标倍数
峰值	744	930	10	93
平均值	154	192.5	10	19

第二次实验因为气体采样意外中断，数据无法取用，所以将第三次与第四次实验的 CO 浓度监测结果相比较（见图 3.37）。在火盆点火后 CO 浓度逐渐上升，其中第三次实验中 CO 在燃烧开始后 1min30s 左右达到排放峰值，第四次实验中 CO 在燃烧开始后 2min 左右达到排放峰值，随后开始随火势减弱而下降，两次实验油量燃烧的油量一样，CO 产生规律基本一致；或因风向变化导致气体采样的不同，在第四实验中 CO 的峰值只有第三次实验时的 1/2。

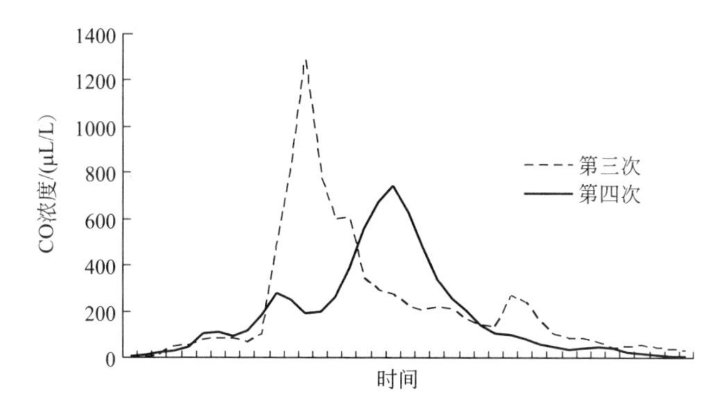

图 3.37　第三次与第四次实验中 CO 浓度变化趋势

② NO 浓度监测结果

由监测结果（表 3.15）可知，NO 瞬时最高浓度 7μL/L，3min 取样过程中平均浓度 2μL/L，通过与《环境空气质量标准》（GB 3095—2012）NO_2 一小时平均浓度限值二级标准相比较，NO_2 瞬时最高浓度超过标准值 72 倍，平均值超过标准值 20 倍（表 3.16）。

表 3.15　第四次燃烧实验 NO 浓度监测结果　　单位：μL/L

时刻	NO	时刻	NO	时刻	NO	时刻	NO
15:52:12	0	15:53:07	1	15:54:02	7	15:54:57	1
15:52:17	0	15:53:12	1	15:54:07	7	15:55:02	1
15:52:22	0	15:53:17	2	15:54:12	6	15:55:07	1
15:52:27	0	15:53:22	5	15:54:17	5	15:55:12	1
15:52:32	0	15:53:27	6	15:54:22	3	15:55:17	1
15:52:37	0	15:53:32	5	15:54:27	3	15:55:22	1
15:52:42	0	15:53:37	5	15:54:32	2	15:55:27	1
15:52:47	0	15:53:42	5	15:54:37	2	15:55:32	1
15:52:52	1	15:53:47	6	15:54:42	1	15:55:37	1
15:52:57	1	15:53:52	7	15:54:47	2	15:55:42	0
15:53:02	1	15:53:57	7	15:54:52	1	15:55:47	1
						15:55:52	0

将第三次与第四次实验结果相比较（图 3.38），两次实验均在火盆点火 30s

后开始有 NO 检出，并在燃烧开始大约 1min30s 后达到排放峰值，随后随着火势减弱开始下降，说明在燃烧过程中 NO 具有其规律性。

表 3.16 NO_2 浓度超标情况

项目	NO_2/(μL/L)	换算值/(mg/m³)	标准值/(mg/m³)	超标倍数
峰值	7	14.375	0.2	72
平均值	2	4.1	0.2	20

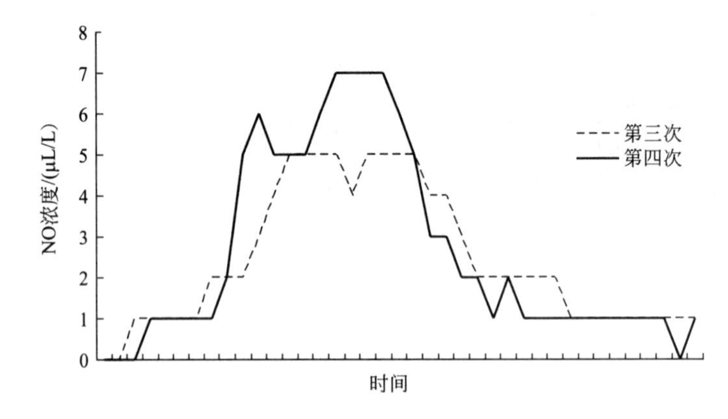

图 3.38 第三次与第四次实验中 NO 浓度变化趋势

③ SO_2 浓度监测结果

由监测结果（表 3.17）可知，SO_2 瞬时最高浓度 8μL/L，3min 取样过程中平均浓度 3μL/L，通过与《环境空气质量标准》（GB 3095—2012）SO_2 一小时平均浓度限值二级标准相比较，其瞬时最高浓度超过标准值 46 倍，平均值超过标准值 17 倍（表 3.18）。

表 3.17 第四次燃烧实验 SO_2 浓度监测结果 单位：μL/L

时刻	SO_2	时刻	SO_2	时刻	SO_2	时刻	SO_2
15:52:12	0	15:53:07	4	15:54:02	2	15:54:57	5
15:52:17	0	15:53:12	3	15:54:07	0	15:55:02	5
15:52:22	0	15:53:17	3	15:54:12	0	15:55:07	4
15:52:27	0	15:53:22	1	15:54:17	0	15:55:12	4
15:52:32	1	15:53:27	2	15:54:22	1	15:55:17	4
15:52:37	2	15:53:32	0	15:54:27	3	15:55:22	3
15:52:42	2	15:53:37	1	15:54:32	4	15:55:27	3
15:52:47	2	15:53:42	3	15:54:37	5	15:55:32	3
15:52:52	2	15:53:47	4	15:54:42	5	15:55:37	3
15:52:57	6	15:53:52	0	15:54:47	5	15:55:42	2
15:53:02	8	15:53:57	0	15:54:52	5	15:55:47	2
						15:55:52	2

表 3.18　SO_2 浓度超标情况

项目	SO_2/(μL/L)	换算值/(mg/m³)	标准值/(mg/m³)	超标倍数
峰值	8	22.86	0.5	46
平均值	3	8.57	0.5	17

将第三次与第四次实验结果相比较（图 3.39），第三次实验中，SO_2 在火盆点火后不久开始检出，并在大约 1min20s 后达到排放峰值，超过 120μL/L，随后迅速下降；而在第四次实验中，SO_2 的浓度虽有起伏，但基本稳定在 8μL/L 以下。

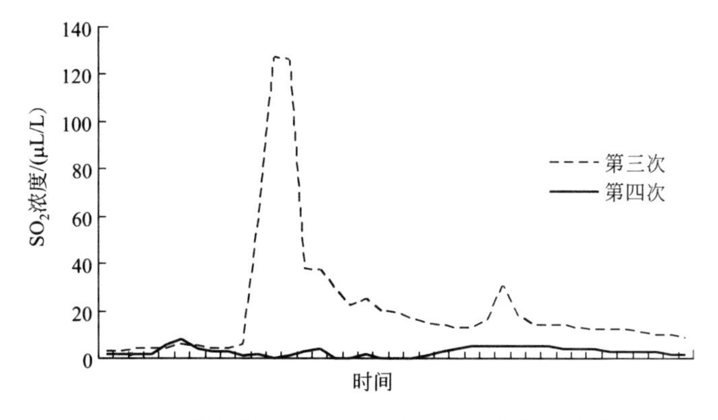

图 3.39　第三次与第四次实验中 SO_2 浓度变化趋势

④ HC 浓度监测结果

由监测结果（表 3.19）可知，HC 在火盆点燃后 1min45s 达到瞬时最高浓度 440μL/L，3min 取样过程中平均浓度 66μL/L，油燃烧过程中其产生的挥发性有机化合物对周边大气环境具有一定程度的污染。

表 3.19　第四次燃烧实验 HC 浓度监测结果　　单位：μL/L

时刻	HC	时刻	HC	时刻	HC	时刻	HC
15:52:12	0	15:53:07	28	15:54:02	436	15:54:57	0
15:52:17	0	15:53:12	3	15:54:07	357	15:55:02	0
15:52:22	0	15:53:17	41	15:54:12	0	15:55:07	0
15:52:27	0	15:53:22	160	15:54:17	0	15:55:12	0
15:52:32	0	15:53:27	304	15:54:22	0	15:55:17	0
15:52:37	0	15:53:32	160	15:54:27	0	15:55:22	0
15:52:42	1	15:53:37	103	15:54:32	0	15:55:27	0
15:52:47	3	15:53:42	178	15:54:37	0	15:55:32	0
15:52:52	3	15:53:47	322	15:54:42	0	15:55:37	0
15:52:57	9	15:53:52	347	15:54:47	0	15:55:42	0
15:53:02	67	15:53:57	440	15:54:52	0	15:55:47	0
						15:55:52	0

将第三次与第四次实验结果相比（图 3.40），第三次实验中，HC 在火盆点

火后不久开始检出，并在大约 1min20s 达到排放峰值，超过 2200μL/L，随后迅速下降；而在第四次实验中，HC 的浓度的上升较曲线较为平缓，在燃烧 1min45s 达到排放峰值 440μL/L。

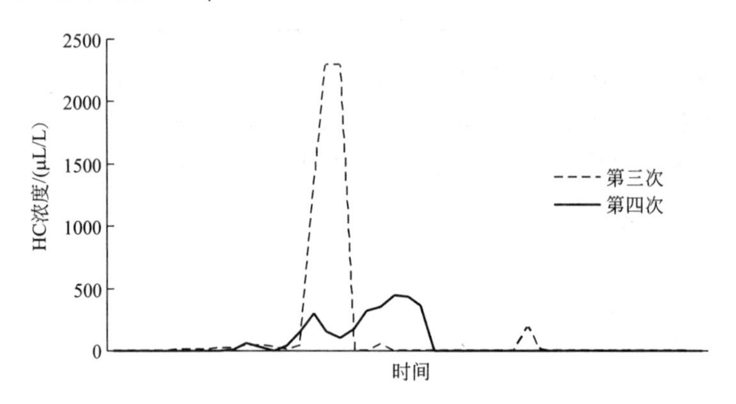

图 3.40 第三次与第四次实验中 HC 浓度变化趋势

⑤ 高空监测结果

在第二次和第三次实验中，因为消防车处于上风向，仪器采样头未进入烟气区，没有得到监测结果。在第四次实验中，将消防车调整到下风向位置，距离火盆上方约 30m 处，仪器采样头进入烟气区，顺利采集到样品。其中 CO 最大值为 5.5μL/L，NO_x 和 SO_2 基本上未检出。在空中通过消防云梯采样得到的烟气样品中，SO_2 浓度和 CO 瞬时最大浓度均符合《环境空气质量标准》（GB 3095—2012）一小时平均浓度限值二级标准，在火焰上方污染物影响不明显，见表 3.20。

表 3.20 CO、SO_2 及 NO_x 的监测结果

项目	峰值/(μL/L)	换算值/(mg/m³)	标准值/(mg/m³)	超标倍数
CO	5.5	6.88	10	—
SO_2	0.1	0.286	0.5	—
NO_x	—	—	0.2	—

因监测高度较高，在开放条件下污染物的扩散与稀释非常迅速，同时本实验燃烧的油品为成品油，其中所含杂质较少，因此距火源较远处污染物的浓度较低。但在油库中，除了成品油之外还有大量附油，附油大都以重油为主，杂质较多，其在火灾过程中所产生污染物种类、数量及其污染效应留待下一步实验研究分析。

3.2 油料燃烧烟气斑块提取研究

油料火灾燃烧产生的浓烟包含炭黑颗粒等污染物，且污染范围较广，2005

年英国邦斯菲尔德油库火灾爆炸产生的浓烟甚至飘散至法国北部。对油料火灾烟气污染扩散区域的实时、有效、大范围监测具有重要的研究意义。目前针对航天遥感影像的油料火灾烟气提取研究较少，但针对传统的地面监测系统的火点烟气提取与识别，国内外研究人员开展了系列研究。范一舟等[64]提出了一种针对林火监测的模板匹配搜索算法，可有效检测林火产生的烟气。杨斌等[65]基于无人机遥感林火影像中烟气的光谱特征，提出了林火烟气提取方法。油料燃烧产生的烟气成分复杂、颗粒大小分布不均、烟团厚度因自身扩散及风速影响较大、烟团下垫面背景地物的反射噪声等均是烟气信息提取的不利因素，基于遥感影像的烟气信息提取是一大难题。

可见光全色影像具有较高的空间分辨率，通过全色影像可对地物空间信息进行较为精确的提取分析。针对烟气提取的难题，本研究从影像分割的方法入手，构建了基于航天遥感全色影像信息的烟气斑块提取模型。该模型首先对图像进行预处理：将原始影像的灰度进行直方图均衡化增强处理，对灰度增强后的影像进行小波分解处理；小波分解得到低频影像，通过 Canny 算子检测影像地物的边缘信息，将边缘检测结果用于高频影像边缘的检测；对小波分解的低频影像进行平滑滤波处理，平滑滤波后的影像边缘不够清晰，需对影像进行梯度计算。经过预处理后的影像通过影像分割的方法提取烟气斑块信息，分割模型以分水岭分割算法为核心，对分水岭算法的过度分割问题进行了改进。最后通过小波逆变换得到烟气斑块提取结果，小波逆变换的过程中结合了 Canny 算子检测边缘信息。该模型的技术路线如图 3.41 所示。

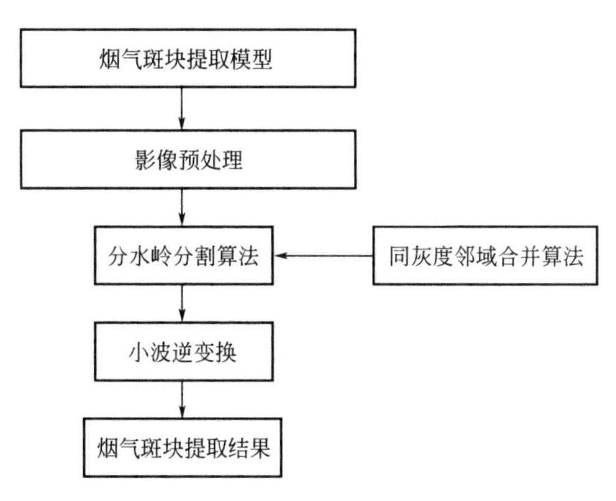

图 3.41 烟气斑块提取模型

3.2.1 影像分割预处理

对获取的可见光遥感影像进行裁剪，获得研究区的子图，如图 3.42 所示。

通过图可以看出，燃烧产生的烟气斑块在影像中与背景地物的灰度对比不够强。为增强烟气与背景地物的对比，对影像进行灰度增强处理，灰度增强的方法为直方图均衡化，灰度增强结果如图 3.43 所示。通过图可以看出，影像经过灰度增强处理后，烟气与背景地物的对比度增强，烟气污染区域的灰度较低。

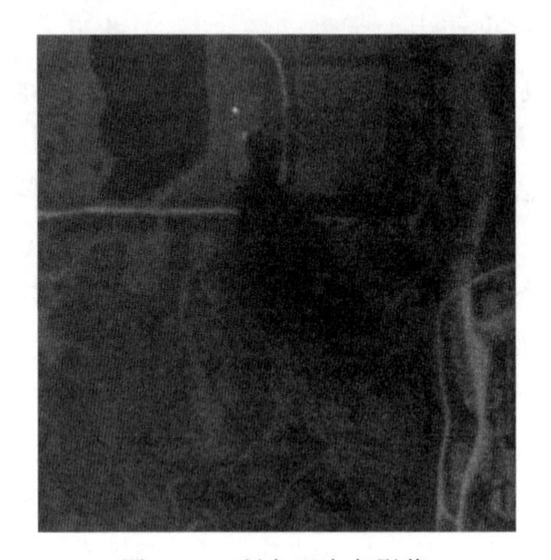

图 3.42 研究区全色影像

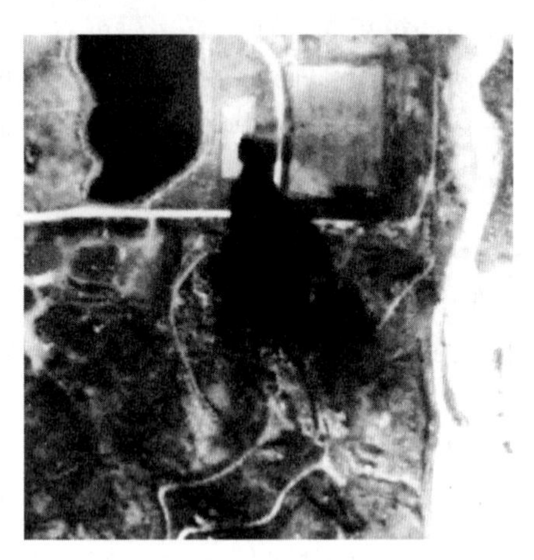

图 3.43 影像灰度增强结果

(1) 影像的小波分解处理

分水岭分割算法的计算量较大，为减少影像分割的计算量，对影像进行小波分解处理。基本小波的变换是一维小波变换，而图像作为信号的存储方式是二维的，因此图像的降维处理需要使用二维小波变换处理。设 (x, y) 为影像上的一个像元，该像元的灰度值为 $f(x, y)$，$f(x, y) \in L^2(R^2)$ 表示一个二维的信号，$\psi(x, y)$ 表示二维小波基函数，则二维连续小波可表示为：

$$\psi_{a,b_1,b_2}(x,y)=\frac{1}{a}\psi\left(\frac{x-b_1}{a},\frac{y-b_2}{a}\right) \tag{3.1}$$

式中，$\psi_{a,b_1,b_2}(x, y)$ 表示 $\psi(x, y)$ 伸缩与平移的尺度。

二维连续小波变换可表示为：

$$WT_{\mathrm{f}}(a,b_1,b_2)=[f(x,y),\psi_{a,b_1,b_2}(x,y)]=\frac{1}{a}\iint f(x,y)\psi\left(\frac{x-b_1}{a},\frac{y-b_2}{a}\right)\mathrm{d}x\mathrm{d}y \tag{3.2}$$

式中，$1/a$ 表示归一化因子。二维小波变换的逆变换可表示为：

$$f(x,y)=\frac{1}{C_\psi}\int_0^{+\infty}\frac{\mathrm{d}a}{a^3}\iint WT_{\mathrm{f}}(a,b_1,b_2)\psi\left(\frac{x-b_1}{a},\frac{y-b_2}{a}\right)\mathrm{d}b_1\mathrm{d}b_2 \tag{3.3}$$

式中，C_ψ 的表达式为：

$$C_\psi=\frac{1}{4\pi^2}\iint\frac{|\psi(\omega_1,\omega_2)|^2}{|\omega_1^2+\omega_2^2|}\mathrm{d}\omega_1\mathrm{d}\omega_2 \tag{3.4}$$

影像的二维小波分解过程具体为：以低频滤波器（LP _ D）与高频滤波器（HP _ D）沿影像的行方向进行一维小波分解，得到行方向的分解结果后，再沿列方向进行分解。影像经二维小波变换分解后得到四个分量的影像：影像 LL 表示原始影像按行、列两个方向分解得到的低频影像，包含影像的基本信息；LH 包括原始影像水平方向分解得到的低频组分与垂直方向分解得到的高频组分信息；HL 包括原始图像水平方向分解得到的高频组分与垂直方向分解得到的低频组分信息；HH 表示原始影像按行、列两个方向分解得到的高频影像，原始影像的高频噪声信息在 HH 中。二维小波变化图像处理流程如图 3.44 所示。

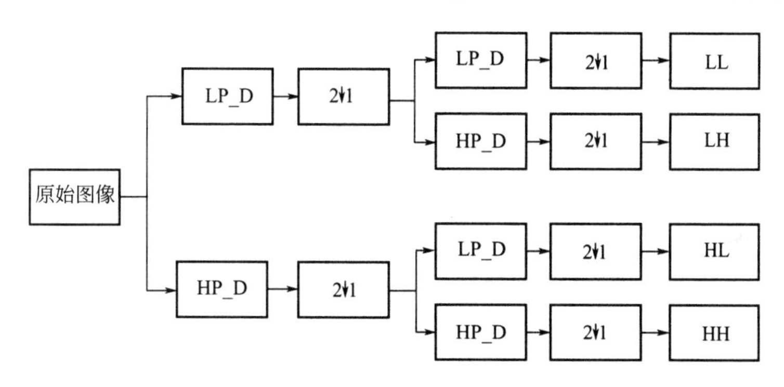

图 3.44　二维小波变化图像处理流程

影像经过二维小波变化分解后，低频影像 LL 的大小为原始影像的 1/4，但包含了原始影像主要的信息，起到了压缩图像的效果。对低频影像 LL 进行分割处理可减少计算量。对灰度增强后的全色影像进行小波分解处理，结果如图 3.45 所示。

（2）影像的滤波处理与噪声抑制

影像经过小波分解处理后，低频影像包含原始影像的基本信息，数据减少的同时，原始影像的一些高频的细节信息也被分解到高频分量影像中，低频影像中地物的边缘会变得较为粗糙，这对影像分割处理是不利的。为减小边缘模糊对分割算法的影响，对影像进行平滑滤波处理，平滑滤波后的结果如图 3.46 所示。对滤波处理后的低频影像进行梯度计算，使影像中地物的边缘进一步得到增强，如图 3.47 所示。

梯度计算采用 Sobel 算子，Sobel 算子表达式为：

$$\left[\boldsymbol{h}_1 = \begin{matrix} -1 & 0 & 1 \\ -2 & 0 & 2 \\ -1 & 0 & 1 \end{matrix}\right],\quad \left[\boldsymbol{h}_2 = \begin{matrix} 1 & 2 & 1 \\ 0 & 0 & 0 \\ -1 & -2 & -1 \end{matrix}\right] \tag{3.5}$$

在小波分解得到的低频影像中存在部分噪声，为提高影像的分割精度，需要对影像进行降噪处理。研究表明影像的信噪比（MSE）与标准差（σ）之间存在

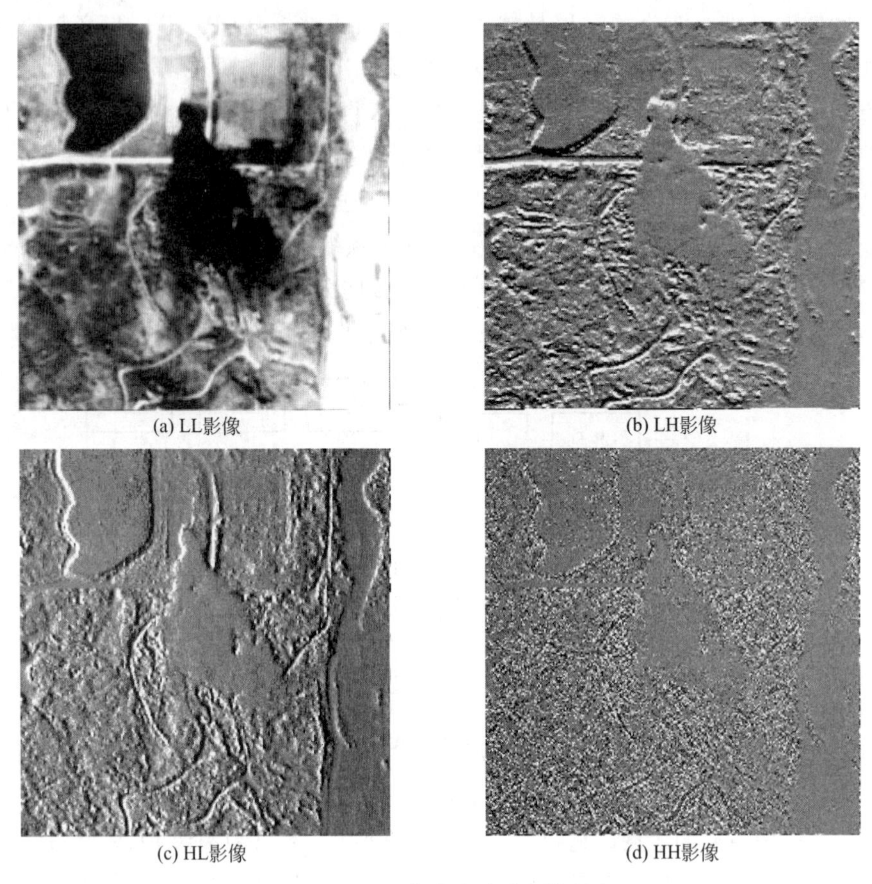

图 3.45　影像的小波分解结果

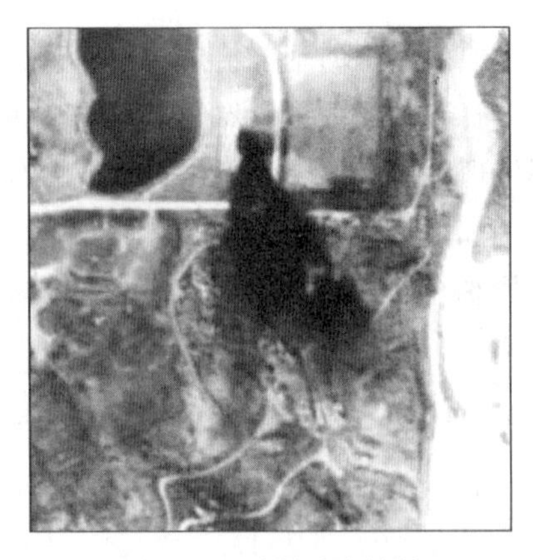

图 3.46　平滑滤波结果

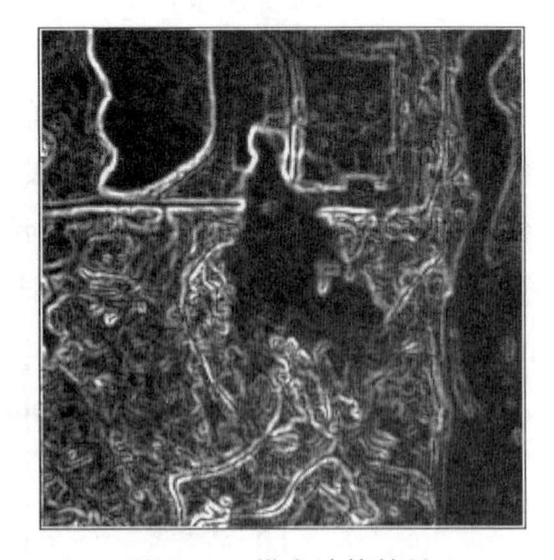

图 3.47　梯度计算结果

以下关系：大于 0.5σ 可以获得较为理想的信噪比。因此影像进行以下降噪处理：当一个像元计算得到的信噪比小于 0.5σ，则对该像元赋值为 0。

3.2.2　改进的分水岭算法提取烟气斑块信息

分水岭算法是数学形态学的一种，可将影像分割形成连通闭合的区域，区域轮廓一致性较好，分割过程噪声抑制能力较强，是自动提取影像对象的一种有效方法。分水岭分割算法最初应用于普通的数字图像处理，后被用于遥感影像的处理。

分水岭分割能够取得较好的分割效果，但存在过度分割的问题。本研究针对分水岭对影像的过度分割问题，提出了用同灰度邻域合并算法对分水岭分割算法进行改进，该算法的实现过程如下。

① 假设分水岭分割后的图像为 M_0，被分割为 N 个区域：

$$R_i=(A_i,G_i),\quad i=1,2,\cdots,N \tag{3.6}$$

式中，A_i 表示区域大小；G_i 表示区域的灰度。设两个相邻的区域标记为 p、q，合并函数为：

$$F_{\text{merge}}=\frac{\|A_{\text{p}}\|\times\|A_{\text{q}}\|}{\|A_{\text{p}}\|+\|A_{\text{q}}\|}\times|G_{\text{p}}-G_{\text{q}}|^2 \tag{3.7}$$

先计算查找灰度值为 G_1 的区域，然后将其记录到大小与 M_0 一样的空白图像 M_1 中，并将这些像元灰度值赋值为 1。

② 对 M_1 进行膨胀处理，用 5×5 大小的结构元素，将膨胀处理的结果记录到另一幅大小与 M_0 一样的空白图像 M_2 上，用 M_2 减 M_1 得到图像 M_3。M_3 记录了两个部分的像元信息：一部分是灰度值为 G_1 的区域边缘像元在影像中的分布；另一部分是灰度值为 G_1 的像元的相邻像元在影像中的位置，该过程如图 3.48 所示。

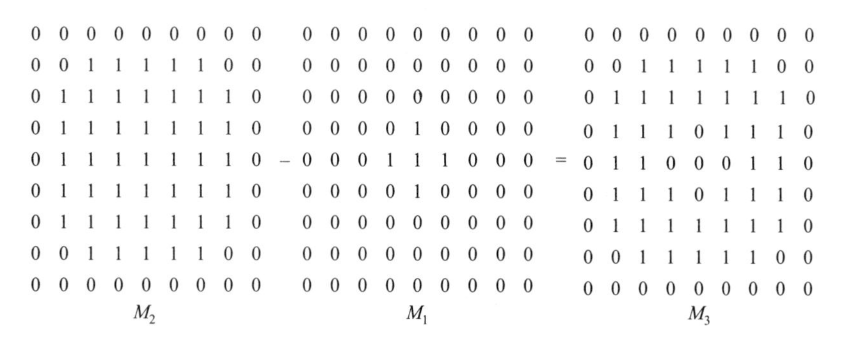

图 3.48　寻找相邻区域示意

③ 以 M_3 乘 M_0 得到灰度为 G_1 像元的相邻像元，通过合并函数计算相邻像元与 G_1 间的距离 L，为 L 设定一个阈值，若计算结果小于该阈值则合并，否则不合并。灰度值为 G_2，G_3，…，G_N 的区域合并方法与此相同。

④ 经区域合并后，部分拥有相同灰度的区域间还是有多余的边缘，所以进行区域连通处理：首先判断各像元值是否等于 0，等于 0 则表明该像元是区域边缘。然后

判断该0值像元相邻像元是否都不等于0，如果相邻像元值都不等于0且相等，则表明该像元是同一对象间多余的边缘像元，将该像元赋予相邻像元的灰度值。

分水岭分割的结果如图3.49所示。通过图可以看出，大部分烟气覆盖区域被有效提取出来，得到了烟气斑块，但在烟气斑块的边缘还是存在细碎的小区域，通过同灰度邻域算法进行合并，合并函数的阈值设定为500。最后通过小波逆变换得到烟气提取结果，如图3.50所示。由图3.50可知，烟气斑块得到有效提取。通过对提取的烟气斑块进行像元统计，共有20896个像元。通过目视解译对烟气斑块进行提取，经统计共有22381个像元，结果如图3.51所示。

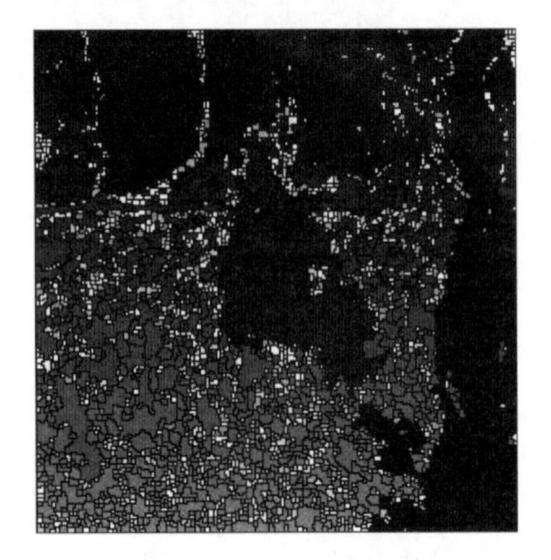

图3.49 分水岭分割结果

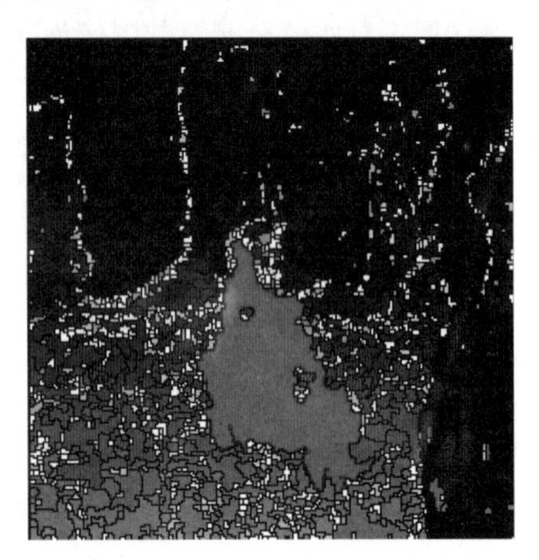

图3.50 烟气斑块提取结果

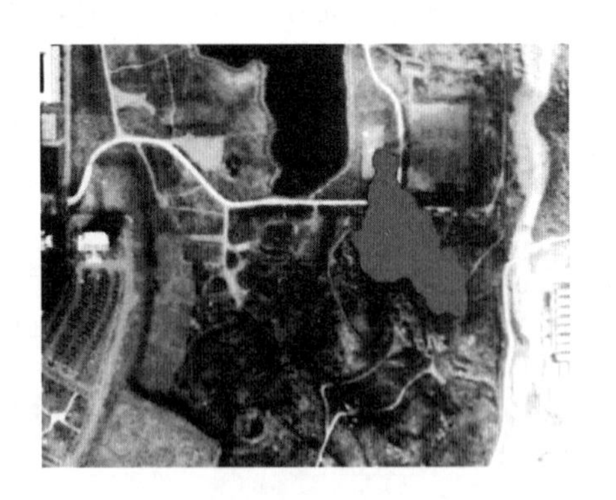

图3.51 烟气斑块目视解译结果

对同灰度邻域算法中的合并计算阈值进行调整，分别计算合并阈值为0.005、5及5000时烟气斑块的提取效果，并将四个阈值得到的结果与目视解译的结果进行对比，结果如图3.52所示。通过图可以看出，在不同合并阈值条件下，烟气斑块提取模型得到的结果与目视解译结果相差较小。差异的部分主要是烟气边缘的薄烟区域。通过本研究的烟气斑块提取模型提取得到的结果略低于目

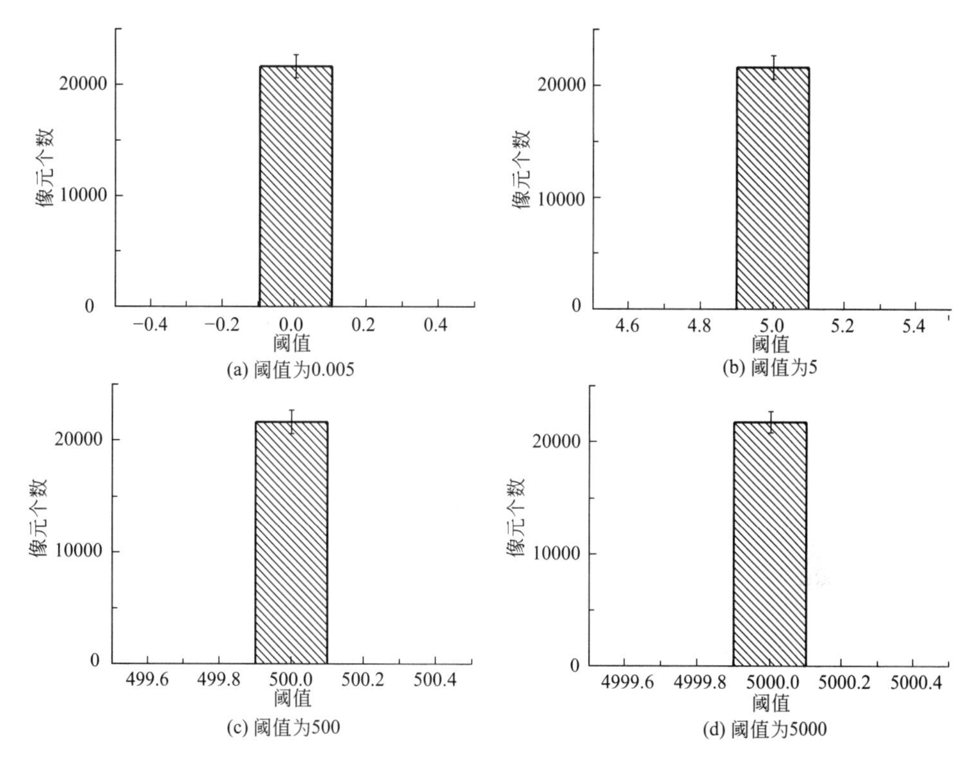

图 3.52　不同合并阈值提取结果误差分析

视解译的结果，导致误差的主要原因为：油料燃烧产生的烟气在空气中湍流扩散，烟团的边缘不断与空气发生质、热交换，烟团边缘烟气的厚度较小，在遥感影像上表现为易与烟气下垫面地物的灰度混淆。本研究的烟气斑块提取模型是基于烟气与背景地物的灰度差异，当烟气的边缘灰度与背景地物的灰度对比不够明显时，则薄烟区域难以被有效提取。当合并阈值分别为 0.005、5、500 及 5000 时，提取精度分别为 93.5%、93.3%、93.4 及 94%，提取精度较高，可满足快速、自动化提取分析大尺度油料火灾烟气斑块的要求。烟气边缘薄烟区域的精确提取有待于进一步研究。

3.3 小结

本章构建了天-空-地一体化中尺度油池火灾外场监测分析平台，研究分析了中尺度油料火灾周边环境的热响应变化。通过××卫星影像对火灾进行了监测研究，对中尺度油料火灾的热辐射源——火焰的温度进行反演研究，构建了烟气斑块的提取模型。主要得到以下结论。

① 中尺度油料池火焰燃烧以火焰为中心向周边环境辐射传热。在水平方向上，距离火焰越近，温度梯度变化越剧烈，环境温度 T 的变化与距离火焰的距离 L 的关系为 $T=ae^{bL}$。环境中的风速与风向对火焰传热具有重要影响，在风的下风向，火焰与环境的换热更为剧烈。在竖直方向上，火焰不同高度对环境的换热强度顺序为：火焰中部＞火焰顶部＞火焰底部，火焰的脉动强化了与周边环境的换热过程，火焰中部对周边环境换热明显。

② 油池火场周边环境热辐射强度的变化与火焰的发展过程相关。火焰周边环境接收到的热辐射峰值是表征火焰对周边环境热响应的重要指标。等效直径为4.53m的圆形油池火燃烧时，水平方向距离火焰中心7.2m，竖直高度为1m，接收到火焰热辐射峰值平均热辐射强度为17.8kW/m^2。

③ 基于全色影像数据，构建了烟气斑块提取模型。该模型包括灰度对比增强、小波分解及梯度计算等预处理；以分水岭分割算法为核心，针对分水岭分割算法的过度分割问题，提出了同灰度邻域合并算法；再通过小波逆变换得到烟气斑块提取结果。该模型可以适应较大范围的合并阈值变化，烟气斑块的提取精度约为93％。

第4章

基于Landsat 8数据的油料火点及烟气遥感监测识别研究

4.1 国内外油料火灾事故的 Landsat 8 卫星影像数据

4.1.1 江苏省靖江市德桥仓储公司“4 · 22”油料火灾事故

2016 年 4 月 22 日上午 9 时 40 分左右，江苏省靖江市德桥仓储公司（北纬 32°4′3.64″，东经 120°26′36.80″）发生了油料火灾爆炸事故，形成了大面积的流淌火，现场火焰高度达几十米，爆炸后周边居民闻到刺激性气味。事故发生大约两个小时后 Landsat 8 卫星过境并成功获取了火灾事故影像，波段 7/5/3 合成的假彩色图像如图 4.1 所示。从图中可以看出，燃烧产生了大量的浓烟，烟气覆盖范围较广并向北漂移扩散。

4.1.2 乌克兰基辅州油库火灾爆炸事故

2015 年 6 月 8 日晚间，距离基辅市 30km 外的石油基地发生火灾（北纬 50° 13′35.29″，东经 30°17′25.51″），火灾共有 17 个油罐发生爆炸燃烧，造成至少 4 人死亡，12 人受伤。对市内多处空气抽样检查显示，火灾释放出的有害物质超标。当地时间 6 月 9 日上午 10 点 48 分 Landsat8 卫星经过火灾发生区域并成功拍摄了火灾事故影像，如图 4.2 所示（合成波段 7/5/3）。从图中可以看出，油

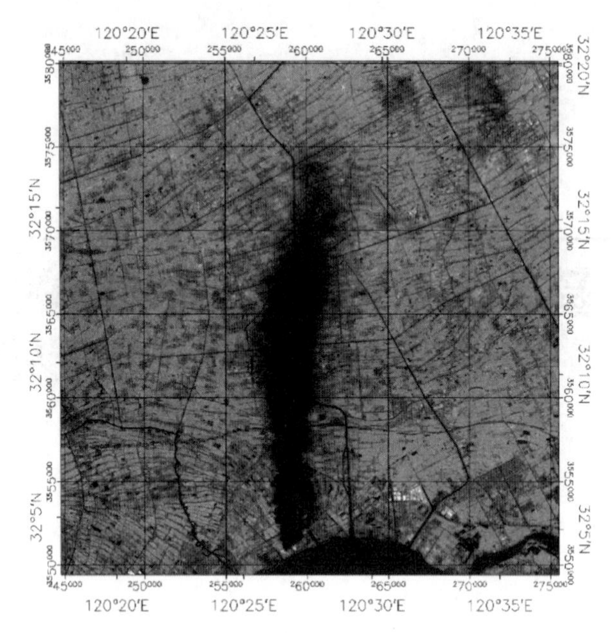

图 4.1　江苏省靖江市德桥油料火灾事故 Landsat 8 影像

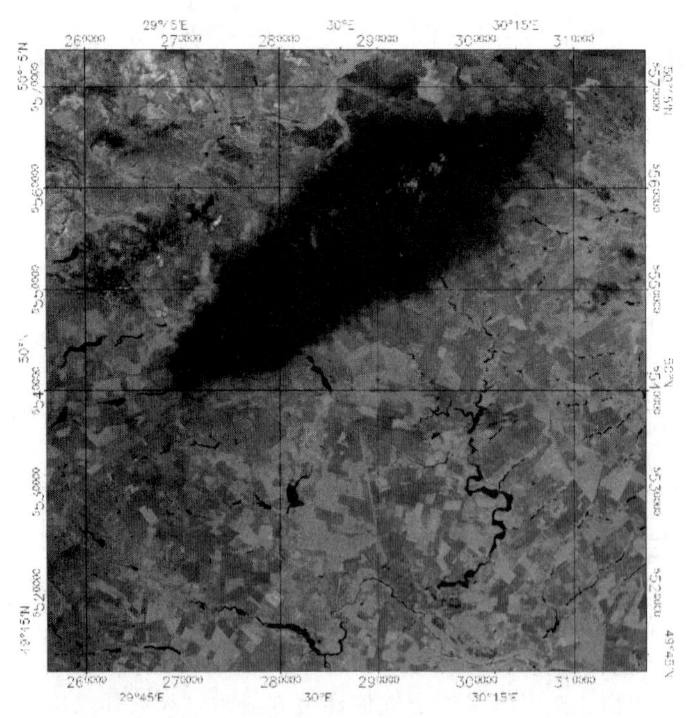

图 4.2　乌克兰基辅州油库火灾事故 Landsat 8 影像

料火灾燃烧产生的烟气向西南方向扩散。

4.1.3　伊拉克反政府武装组织攻打一炼油厂事故

在伊拉克当地时间 2014 年 6 月 18 日凌晨，伊拉克境内的反政府武装组织摧毁了位于巴格达北部的一家炼油厂内的石油储库。Landsat 8 卫星于当地时间大约 10 点 30 分经过事故发生区域并成功拍摄了事故的影像，如图 4.3 所示（合成波段 7/5/3）。从图中可以看出，油料火灾燃烧产生了大量的浓烟，浓烟斑块主要向东南方向扩散。

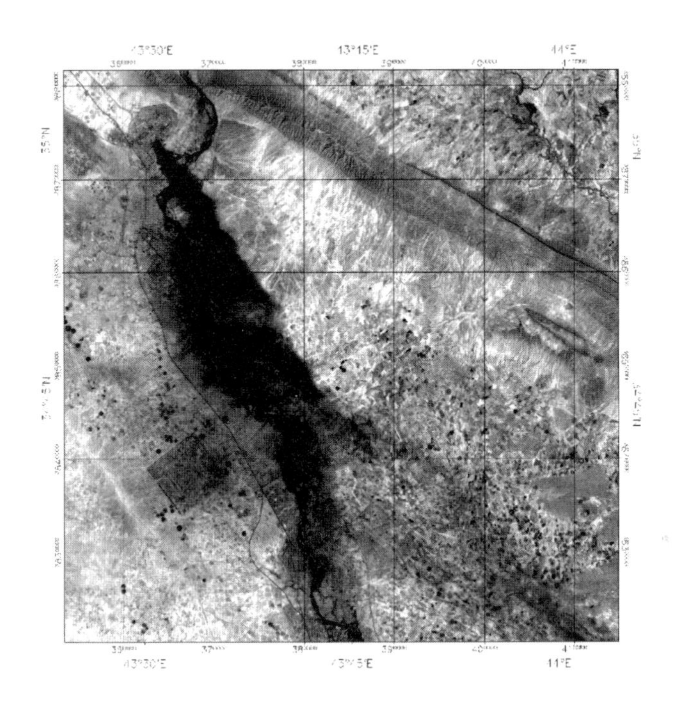

图 4.3　伊拉克炼油厂火灾事故遥感影像

4.1.4　伊拉克油井大火事故

2014 年 6 月极端组织“伊斯兰国”占领了伊拉克的盖亚拉镇，该镇位于伊拉克北部尼微省首府摩苏尔市南部，是伊拉克石油主要产区。伊拉克政府军 2016 年开始收复盖亚拉镇，反政府武装分子在败退时炸毁了镇内所有油井。伊拉克政府军在 10 月 17 日总攻摩苏尔战役后，组织石油公司扑灭大火，但受限于安全条件和装备，多口油井仍在燃烧，火灾现场如图 4.4 所示。Landsat 8 卫星于 2016 年 6 月 14 日拍摄到了油田大火的遥感影像，此次油井大火持续时间较长，共获取了 2016 年 6 月～2017 年 2 月共 15 景影像。此次油井大火的其中一景影像（2016 年 6 月 14 日）如图 4.5 所示。

图 4.4 伊拉克油井大火现场

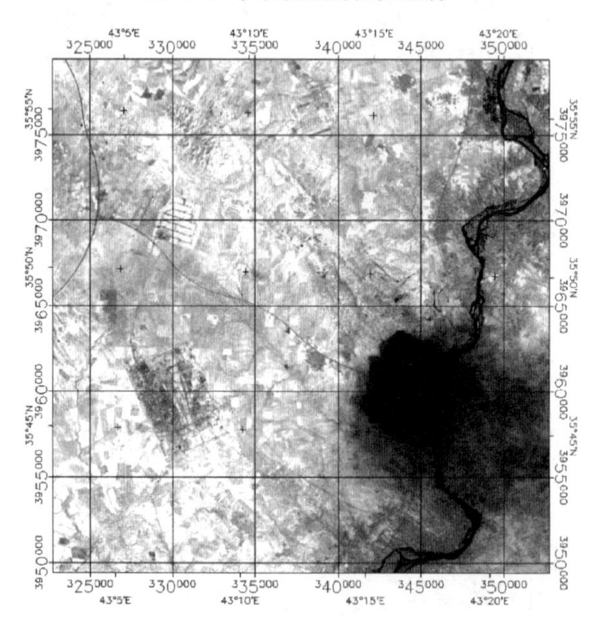

图 4.5 伊拉克油井大火 Landsat 8 影像

4.2 油料火灾火点像元识别研究

4.2.1 火点像元识别的理论分析

目前，对基于航天卫星遥感手段监测其他形式的火灾已开展了广泛研究，如燃烧的火炬、焚烧的秸秆、炼钢厂、煤田火灾和森林火灾等[66～72]。对于火点的遥感识别研究，目前较为成熟的是基于 MODIS 遥感数据的火点识别算法[73]。采用该方法对 MODIS 的中红外及热红外通道的亮温设定阈值，通过相邻像元亮温值来识别火点。目前针对森林火灾及煤田火灾的热异常信息提取研究较多，但针对大尺度的油料火灾热异常信息的提取分析则很少。油料火灾与森林火灾及煤田火灾相比，存在以下几点不同。

① 燃料组成不同。油料的成分比植被及煤炭更加复杂，燃烧产生的污染物质的成分也更加复杂。对三种灾害的遥感影像进行分析，油料火灾的火源特征明显，油料燃烧产生的烟气羽流为黑色，而森林火灾燃烧产生的烟气羽流为白色，容易与云发生混淆。煤田火灾通常发生在地下，小面积灾区会产生烟气，烟气同样为白色。

② 火灾燃烧尺度差异明显。森林火灾燃烧的尺度通常较大，火灾蔓延范围较广。煤田火灾通常在一个区域内，火点分布较为分散。大尺度的油料火灾，例如油库火灾，当储油罐发生火灾爆炸时，通常会形成流淌火，火点像元相对较为集中。但油料火灾的燃烧面积不及森林火灾，火点不会像煤田火灾那样分散。

MODIS 火灾数据产品的空间分辨率较低（1km），对于草原火灾、森林火灾这种大面积的火灾监测识别效果较好；而油料火灾与森林火灾、草原火灾相比，其火灾燃烧的尺度与火焰蔓延面积相对较小，因此通过 MODIS 这种空间分辨率较低的传感器监测油料火灾具有一定的局限性。美国发射了系列 Landsat 卫星，其时间分辨率、空间分辨率等参数变化较为稳定。本研究通过利用 Landsat 系列卫星数据对火点监测与识别开展了系列研究。与传统的 MODIS 1km 空间分辨率火灾数据产品相比，Landsat 系列卫星可提供更高的空间分辨率，为火点的监测识别提供了更为丰富的信息。但现有的基于 Landsat 卫星影像数据的火灾信息提取的研究多注重林火过火面积、灾后植被的恢复调查，通常是火灾发生后的地表信息变化的提取分析。对于煤田火灾的研究多通过 Landsat 卫星热红外通道的温度反演来提取热异常像元，但通常通过热红外通道反演得到的温度与野外实测得到的温度区分度不高，热响应不够明显。

遥感影像的红外波段数据为高温火点的监测提供了可能。火焰燃烧的温度可达到几百甚至上千开尔文，对应的辐射峰值波长在 3.75μm 附近。对于常温约为 300K 的地物，对应的辐射峰值波长在 10.8μm 附近。因此短波红外对高温火点更为敏感。

油料火灾燃烧产生的火焰温度较高，对周边环境的热辐射能力强，在遥感影像上直接表现为像元 DN 值的异常。对原始影像数据进行辐射定标可得到各像元的辐射亮度。对于包含火点的像元，像元的辐射亮度包括火焰的发射能量、火焰与常温地物反射太阳的能量及常温地物自身的发射能，是传感器瞬时视场内的综合能量。物体的辐射通量密度是温度（T）和波长（λ）的函数，可用普朗克方程与物体辐射发射率的乘积描述，如式(4.1)所示。

$$E_{\lambda}=\varepsilon B(\lambda,T)=\frac{\pi 2\varepsilon hc^{2}}{\lambda^{5}(e^{\frac{hc}{\lambda kT}}-1)} \tag{4.1}$$

式中，h 表示普朗克常数，$h=6.63\times10^{-34}$ J·S；c 表示光速，$c=3\times10^{8}$ m/s；k 表示玻尔兹曼常数，$k=1.38\times10^{-23}$ J/K；ε 表示地物辐射发射率；T 表示温度，K。式(4.1)表明，当物体的温度为定值时，其对外辐射能的大小与它自身的发射率成正比。黑体对外辐射通量密度的大小随着温度及波长的变化而变化，如图4.6所示。

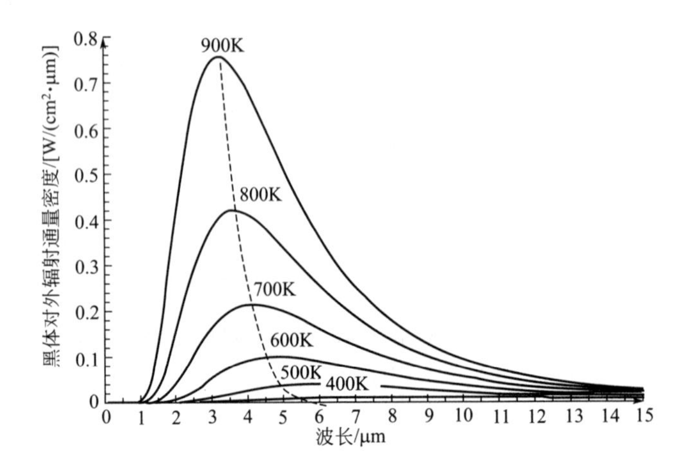

图4.6 黑体对外辐射通量密度随温度及波长变化示意

根据维恩位移定律，当物体的温度一定时，其最大辐射通量密度的峰值波长随着温度的升高向短波方向移动，如图4.6所示，黑体对外辐射峰值波长与温度的关系可用维恩位移公式描述：

$$\lambda_{\max}T=2897.8 \tag{4.2}$$

式中，$\lambda_{\max}$表示黑体的温度为 T 时对应的辐射通量密度的峰值波长。维恩位移定律表明，当黑体的温度为定值，其辐射峰值波长可通过式(4.2)求出。黑体在不同温度下的峰值波长如表4.1所列。当黑体的温度达到1000K时，其峰值波长约为2.9μm，属于短波红外波段。

表4.1 黑体在不同温度下的辐射通量密度峰值波长

温度/K	400	500	600	700	800	900	1000
峰值波长/μm	7.24	5.80	4.83	4.14	3.62	3.22	2.90

传统的火灾探测主要是利用中心波长在 4μm 附近的影像数据。当火焰温度为 1000K 时，黑体在该波段处、该温度条件下具有较强的辐射，在该波段处具有较好的火点检测效果。假设火焰作为黑体且温度分别为 1000K、600K 时，火焰比辐射率为 1，常温地物作为灰体处理，且视为质地均一的朗伯体，常温地物“总的发射通量密度”包括自身的辐射发射通量密度及反射太阳的辐射通量密度。忽略大气的影响，则火焰的辐射通量密度与常温地物“总的发射通量密度”之和的比值为：

$$r(\lambda)=\frac{L_{\text{fire}}}{L_{\text{normal}}}=\frac{B(\lambda,T_{\text{fire}})}{\dfrac{\rho B(\lambda,T_{\text{sun}})\Omega_{\text{sun}}}{\pi}+(1-\rho)B(\lambda,T_{\text{normal}})} \tag{4.3}$$

式中，L_{fire}表示火焰的辐射通量密度；L_{normal}表示常温地物的发射及反射辐射通量密度；ρ 表示常温地物的发射率，假设$\rho=0.15$；Ω_{sun}表示太阳的单位立体角。$r(\lambda)$ 随波长及火焰温度的变化如图 4.7 所示。

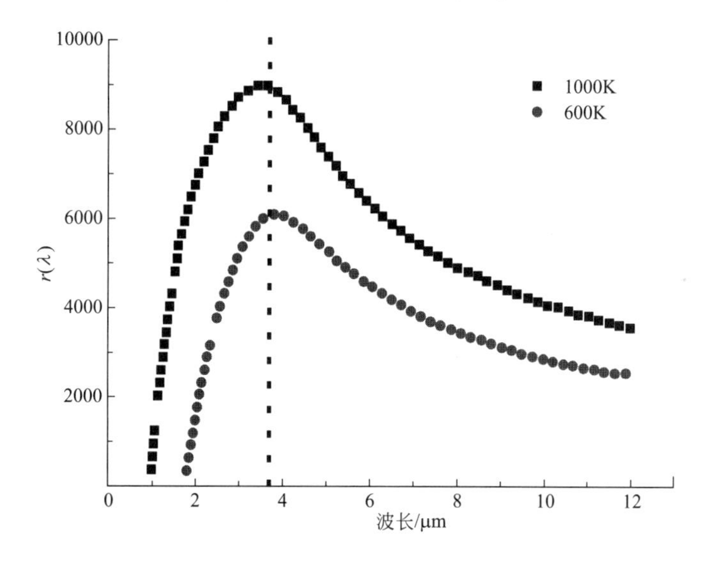

图 4.7　$r(\lambda)$ 随波长及火焰温度的变化结果

从图 4.7 中可以看出，当火焰的温度分别为 1000K 和 600K 时，$r(\lambda)$ 的最大值均在 4μm 附近。MODIS 的火点检测算法通过利用 4μm 及 11μm 波段处火点与背景地物不同的响应达到识别火点的目的，即在 4μm 波段处的数据可有效识别火点。Landsat 8 OLI 在 4μm 处无波段设置，但对比 OLI 波段设置与图中的分析结果，可以看出距离 4μm 最近的 OLI 短波红外波段为第 7 波段，因此可通过第 7 波段的数据来区分高温火点与常温背景地物。同时相比热红外波段 100m 空间分辨率，OLI 第 7 波段拥有更高的空间分辨率，对于面积更小的高温火点的识别效果更好。

像元是构成遥感影像的基本单位，当一个像元内部包含火点及常温背景地物时，该像元为混合像元；混合像元反映的是火焰的高温辐射、反射及背景地物辐射、发射的综合能量。在热红外波段，背景地物对太阳反射的能量较小，可以忽略不计，但在近红外、中红外波段范围内，地物反射太阳的能量不能被忽视。以 Landsat 8 的数据为例，当发生油料火灾时，当火点位于一个像元内且火点的面积小于像元的面积时，则该像元为混合像元。油料火灾可形成大面积的流淌火，因此油料火灾区域的混合像元可能是火焰与常温地物组成，也可能是火焰与地表的流淌火组成。Landsat 8 OLI 数据像元分辨率为 30m，热红外波段的数据为重采样成 30m 的数据，混合像元内部不仅包括高温明火焰，还可能包括流淌火形成的高温过火区及常温背景地物。因此混合像元的辐射通量密度可以表示为：

$$L(\lambda)=\tau_1[p_f B(\lambda,T_{fire})+p_h B(\lambda,T_h)+(1-p_f-p_h)B(\lambda,T_b)]+L_{atm} \tag{4.4}$$

式中，p_f、p_h 分别表示像元内高温火焰面积百分比及高温过火区的面积百分比；$B(\lambda,T_b)$ 表示常温背景地物的辐射通量密度，因像元的分辨率为 30m，对于大尺度油罐火灾，该部分的发射能量可以忽略不计；T_{fire}、T_h 分别表示高温火焰的温度及高温过火区的温度，L_{atm} 表示大气辐射。定义火焰面积百分比 f 为：

$$f=\frac{p_f}{p_f+p_h} \tag{4.5}$$

火焰面积百分比可以用来衡量油料火焰和高温过火区在高温混合像元内的权重。当 $f=1$ 时，则表示像元内全部为油料火焰；当 $f=0$ 时，则表示像元内全部为高温过火区。假设火焰温度 T_{fire} 为 1000K，高温过火区的温度 T_h 分别为 400K、500K 及 600K，L_f/L_h 随波长的变化如图 4.8 所示。

油料发生火灾爆炸污染，在遥感影像上表现为火点像元的短波红外波段范围内 DN 值高于背景地物。通过图 4.8 可以看出，当波长小于 4μm，$\lg(L_f/L_h)$ 随着波长的减小而急剧增大，表明即使火点像元周边包括高温过火像元，通过短波红外波段数据也可有效识别火点像元。Giglio 等[75]针对 ASTER 传感器的第 3N 波段（中心波长 0.82μm）及第 8 波段（中心波长 2.33μm）的数据进行了分析，研究表明第 8 波段对火点较为敏感，而第 3N 波段对火点不敏感，但是对常温地物如耕地、植被及居民区等的反射率较为敏感。Landsat 8 OLI 数据的第 7 波段（2.11～2.29μm）与第 5 波段（0.85～0.88μm）波长设置与 ASTER 传感器的第 8 及第 3N 波段相近。Landsat 8 OLI 包括两个短波红外波段，除了第 7 波段还有波长更短的第 6 波段（1.57～1.65μm）。图 4.8 表明波长越短越容易识

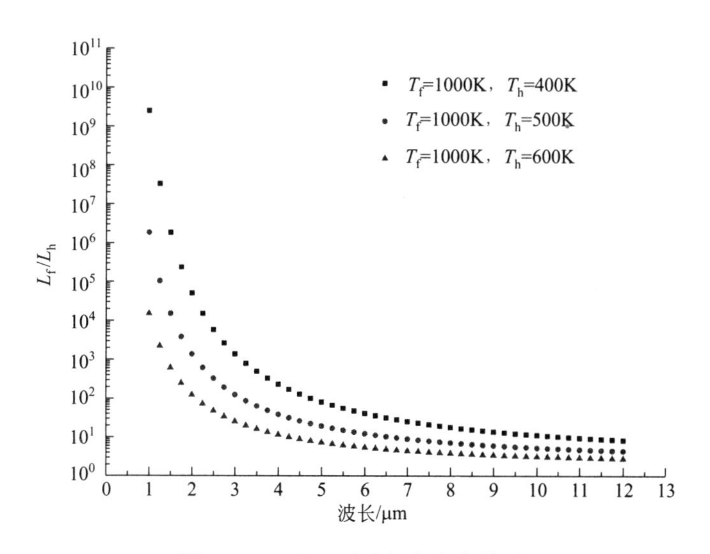

图 4.8　L_f/L_h 随波长的变化关系

别火点，但波长并不是越短越好，在短波波段，随着波长的减小，地物反射太阳辐射能逐渐增大，可对火点的识别造成较大干扰。

4.2.2　火灾区域像元光谱特征分析

对乌克兰基辅州油库火灾的影像数据进行裁剪，裁剪得到的研究区包括火灾区域、水体、植被及居民地等主要地物。Giglio 等[74]曾对 ASTER 数据的火点像元提取分析进行了研究，结果表明，将像元的 DN 值转换成大气表观发射率（未经过太阳高度角校正），可对高温火点像元进行提取分析，该方法避免了大气校正的过程。本研究基于 Landsat 8 OLI 数据，研究裁剪的影像每个像元的第 5、第 6 及第 5、第 7 波段的 TOA 之间的关系。TOA 的计算方法为：

$$\mathrm{TOA}=R\,\mathrm{DN}+A \tag{4.6}$$

式中，TOA 表示大气顶部反射率；R、A 表示波段反射率调整系数，OLI 各个波段的调整系数相同，$R=2\times10^{-5}$，$A=-0.1$。

研究区 Landsat 8 OLI 数据第 6 波段与第 5 波段大气表观反射率的关系如图 4.9所示，从图中可以看出高温目标像元与背景地物像元之间区分明显。将图划分为两个区域：区域 1 中的像元在第 6 波段具有较高的大气表观反射率，但在第 5 波段的大气表观发射率较低，高温目标像元中包含火点，燃烧的火焰发射能较强，引起短波红外——第 6 波段像元的大气表观发射率较高；区域 2 中第 5 波段、第 6 波段大气表观发射率相关性较高，像元的聚类性明显，该部分像元占研究区像元的比例较高，是不包含火点的常温地物像元，与 Giglio 等[75]针对 AS-

TER 数据的研究结论相符。

研究区 Landsat 8 OLI 数据第 7 波段与第 5 波段大气表观反射率的关系如图 4.10所示，从图中同样可以看出高温目标像元与背景地物像元之间区分明显。将图划分为两个区域：区域 1 中的像元特征与图 4.9 中区域 1 的像元分布特征相似，在第 7 波段的大气表观反射率较高，在第 5 波段的大气表观反射率较低，即高温火焰的强辐射能引起高温目标像元短波红外波段 DN 值异常，与常温地物区分明显；区域 2 中主要包含常温地物像元，像元间的聚类度较高，与区域 1 中的像元区分度较高。

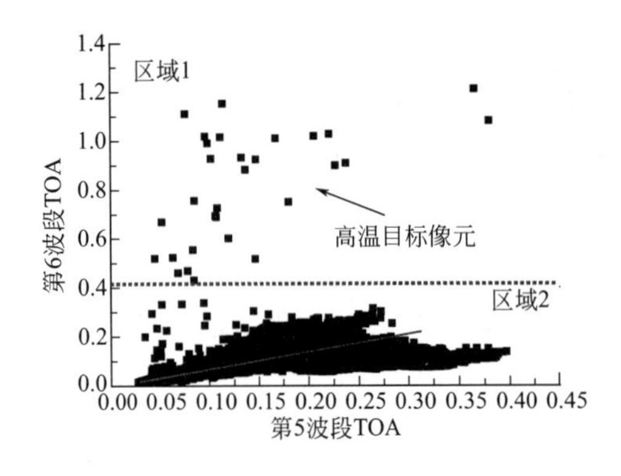

图 4.9　第 6 波段 TOA 和第 5 波段 TOA 之间的关系

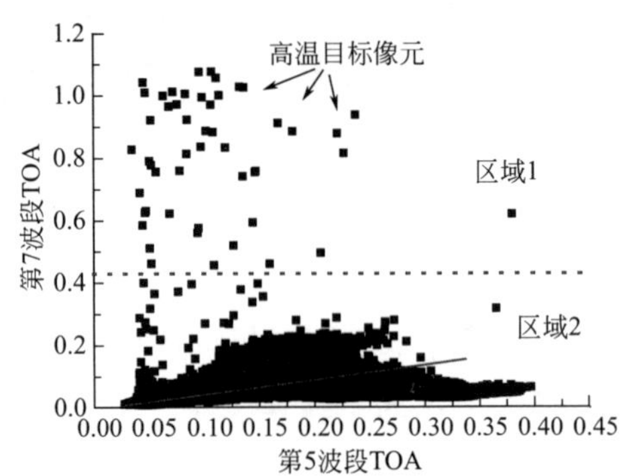

图 4.10　第 7 波段 TOA 和第 5 波段 TOA 之间的关系

高温目标像元与常温背景地物的大气表观反射率在第 5 波段与第 6、第 7 波段处差异明显。对比图 4.9 可以发现，图 4.10 在区域 1 中识别出来的高温目标像元要多于图 4.9 中区域 1 中识别出来的高温目标像元，即通过 Landsat 8 OLI 第 7 波段的数据识别高温目标像元的效果更好，这也与式(4.3) 推导得出的研究结论相符。

为进一步研究适于大尺度油料火灾的识别方法，选取影像中几种典型常温背景地物与火灾区域像元的光谱进行对比并分析。通过目视解译，将影像中的常温地物分为以下几个类别：居民地、裸地、水体及植被。分别选取植被像元 122 个、道路像元 63 个，居民地像元 107 个、裸地像元 89 个、水体像元 154 个，计算各背景像元的大气表观反射率并取平均值。各类别常温地物光谱如图 4.11 所示。

从图 4.11 可以看出，裸地的光谱曲线特征是第 6 波段 TOA 平均值最高。居民地在第 5 波段的表观反射率最高。水体光谱曲线的特征是在可见光波段范围内表观反射率较高，在红外波段范围内随着波长的增加反射率逐渐减小。植被光谱特征是 TOA 在近红外第 5 波段最高，在红外波段有较强的吸收。

对火灾发生区域像元的光谱特征进行分析研究。通过目视解译，对火灾发生区域的高温像元进行提取并分析光谱特征，结果如图 4.12 所示。从图 4.12 中可以看出，火灾区域多数像元的光谱特征为可见光-近红外波段的 TOA 较低，而短波红外波段——第 6 及第 7 波段的 TOA 较高，远远高于各类常温地物短波红外 TOA 平均值，且火点像元第 7 波段的 TOA 为 7 个波段 TOA 的最高值。理论分析表明，油料燃烧的火焰的温度较高，具有较高的辐射发射能力，且火焰燃烧的温度最高值对应的辐射峰值波长位于短波红外处，在遥感影像上表现为火点像元的短波红外波段 TOA 较高。火灾区域像元的光谱特征与常温地物差别明显。

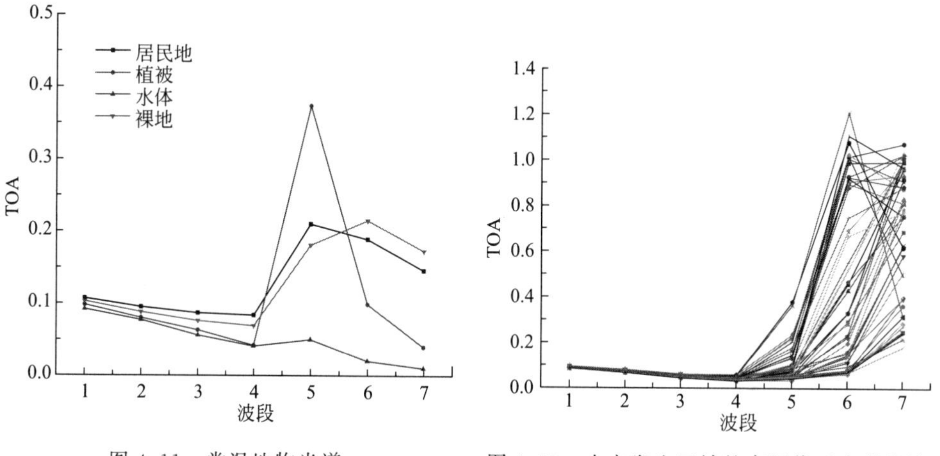

图 4.11　常温地物光谱　　图 4.12　火灾发生区域的高温像元光谱曲线

火灾区域部分像元的第 6 波段 TOA 最高，有的像元第 6 波段的 DN 值甚至达到了饱和。Giglio 等[75]研究表明，像元在短波红外波段饱和是识别高温火点的重要判据之一。当油料燃烧时，最高温度可达 1000K 以上，对应的辐射峰值波长应在 2.9μm 左右，因此从理论上来说，火点像元的 TOA 应在第 7 波段达到最大值；但个别像元在第 6 波段的 TOA 达到了最大值，并且第 7 波段的 TOA 甚至比第 5 波段的 TOA 低。分析原因包括以下几点。

① 油料池火燃烧的火焰温度很高，可达几百甚至上千开尔文，包含火点像元的 DN 值应该很高。但 Landsat 8 OLI 传感器第七波段对高温像元较为敏感，且当地物包含较高的发射强度，例如高温火焰，则第 7 波段可产生过饱和的问题。当 OLI 传感器第 7 波段接收到较强的地物辐射时，其光电转换原件会自动记录一个极小的数值。当高温目标像元过饱和时，通常第 6 波段具有较高的 DN 值，但第 7 波段的 DN 值却很低甚至接近 0。这个现象在伊拉克炼油厂袭击事故

影像中最为明显，该事故第 7 波段的影像数据如图 4.13(a) 所示。图中过饱和的两个像元用粗框标记，第一个像元值 DN 值为 1，另一个像元的 DN 值为 3139，甚至比水体的平均 DN 值还要低，但两个像元第 6 波段的 DN 值较高。两个像元定标成 TOA 后的光谱曲线如图 4.13(b) 所示，其中第 7 波段 TOA 变成了负值。

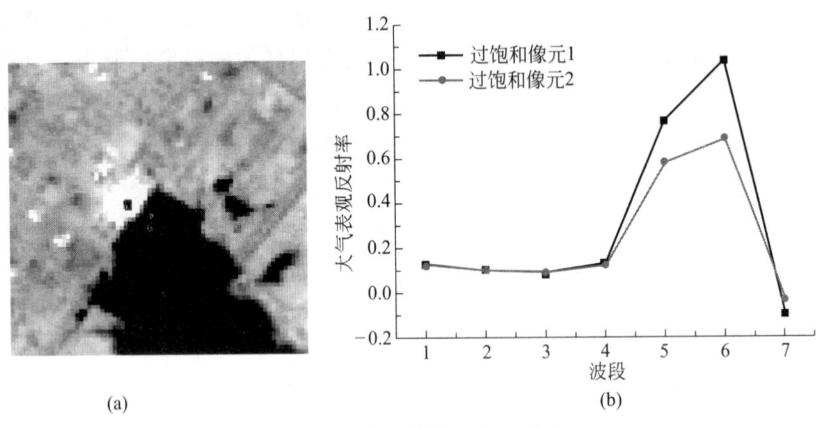

图 4.13 第 7 波段过饱和示意

② 油料燃烧可产生大量的烟气，火焰顶部的烟气羽流对火焰的高温热辐射具有一定的遮蔽作用。遥感影像像元的 DN 值是像元尺度上地物的辐射及反射能的综合信息，且高温火焰的不同位置的温度分布并不均匀，因此像元的 DN 值与理论上的数值存在一定的偏差。

4.2.3 PCA-SVM 分类模型识别火点像元研究

火灾区域的火点像元光谱与常温地物光谱特征差异明显。为进一步提取分析火点像元，本研究构建了基于主成分分析（PCA）与支撑向量机（SVM）的监督分类模型。模型通过主成分分析对影像数据进行降维，并对降维后的影像进行分类处理。油料火灾的尺度不及森林火灾，在影像上的火点像元属于小样本，因此对火点像元的分类属于小样本分类。而 SVM 对小样本的分类效果较好，因此分类模型选择 SVM。基于 PCA-SVM 的火点像元识别研究的技术路线如图 4.14 所示。

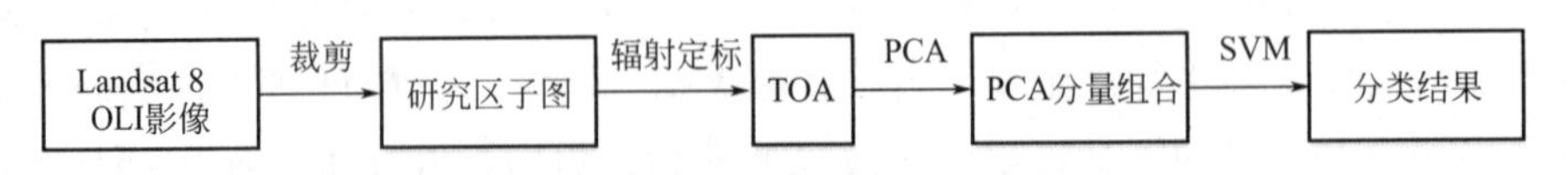

图 4.14 PCA-SVM 模型火点像元识别研究路线

（1）PCA 降维分析研究

Landsat 8 OLI 前 7 个波段的影像数据彼此间存在一定的相关性，观测数据反映的信息有重叠，增加了分析问题的复杂性。为了实现火点像元快速分类识别的目的，需要对前 7 个波段的影像数据进行降维处理。主成分分析是重要的统计分析方法，其思想是通过正交变换，将多维变量转化为包含综合信息的少数变量，少数的变量能够表达原来变量的主要信息，且彼此间互不相关，具备较好的降维效果，用较少的维数代表原始信息，也节约了后续的分类处理时间。

设 $X=(X_1,\cdots,X_p)'$ 表示 p 维随机向量，均值 $E(x)=\mu$，协方差矩阵为 $\boldsymbol{D}(x)$。考虑线性变换：

$$\begin{cases} Z_1=a_1'X=a_{11}X_1+a_{21}X_2+\cdots+a_{p1}X_p \\ Z_2=a_2'X=a_{12}X_1+a_{22}X_2+\cdots+a_{p2}X_p \\ \cdots\cdots \\ Z_p=a_p'X=a_{1p}X_1+a_{2p}X_2+\cdots+a_{pp}X_p \end{cases} \tag{4.7}$$

易见

$$\begin{cases} \mathrm{Var}(Z_i)=a_i'\Sigma a_i & (i=1,2,\cdots,p); \\ \mathrm{Cov}(Z_i,Z_j)=a_i'\Sigma a_j & (i,j=1,2,\cdots,p) \end{cases} \tag{4.8}$$

希望用 Z_1 表达原来 p 个变量的信息最大化，$\mathrm{Var}(Z_1)$ 越大，表示 Z_1 包含的信息越多。由式(4.8) 可以看出，必须对 a_1 进行限制，否则可使 $\mathrm{Var}(Z_1)$ 趋向无穷大。限制方法为：$a_1'a_1=1$。若 a_1 满足以上条件，使 $\mathrm{Var}(Z_1)$ 最大化，则 Z_1 为第一主成分。当 Z_1 不足表达原始 p 个变量的主要信息，考虑用 Z_2 线性组合，希望 Z_1 的信息不在 Z_2 中出现，要求：

$$\mathrm{Cov}(Z_2,Z_1)=a_2'\Sigma a_1=0 \tag{4.9}$$

求 Z_2 就是在满足 $a_1'a_1=1$ 和式(4.9) 的条件下，求 a_2 使 $\mathrm{Var}(Z_2)$ 最大，Z_2 就是第二主成分。求第三、第四主成分的原理与此相同。求第一主成分 Z_1，就是求 $a_1=(a_{11},a_{21},\cdots,a_{p1})'$，使得在 $a_1'a_1=1$ 的条件下，$\mathrm{Var}(Z_1)$ 达到最大，用拉格朗日乘子法计算：

$$\varphi(a_1)=\mathrm{Var}(a_1'X)-\lambda(a_1'a_1-1)=a_1'\Sigma a_1-\lambda(a_1'a_1-1) \tag{4.10}$$

考虑

$$\begin{cases} \dfrac{\partial\varphi}{\partial a_1}=2(\Sigma-\lambda I)a_1=0 \\ \dfrac{\partial\varphi}{\partial\lambda}=a_1'a_1-1=0 \end{cases} \tag{4.11}$$

$a_1\neq0$，故 $|\Sigma-\lambda I|=0$，求该方程组就是求 Σ 的特征值和特征向量。设 $\lambda=\lambda_1$ 是 Σ 的最大特征值，则 a_1 就是所求的特征向量。

江苏省靖江市德桥油料火灾事故、乌克兰基辅州油库火灾事故及伊拉克炼油厂火灾事故影像共有7个波段，经PCA计算后共得到7个互不相关的新分量，7个新分量包含原始影像信息的主成分信息分析如图4.15所示。从图中可以看出，第一个主成分表达的原始影像信息最多，前三个主成分基本包括了原始影像的主要信息。

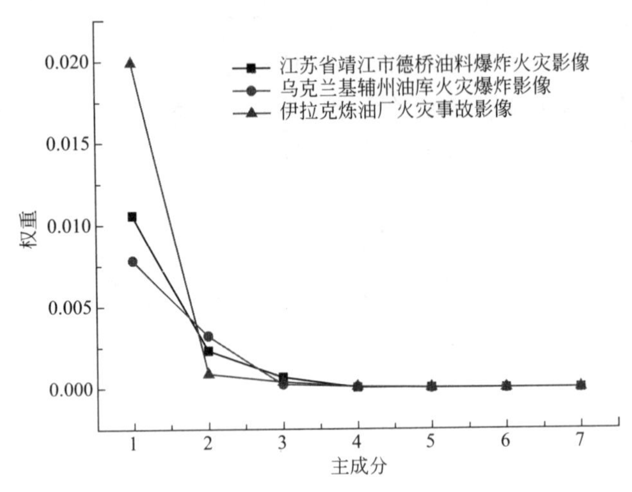

图4.15 主成分信息分析

以三个主成分分量合成假彩色影像，R为第三主成分，G为第二主成分，B为第一主成分，结果如图4.16所示。从图中可以看出，不同地物间的对比更加明显。图(a)中火灾区域的像元呈暗黑色，与罐区的红色像元对比明显，罐区的颜色与居民地的颜色基本一致。图(b)与图(c)中火灾区域像元的颜色与裸地的颜色发生了混淆，即两景火灾事故影像中火灾区域的周边背景地物为裸地，这也与从Google earth上调查的结果一致。图(b)与图(c)表明，主成分分析虽然达到了降维的目的，但火点像元与背景地物像元发生混淆，需要通过分类模型对火点像元进一步提取分析。

(a) 江苏省靖江市德桥油料火灾事故

(b) 乌克兰基辅州油库火灾事故

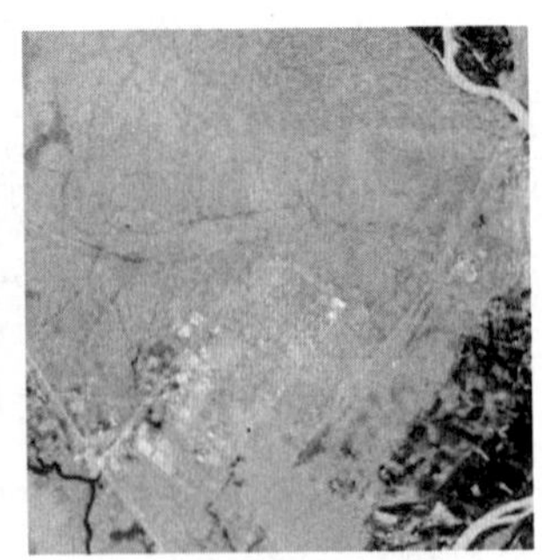
(c) 伊拉克炼油厂火灾事故

图4.16 主成分分量合成假彩色影像

(2) SVM分类模型的实现

支撑向量机（support vector machine，SVM）是一种学习机器方法，建立在结构风险最小化及 VC 维理论基础上，根据有限的样本在学习能力和算法复杂性间寻求折中，既要满足准确地识别任意样本，又要满足较好的学习精度，期望获得较好的推广。SVM 可有效解决密度估算、函数估算及非线性分类等问题。

SVM 基本原理如下。

① 当样本为线性可分，在原数据空间找两类样本间的最优分类超平面；当样本为线性不可分，则引入松弛变量，将低维空间的输入样本通过非线性映射的方法映射到高维空间，线性不可分的样本在高维空间变得线性可分，在该空间中找最优分类平面。

② SVM 基于风险最小化原理，在样本的属性空间构造分类超平面达到全局最优。该过程如图 4.17 所示。

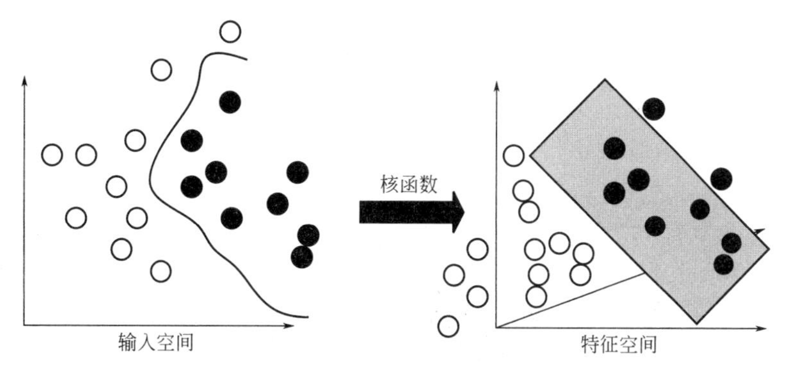

图 4.17　SVM 将数据映射到特征空间过程

SVM 的核心是构造分类样本间的最优超平面，不仅要求超平面能将不同种类的样本区分开，还要求样本间的空隙最大。SVM 包括线性可分及非线性可分两种情况。实际上多数分类问题为非线性可分的，SVM 处理非线性可分问题的过程为：将输入空间经过核函数映射到高维的线性可分的特征空间，在高维特征空间中构建分类超平面。引入松弛因子 ξ_i，使分类超平面满足：

$$y_i(w^T x_i + b) \geqslant 1 - \xi_i \tag{4.12}$$

当 $0<\xi_i<1$ 时，样本 x_i 被正确分类。当 $\xi_i \geqslant 1$ 时，样本 x_i 被错分，引入函数：

$$\psi(w,\xi) = \frac{1}{2} w^T w + C \sum_{i=1}^{n} \xi_i \tag{4.13}$$

式中，C 表示惩罚因子，是一个正的常数。将问题转为二次规划的对偶问题：

$$\begin{cases} \max \sum_{i=1}^{n} a_i - \frac{1}{2} \sum_{i=1}^{n} \sum_{j=1}^{n} \alpha_i \alpha_j y_i y_j (x_i^T x_j) \\ 0 \leqslant a_i \leqslant C, \qquad i = 1, \cdots, n \\ \sum_{i=1}^{n} a_i y_i = 0 \end{cases} \tag{4.14}$$

将原始空间样本映射到高维空间需要通过核函数实现，常用的核函数包括以下三类。

① 多项式核函数

$$k(x,x_i)=[(x,x_i)+1]^d \tag{4.15}$$

② 径向基核函数

$$k(x,x_i)=\exp\left\{-\frac{\|x,x_i\|^2}{\sigma^2}\right\} \tag{4.16}$$

式中，σ^2 表示函数系数，定义了空间变换的非线性映射。

③ 多层感知核函数

$$k(x,x_i)=\tanh(\gamma x_i x_j^T-\theta) \tag{4.17}$$

研究区影像经 PCA 处理后，通过 SVM 对 PCA 假彩色影像进行分类，SVM 分类核函数为径向基核函数。将各研究区的地物分为以下几个主要类别：火点、居民地、植被、裸地、水体及烟气覆盖区域，经计算，各地物样本可分性较高。各油料火灾事故影像的分类结果如图 4.18 所示。

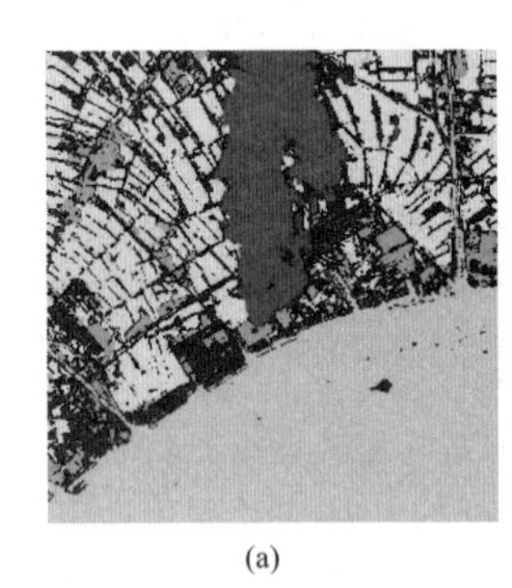
(a)

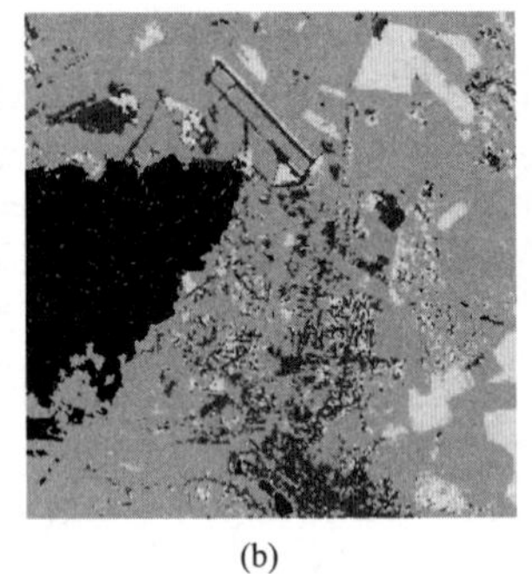
(b)

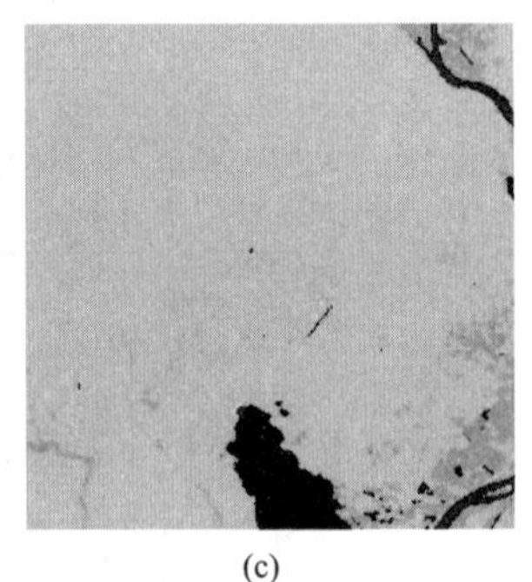
(c)

图 4.18 PCA-SVM 分类结果

通过图 4.18 可以看出，各火灾事故影像经 PCA-SVM 处理后，影像中各地物得到了较好的分类。对各分类结果精度进行评价，评价指标为混淆矩阵中的总体分类精度及 Kappa 系数，结果如表 4.2 所列。通过表可以看出，通过 PCA-SVM 分类模型得到的分类结果精度较高，取得了较好的分类结果。

表 4.2 PCA-SVM 分类精度评价结果

项目	江苏省靖江市德桥油料火灾事故	乌克兰基辅州油库火灾事故	伊拉克炼油厂火灾事故
总体分类精度/%	97.1	99.6	97.5
Kappa 系数	0.96	0.995	0.937

本研究重点是油料火灾像元的识别分析。为进一步分析 PCA-SVM 的分类结果，针对分类提取的火点像元进行分类精度评价，通过 ROC 曲线的判断矩阵

进行分析，该矩阵如表 4.3 所列。

表 4.3　判断矩阵

PCA-SVM 模型识别结果	目视解译识别结果		合计
	火点	非火点	
火点	TP(a)	FP(b)	$a+b$
非火点	FN(c)	TN(d)	$c+d$
总数	$a+c$	$b+d$	$a+b+c+d$

表中 TP 表示通过 PCA-SVM 模型分类得到的火点像元与目视解译的结果相符，为真实的火点像元的个数；FP 表示通过 PCA-SVM 模型判断为火点像元，而通过目视解译判断为非火点像元的个数；FN 表示通过 PCA-SVM 模型判断为非火点像元，而通过目视解译判断为火点像元的个数；TN 表示通过 PCA-SVM 模型判断为非火点像元，目视解译也为非火点像元的个数，即所有常温地物像元的个数。评价指标包括两个：a. 真正类率（true positive rate，TPR），表示分类模型识别出的火点像元占真实的火点像元的比例；b. 假正类率（false positive rate，FPR），表示分类模型错认为火点像元占所有非火点像元的比例。TPR 及 FPR 的计算方法为：

$$\mathrm{TPR}=\frac{\mathrm{TP}}{\mathrm{TP}+\mathrm{FN}}=\frac{a}{a+c} \tag{4.18}$$

$$\mathrm{FPR}=\frac{\mathrm{FP}}{\mathrm{FP}+\mathrm{TN}}=\frac{b}{b+d} \tag{4.19}$$

对三个事故火点像元的分类精度进行评价，评价结果如表 4.4 所列。从表中可以看出，PCA-SVM 模型对火点像元的分类效果较好。模型错分的常温地物包括建筑物及火点周边区域。对错分的像元进行提取分析，结果表明错分的像元光谱特征与火点像元的光谱特征相似，部分建筑物顶部为彩钢，在短波红外波段对太阳辐射具有较高的反射强度。

表 4.4　各火灾事故火点像元分类精度评价

项目	江苏省靖江市德桥油料火灾事故	乌克兰基辅州油库火灾事故	伊拉克炼油厂火灾事故
TPR	0.85	0.792	0.818
FPR	3.3×10^{-6}	8.89×10^{-6}	2.22×10^{-6}

研究分析火点周边区域错分的像元，结果表明错分的像元在短波红外具有较高的发射强度，与火点像元相当，光谱特征与火点像元光谱特征相似。通过 Google earth 查询表明，这部分像元一部分是火点像元周边油罐罐区，一部分是火点像元周边的建筑物，例如江苏省靖江市德桥油料火灾事故及伊拉克炼油厂火

灾事故，分析是以下原因导致该部分非火点像元错分为火点像元。

① 研究表明，大尺度油料火焰对外具有较高的热辐射强度，可引起较为显著的空间热环境响应。对于真实的油库火灾事故，其火焰的热辐射能力较强，特别是在短波红外波段，因此在事故发生区域燃烧的火焰相当于"辐射源"，对周边地物具有较高的发射强度，因此火点像元周边区域的短波红外波段的辐射强度较高。

② 通过分析各火灾区域的历史影像数据，在火灾发生区域的地物辐射亮度在短波红外波段要高于其他常温地物，油罐罐区及建筑物的反射率较高。因此对于燃烧火焰产生的热辐射具有较高的反射能量，在卫星成像时可导致较为明显的杂散光效应，这部分像元是造成错分的主要像元。

4.2.4 基于影像波段信息的火点像元识别分析

PCA-SVM 模型对各事故影像火点像元的提取效果较好，但该模型属于监督分类，需要在分类前选择分类样本。本研究拟通过分析火点像元与常温地物像元的波段信息差异，构建不需要选择分类样本的一种非监督分类模型。

对选择的大尺度油料火灾爆炸影像的案例进行分析，火源的黑色烟羽特征明显，包含火点的高温像元在短波红外波段具有较高的发射强度。对于常温地物，像元的 DN 值表征地物反射太阳能的多少；对于包含火点的像元，DN 值表征火点的发射能量及反射能量，因此在短波红外波段包含火点的像元 DN 值要显著高于常温地物的 DN 值。

对研究区进行辐射定标处理，将像元的 DN 值定标成大气表观反射率，研究分析火灾发生区域与常温地物在短波红外（第 7 波段）大气表观反射率数值的差异，研究短波红外波段与近红外波段大气表观反射率的差值及比值的数值特征，在此基础上通过固定阈值法对火点像元进行提取分析，构建提取火点像元的分类树模型。

（1）火灾影像的单波段阈值法研究分析

对江苏省靖江市德桥油料火灾爆炸影像、乌克兰基辅州油库火灾爆炸影像及伊拉克炼油厂火灾爆炸影像进行裁剪，然后对裁剪后的影像进行辐射定标处理，将各影像数据定标成大气表观反射率。将影像的地物划分为以下主要类型：火点区域、植被、居民地、裸地及水体，分别选取各地物一定数量的像元作为样本，经计算各样本间的 J-M（Jeffries-Matusita）距离大于 1.9，表明各样本间的可区分度较高。分别研究近红外波段（第 5 波段）及短波红外波段（第 7 波段）影像的大气表观反射率，结果如表 4.5～表 4.7 所列。

表 4.5　江苏省靖江市德桥油料火灾事故影像单波段统计结果

	地物类型	最大值	最小值	平均值	标准差
第 7 波段	火点区域	1.122	0.091	0.498	0.305
	植被	0.081	0.059	0.066	0.003
	居民地	0.319	0.124	0.2	0.049
	裸地	0.096	0.063	0.08	0.009
	水体	0.027	0.015	0.018	0.002
	全部地物	1.122	0.015	0.062	0.045
第 5 波段	地物类型	最大值	最小值	平均值	标准差
	火点区域	0.756	0.078	0.211	0.15
	植被	0.36	0.262	0.327	0.018
	居民地	0.315	0.166	0.231	0.03
	裸地	0.154	0.142	0.148	0.003
	水体	0.071	0.056	0.06	0.003
	全部地物	0.756	0.056	0.165	0.085

表 4.6　乌克兰基辅州油库火灾事故影像单波段统计结果

	地物类型	最大值	最小值	平均值	标准差
第 7 波段	火点区域	1.025	0.092	0.699	0.273
	植被	0.043	0.038	0.04	0.001
	居民地	0.223	0.097	0.146	0.03
	裸地	0.199	0.141	0.173	0.01
	水体	0.034	0.01	0.015	0.003
	全部地物	1.128	0.009	0.074	0.044
第 5 波段	地物类型	最大值	最小值	平均值	标准差
	火点区域	0.379	0.035	0.105	0.085
	植被	0.391	0.353	0.374	0.006
	居民地	0.259	0.146	0.21	0.028
	裸地	0.217	0.15	0.181	0.022
	水体	0.075	0.045	0.05	0.005
	全部地物	1.21	0.027	0.187	0.078

大尺度油料火灾燃烧产生的强烈热辐射使包含火点像元的短波红外辐射量显著增加。通过表 4.5～表 4.7 可以看出，在各事故影像中，火灾发生区域像元第 7 波段的大气表观反射率平均值均高于其他常温地物大气表观反射率平均值。前面的分析表明，包含火点像元可导致第 7 波段传感器的过饱和，使火点像元在第 7 波段的大气表观反射率数值较小。因此伊拉克炼油厂火灾事故影像火灾发生区域的个别像元第 7 波段的 TOA 出现了负值。

对于常温地物，居民地像元第 7 波段的大气表观反射率平均值要高于全部地物的平均值，表明居民地在短波红外波段反射太阳电磁辐射较强。

表 4.7 伊拉克炼油厂火灾事故影像单波段统计结果

	地物类型	最大值	最小值	平均值	标准差
第 7 波段	火点区域	1.15	−0.099	0.707	0.408
	植被	0.27	0.07	0.116	0.031
	居民地	0.348	0.271	0.319	0.018
	裸地	0.306	0.21	0.263	0.023
	水体	0.032	0.017	0.019	0.002
	全部地物	1.15	−0.099	0.278	0.072
第 5 波段	地物类型	最大值	最小值	平均值	标准差
	火点区域	0.765	0.039	0.19	0.211
	植被	0.474	0.261	0.324	0.051
	居民地	0.399	0.305	0.349	0.023
	裸地	0.329	0.23	0.283	0.024
	水体	0.052	0.035	0.038	0.002
	全部地物	0.765	0.027	0.309	0.065

江苏省靖江市德桥油料火灾事故影像火灾区域像元第 7 波段 TOA 平均值为 0.498，第 5 波段 TOA 平均值为 0.211。将第 7 波段 TOA 的阈值设为 0.5，对各事故影像的火点像元进行提取。个别火点像元在第 7 波段过饱和，因此需要结合第 6 波段影像数据信息进行火点提取：当影像中像元第 7 波段的 TOA 大于 0.5，或者第 6 波段 TOA 大于 0.9 时认为是火点像元。将提取结果进行掩膜处理，结果如图 4.19 所示。

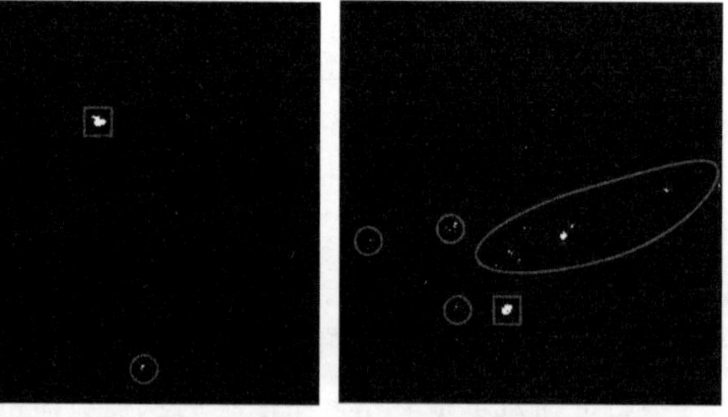

(a) 江苏省靖江市德桥油料火灾事故　(b) 乌克兰基辅州油库火灾事故　(c) 伊拉克炼油厂火灾事故

图 4.19 波段阈值法提取火点结果

图 4.19 中方框内提取的为火点区域像元，圆形虚线内的像元为满足单波段阈值法提取的非火点像元。通过图 4.19 可以看出，江苏省靖江市德桥油料火灾影像及乌克兰基辅州油库火灾影像中小部分非火点像元被当作火点像元提取出来，伊拉克炼油厂火灾事故影像中有较多的非火点像元被提取出来。将提取出的非火点像元与 Google earth 对比，表明主要是部分居民地的像元与火点像元发生

了混淆。统计常温地物像元第7波段TOA，居民地第7波段TOA最高，像元提取结果与该表的统计结果具有相似的规律。江苏省靖江市德桥油料火灾事故共提取出火点像元31个，非火点像元7个；乌克兰基辅州油库火灾事故共提取出火点像元48个，非火点像元12个；伊拉克炼油厂火灾事故影像共提取出火点像元44个，非火点像元42个。对各影像提取出的非火点像元光谱进行分析，结果如图4.20所示。图4.20表明，通过波段阈值法提取出的与火点像元发生混淆的非火点像元光谱曲线在短波红外第6、第7波段同样拥有较高的反射率。但与火点像元光谱的区别还体现在该部分像元在近红外第5波段同样拥有较高的反射率，表4.5～表4.7中的统计结果表明，居民地样本像元在第5波段的大气表观反射率高于火点区域像元，因此需要进一步对火点像元进行提取分析。

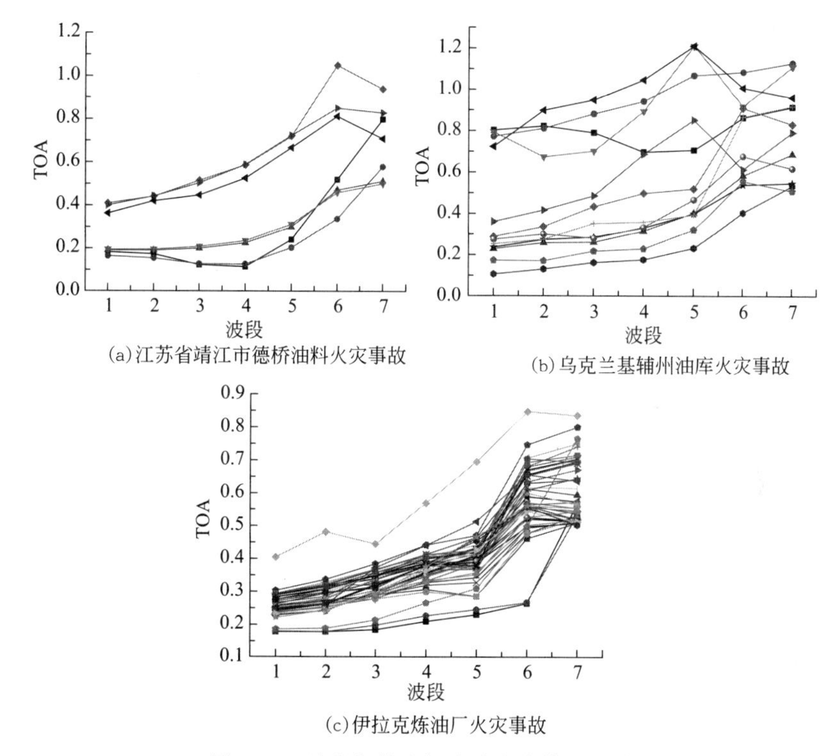

图4.20　波段阈值法提取非火点像元光谱

（2）火灾影像的波段差值法研究分析

为进一步提取火点像元，减少例如居民地等常温地物像元的干扰，对影像进行波段差值计算。选择三个火灾事故第7波段及第5波段的影像数据进行差值计算，计算方法为：

$$\Delta R = TOA_7 - TOA_5 \tag{4.20}$$

式中，ΔR表示第7波段大气表观反射率与第5波段大气表观反射率的差值；TOA_5、TOA_7 分别表示第 5 及第 7 波段的大气表观反射率。各影像的波段差值计算结果结果如表 4.8～表 4.10 所列。

表 4.8 江苏省靖江市油料火灾事故影像波段差值法统计结果

地物类型	最大值	最小值	平均值	标准差
火点区域	0.935	−0.224	0.287	0.284
植被	−0.187	−0.297	−0.261	0.02
居民地	0.045	−0.102	−0.03	0.026
裸地	−0.056	−0.081	−0.067	0.006
水体	−0.038	−0.046	−0.041	0.001
全部地物	0.935	−0.324	−0.103	0.071

表 4.9 乌克兰基辅州油库火灾事故影像波段差值法统计结果

地物类型	最大值	最小值	平均值	标准差
火点区域	0.996	−0.048	0.593	0.286
植被	−0.313	−0.348	−0.333	0.006
居民地	0.032	−0.131	−0.063	0.039
裸地	0.041	−0.046	−0.008	0.024
水体	−0.031	−0.044	−0.035	0.003
全部地物	0.996	−0.374	−0.112	0.081

表 4.10 伊拉克炼油厂火灾事故影像波段差值法统计结果

地物类型	最大值	最小值	平均值	标准差
火点区域	1.096	−0.865	0.517	0.568
植被	−0.058	−0.361	−0.208	0.047
居民地	−0.015	−0.085	−0.03	0.017
裸地	−0.009	−0.031	−0.02	0.005
水体	−0.015	−0.03	−0.018	0.002
全部地物	1.096	−0.865	−0.03	0.041

分析统计结果表明，通过差值计算可以较好地区分火点像元与非火点像元。火点像元的波段差平均值为正值，非火点像元波段差值的平均值为负值。影像第 7 波段大气表观反射率较高的地物，例如居民地及裸地等的波段差值最大值均小于火点像元的平均值，因此通过设置适当的波段差值的阈值可将短波红外反射能较高的常温地物与火点像元进行区分。

（3）比值法识别火点像元研究分析

含火点的像元与常温背景地物像元间的光谱特征差异明显，可通过波段比值运算进一步区分火点像元与常温背景地物像元。比值运算基于研究目标的光谱特征分析，通过选择两个或多个波段进行比值计算，可增强研究目标与背景间的差异，常用于遥感影像的增强处理。

对于含火点像元，其显著特征是在 Landsat 8 的短波红外波段有较高的发射强度。近红外波段 5 不容易受到油料火灾燃烧产生的烟气散射的影响，本研究考虑通过短波红外与近红外的比值计算对火点像元进行提取，比值的表达式为：

$$R_{7/5}=\frac{\mathrm{TOA}_7}{\mathrm{TOA}_5} \tag{4.21}$$

$$R_{6/5}=\frac{\mathrm{TOA}_6}{\mathrm{TOA}_5} \tag{4.22}$$

式中，$R_{7/5}$ 表示像元的第 7 波段大气表观反射率与第 5 波段大气表观反射率的比值；$R_{6/5}$ 表示像元的第 6 波段与第 5 波段大气表观反射率的比值。

对江苏省靖江市德桥油料火灾、伊拉克炼油厂火灾及乌克兰基辅州油库火灾事故的影像进行波段比值运算，结果如图 4.21 所示。包含火点像元的短波红外的 TOA

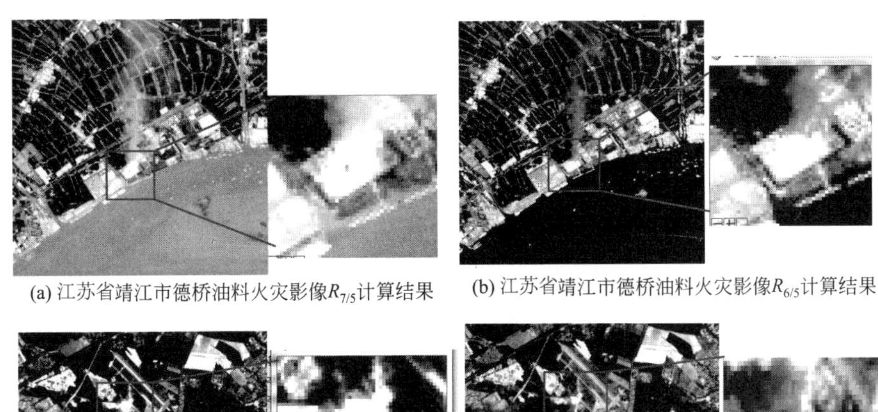

(a) 江苏省靖江市德桥油料火灾影像$R_{7/5}$计算结果　(b) 江苏省靖江市德桥油料火灾影像$R_{6/5}$计算结果

(c) 乌克兰基辅州油库火灾影像$R_{7/5}$计算结果　(d) 乌克兰基辅州油库火灾影像$R_{6/5}$计算结果

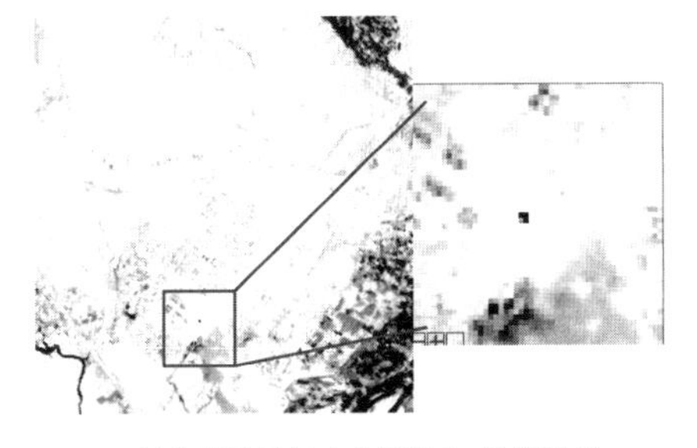

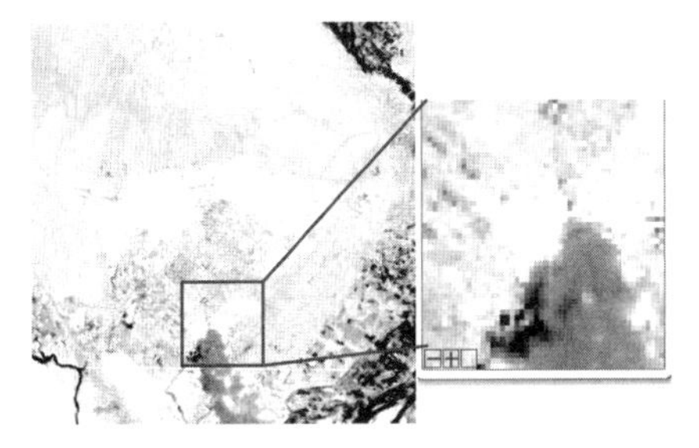

(e) 伊拉克炼油厂火灾影像$R_{7/5}$计算结果　(f)伊拉克炼油厂火灾影像$R_{6/5}$计算结果

图 4.21　研究区波段比值计算结果

较高，近红外波段的TOA较低，因此通过比值运算，图像中包含火点的像元应呈现较亮的特征。从图中可以看出，经过波段比值计算，火灾发生区域像元的亮度值较高，但部分常温地物如岩石及裸地等的波段运算结果同样呈现较为高亮的特征。植被及水体等地物目标的波段比值运算结果较低，在影像上的亮度表现为灰暗特征。

分别对江苏省靖江市德桥油料火灾事故、乌克兰基辅州油库火灾爆炸事故及伊拉克炼油厂袭击事故研究区的比值运算结果进行统计，结果如表4.11～表4.13所列。通过表4.11～表4.13可以看出，火灾发生区域的$R_{7/5}$、$R_{6/5}$平均值均较高，在所有类型的地物中，火灾发生区域的$R_{7/5}$、$R_{6/5}$平均值是最高的，远高于其他常温地物$R_{7/5}$、$R_{6/5}$平均值，火灾区域像元与背景像元之间$R_{7/5}$的差值要高于$R_{6/5}$的差值，即通过第7波段与第5波段的比值提取火点像元的效果更好。

表4.11 江苏省靖江市德桥油料火灾事故影像波段比值法计算结果

	地物类型	最大值	最小值	平均值	标准差
$R_{7/5}$	火点区域	8.45	0.7	2.684	1.639
	植被	0.303	0.174	0.203	0.022
	居民地	1.195	0.587	0.857	0.121
	裸地	0.628	0.439	0.542	0.053
	水体	0.409	0.277	0.303	0.024
	全部地物	8.45	0.136	0.376	0.188
$R_{6/5}$	地物类型	最大值	最小值	平均值	标准差
	火点区域	4.336	0.809	1.62	0.871
	植被	0.46	0.334	0.377	0.023
	居民地	1.194	0.729	0.94	0.094
	裸地	0.849	0.682	0.777	0.043
	水体	0.529	0.378	0.413	0.03
	全部地物	4.336	0.232	0.511	0.173

表4.12 乌克兰基辅州油库火灾事故影像波段比值法计算结果

	地物类型	最大值	最小值	平均值	标准差
$R_{7/5}$	火点区域	23.369	0.867	9.478	5.89
	居民地	1.185	0.47	0.711	0.185
	裸地	1.271	0.788	0.968	0.136
	水体	0.458	0.198	0.304	0.038
	植被	0.114	0.104	0.109	0.001
	全部地物	23.369	0.094	0.449	0.339
$R_{6/5}$	地物类型	最大值	最小值	平均值	标准差
	火点区域	14.531	0.864	4.916	3.228
	居民地	1.293	0.68	0.906	0.146
	裸地	1.471	1.039	1.2	0.124
	水体	0.746	0.237	0.462	0.075
	植被	0.273	0.255	0.265	0.003
	全部地物	14.531	0.203	0.651	0.253

表 4.13　伊拉克炼油厂火灾事故影像波段比值法计算结果

	地物类型	最大值	最小值	平均值	标准差
$R_{7/5}$	火点区域	22.693	−0.13	9.884	7.618
	植被	0.822	0.238	0.358	0.09
	居民地	0.953	0.786	0.914	0.042
	裸地	0.968	0.88	0.928	0.017
	水体	0.681	0.427	0.519	0.042
	全部地物	22.693	−0.13	0.901	0.231
$R_{6/5}$	地物类型	最大值	最小值	平均值	标准差
	火点区域	19.872	1.177	5.677	4.445
	植被	0.999	0.439	0.599	0.092
	居民地	1.125	1.063	1.09	0.015
	裸地	1.146	1.057	1.106	0.019
	水体	0.82	0.575	0.638	0.034
	全部地物	19.872	0.371	1.061	0.145

在火灾发生区域选择的样本像元的比值法计算结果中，部分像元的第 5 波段的大气表观反射率要高于第 6、第 7 波段的大气表观反射率，因此火灾发生区域部分像元的 $R_{7/5}$、$R_{6/5}$ 小于 1。分析主要有以下 3 个原因。

① 通过目视解译，对火灾像元发生区域的火点像元选择的较为粗略，将部分非火点像元划分为火点像元，错分的像元第 5 波段的大气表观反射率要高于第 6 及第 7 波段大气表观反射率。

② 含火点像元的 DN 值过高可引起第 7 波段传感器的过饱和现象，第 7 波段的 DN 值将会变得非常小，因此 $R_{7/5}$ 小于 1。

③ 大尺度油池火烟气羽流区的热辐射强度较低，燃烧产生的烟气可对火焰外焰的辐射起到一定的遮蔽作用，减少了火焰对外辐射的强度，在遥感影像上表现为火点像元短波红外波段 DN 值较低，$R_{7/5}$、$R_{6/5}$ 小于 1。

对火灾发生区域像元的波段差值法结果及比值法计算结果进行相关性分析，结果如图 4.22 所示。从图中可以看出，差值法及比值法相关性较为明显，江苏省靖江市德桥油料火灾事故的相关性最高，R^2 为 0.837。

（4）火点像元的识别指数法研究分析

朱亚静[76]根据高温目标在第 7 波段及第 5 波段间反射率的差异构建了归一化火点识别指数（NDFI），NDFI 计算方法为：

$$\mathrm{NDFI}=\frac{\rho_7-\rho_5}{\rho_7+\rho_5} \tag{4.23}$$

式中，ρ_7 及 ρ_5 分别为 Landsat 8 第 7 波段及第 5 波段反射率。

本研究对 NDFI 进行修正，采用的是波段 7 及波段 5 的大气表观反射率，表

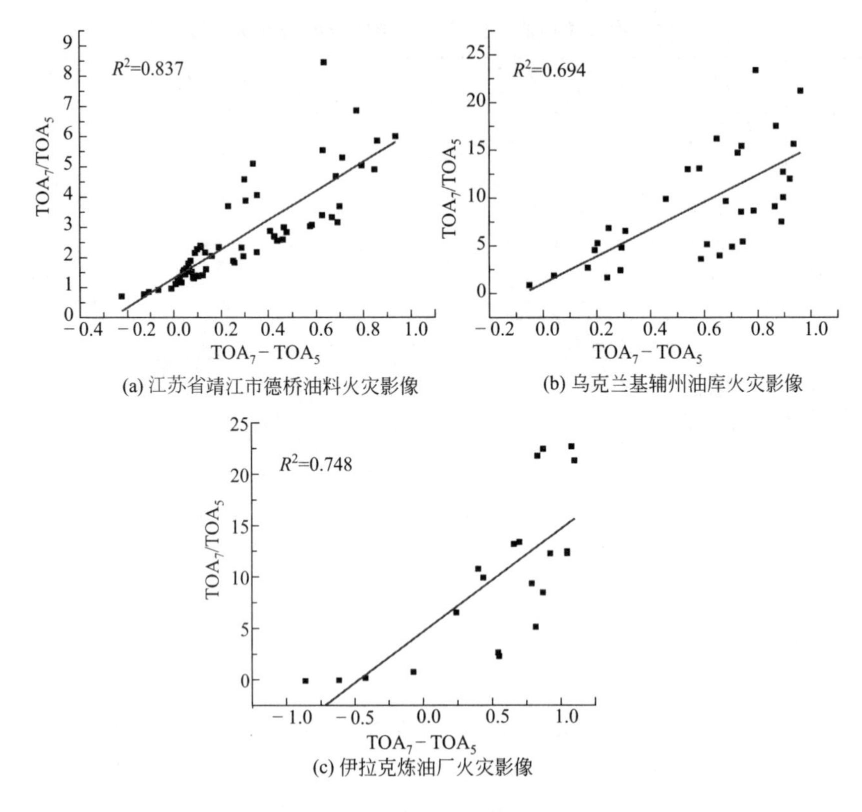

图 4.22 波段差值法与比值法相关性分析

达式为：

$$\mathrm{MNDFI}=\frac{\mathrm{TOA}_7-\mathrm{TOA}_5}{\mathrm{TOA}_7+\mathrm{TOA}_5} \tag{4.24}$$

分别计算三景油料火灾事故影像的 MNDFI，计算结果如表 4.14～表 4.16 所列。各火灾事故影像 MNDFI 计算结果表明，火灾区域像元 MNDFI 平均值为正值，其他地物 MNDFI 平均值为负值，通过计算像元 MNDFI 可有效区分火点像元与非火点像元。朱亚静[77]将高温像元的均值减去 2 倍标准差作为 NDFI 提取目标像元的阈值。通过分析表中的数据，各影像火灾区域像元的均值减 2 倍标准差均为负值，表明该方法获得的 MNDFI 阈值将混入部分常温地物的像元。本研究对提取阈值进行修正，选择 MNDFI 火灾区域平均值作为提取阈值。对三个事故影像的火点像元进行提取分析，结果表明：江苏省靖江市德桥油料火灾事故影像共提取得到 37 个像元，其中有 2 个非火点像元被提取出来，为城镇区域的 2 个像元，火灾发生区域有 4 个像元未被提取出来，该 4 个像元的第 7 波段与第 5 波段的 TOA 之间相差不大。乌克兰基辅州油库火灾事故影像共提取出 39 个像元，均为火灾发生区域的像元，火灾中心共有 5 个像元未被检测出，该 5 个像元的第 7 波段与第 5 波段 TOA 之间差值同样较小。伊拉克炼油厂火灾事故影像共提取得到 44 个火灾区域的像元，其中共有 6 个像元未被检测出，分别为第 7 波段过饱和的 3 个像元，以及第 7 波段与第 5 波段 TOA 之间差值较小的像元。

表 4.14　江苏省靖江市德桥油料火灾事故影像 MNDFI 计算结果

地物类型	最大值	最小值	平均值	标准差
火点区域	0.788	−0.176	0.364	0.233
植被	−0.535	−0.703	−0.663	0.03
道路	−0.224	−0.609	−0.397	0.109
居民地	0.089	−0.259	−0.081	0.07
裸地	−0.227	−0.389	−0.298	0.045
水体	−0.418	−0.566	−0.534	0.027
罐区	0.103	−0.357	−0.196	0.086
全部地物	0.788	−0.76	−0.473	0.159

表 4.15　乌克兰基辅州油库火灾事故影像 MNDFI 计算结果

地物类型	最大值	最小值	平均值	标准差
火点区域	0.917	−0.071	0.714	0.219
道路	−0.061	−0.525	−0.274	0.102
居民地	0.085	−0.359	−0.18	0.116
裸地	0.119	−0.118	−0.02	0.068
水体	−0.371	−0.669	−0.534	0.044
植被	−0.794	−0.81	−0.803	0.002
全部地物	0.917	−0.828	−0.415	0.205

表 4.16　伊拉克炼油厂火灾事故影像 MNDFI 计算结果

地物类型	最大值	最小值	平均值	标准差
火点区域	0.915	−1.3	0.48	0.695
道路	−0.017	−0.069	−0.037	0.012
居民地	−0.023	−0.119	−0.045	0.023
裸地	−0.016	−0.063	−0.036	0.009
水体	−0.189	−0.401	−0.316	0.035
罐区	0.3	−0.289	−0.099	0.157
植被	−0.097	−0.615	−0.478	0.088
全部地物	0.915	−1.3	−0.059	0.087

将各事故影像火灾发生区域提取出像元的 MNDFI 与火灾事故前影像像元的 MNDFI 进行对比，结果如图 4.23 所示。

通过图 4.23 可以看出，火灾区域像元的 MNDFI 计算结果在火灾前及火灾发生时刻相差较大，火灾发生时计算得到的 MNDFI 为正值，而相同的像元在火灾发生前计算得到的 MNDFI 为负值，除了伊拉克炼油厂火灾事故有一个灾前的像元计算得到的 MNDFI 为正值，该像元为油罐区域的像元。

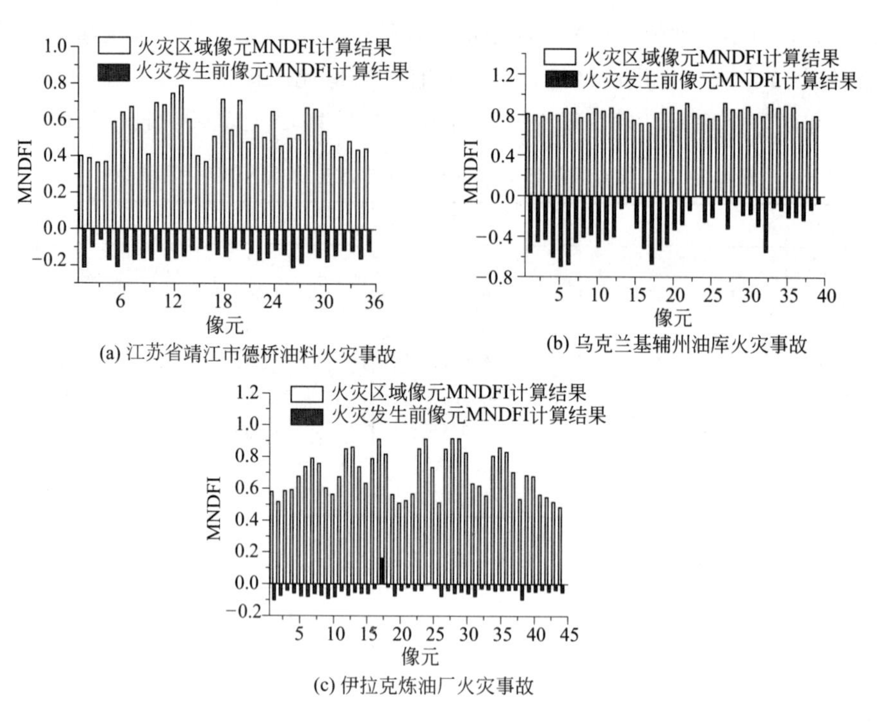

图 4.23 火灾发生前、后火灾区域像元 MNDFI 对比结果

（5）火点像元识别的分类树模型构建与分析

火点影像的单波段阈值分析结果表明，火点像元的第 7 波段有较高的大气表观反射率，通过设定合适的阈值可与大部分的地物区分开，但部分常温地物如居民地的像元被混淆。指数法分析表明火点像元与非火点像元之间差异较大，但因第 7 波段过饱和等问题存在漏检火点像元的问题。且对比江苏省靖江市德桥油料火灾事故、乌克兰基辅州油库火灾事故及伊拉克炼油厂火灾影像事故，通过 MNDFI 提取火点像元，各事故的提取阈值相差较大。因此，基于江苏省靖江市德桥油料火灾事故遥感影像数据，在单波段阈值分析、波段差值及波段比值分析的基础上，考虑了火点像元第 7 波段可能存在的过饱和问题，本研究构建了提取火点像元的分类树模型，模型示意如图 4.24 所示，图中 B_7、B_6、B_5 分别表示第 7 波段、第 6 波段、第 5 波段的大气表观反射率。

通过构建的分类树模型对三景事故影像的火点像元进行提取精度分析，并对分类精度进行评价，结果如表 4.17 所列。通过表可以看出，提出的分类树模型对三景油料火灾事故影像火点像元的提取精度较高。与 PCA-SVM 模型相比，分类树模型不需要选定样本，属于非监督分类方法，可实现火灾事故影像火点像元的自动提取分析。江苏省靖江市德桥油料火灾爆炸事故影像共提取出 27 个火点像元，共有 3 个居民地像元被错分为火点像元。乌克兰基辅州油库火灾影像事

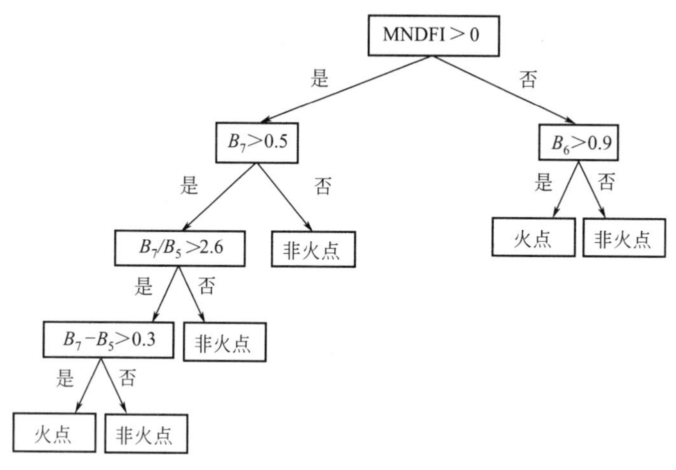

图 4.24　提取火点像元的分类树模型

故共提取出 52 个目标像元，其中 4 个为非火灾区域的像元，通过查询 Google earth，提取出的 4 个常温像元的地物目标为蓝色建筑钢材表面。伊拉克炼油厂火灾事故共提取出 33 个目标像元。

表 4.17　三景火灾事故影像火点像元提取精度评价

项目	江苏省靖江市德桥油料火灾事故	乌克兰基辅州油库火灾事故	伊拉克炼油厂火灾事故
TPR	0.85	0.875	0.878
FPR	1.11×10^{-5}	1.11×10^{-5}	4.44×10^{-6}

为验证火点像元分类树识别模型的鲁棒性，对长时间序列的伊拉克油田火灾影像数据的火点像元进行了提取分析，结果如彩图 1 所示。

通过彩图 1 可以看出，构建的分类树模型提取伊拉克油井火灾影像火点像元的效果较好，提取的火点像元如每组图片的掩膜结果所示。对各影像的火灾发生区域研究分析表明，研究区内分散着多处油井大火，火点像元在影像上表现为暗红色的特征，在波段 7/5/3 合成的假彩色图像上比较容易识别，且火源伴随着油井燃烧产生的黑色烟气羽流；燃烧产生的浓烟对火点的识别会产生一定的影响，主要包括以下两个方面。

① 火灾燃烧产生的烟雾对火焰信号影响程度取决于烟气的光学特征、几何特征、辐射发射率、三维风场及大气稳定度等因素。例如，在火焰上方有一个近乎垂直的烟气羽流，形成一个小的烟气云，可造成火灾信号的衰减；此外，如果成像时风力较强，可吹散火焰烟气羽流，尽管燃烧产生了大量的浓烟，但在遥感影像上可观察到明显的燃烧区。

② 多数燃料燃烧产生的气溶胶粒径在 0.1～0.5μm 之间。当电磁波的波长

与气溶胶的粒径接近时，气溶胶对入射的电磁波的散射最强。因此燃烧产生的烟气对火焰辐射信号在可见光波段范围内散射作用较强，在红外波段较弱。烟雾气溶胶提供了丰富的凝聚核，燃烧产生的水蒸气与气溶胶凝聚核结合可产生在中红外及远红外波段范围内光学厚的雾霾，特别是当空气中的湿度较大的时候。此外燃烧产生的烟气颗粒的粒径在1min内迅速变化，也对遥感监测火灾增加了难点。

对伊拉克油井火灾事故影像提取结果进行统计，结果如表4.18所列。通过表可以看出，在火灾发生的初期，油井火灾态势较为稳定。随着油井燃烧的进行，火灾发展的态势越来越大，其中部分影像提取的火点像元较少，部分油井火点消失后又出现，分析原因是消防人员的干预。此外，燃烧产生的浓烟也不利于火点的提取。此次油井大火燃烧长达7个多月的时间，依然没有完全熄灭。通过Landsat 8 OLI卫星影像数据对火灾发展态势进行了较为宏观的了解。对各景影像事故的分类精度进行了评价，通过分类树模型提取火点像元的TPR可达0.8以上，表明该模型对火点像元的提取效果较为理想。油井大火的常温背景地物以裸地为主，缺少可造成火点像元错分的常温地物，各景火灾影像的火点像元的FPR均较小。

对各景影像漏分的火点像元进行了分析，结果表明，漏分的像元多位于着火油井的边缘区域，在油井大火的边缘区域，其光谱特征与火源中心像元的光谱特征相似。在火焰的边缘区域，火焰的温度比火焰中心温度低，且在边缘区域火点像元存在混合像元的问题，像元内部火点的面积百分比比较小，火焰的辐射能引起短波红外热异常的程度不及纯净的火点像元。构建的分类树模型是一种基于阈值分析的硬分类方法，对于火源边缘的像元可能造成漏分，对于该部分像元的提取需要进一步的研究分析。

表4.18 伊拉克油井火灾事故火点像元提取精度评价

影像编号	提取火点像元个数	TPR
LC81700352016166LGN00	20	0.73
LC81700352016182LGN00	20	0.826
LC81700352016198LGN00	108	0.818
LC81700352016214LGN00	43	0.811
LC81700352016230LGN00	221	0.846
LC81700352016246LGN00	156	0.834
LC81700352016262LGN00	74	0.704
LC81700352016278LGN00	220	0.808
LC81700352016294LGN00	242	0.801
LC81700352016310LGN00	227	0.84
LC81700352016326LGN00	344	0.834
LC81700352016342LGN00	296	0.813
LC81700352016358LGN00	176	0.811
LC81700352017008LGN00	111	0.792
LC81700352017024LGN00	153	0.831

4.3 油料火灾烟气的遥感监测研究

4.3.1　油料火灾烟气光谱特性分析

研究江苏省靖江市德桥油料火灾事故、乌克兰基辅州油库火灾事故及伊拉克炼油厂火灾事故影像烟气光谱特征，并与其他常温地物的光谱特征进行对比，结果如图 4.25所示。

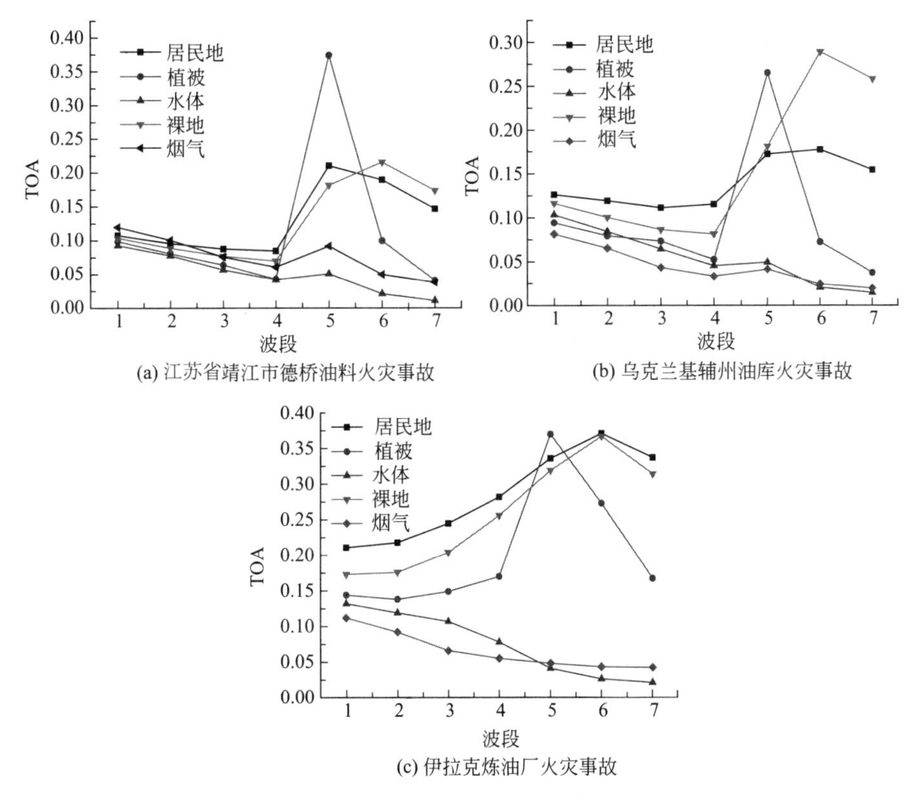

图 4.25　油料火灾影像烟气光谱特性分析

油料火灾产生的烟气按光学厚度可大致分为两类：一类为较厚的浓烟，这部分烟团靠近火源且覆盖了大部分的火点，在遥感影像上表现的灰度较高，在短波波段具有较高的反射率；另一类为较薄的烟气羽流，是浓烟在大气中不断发生传质传热形成的，这部分烟团的灰度较低，且光谱信息与烟团下垫面地物光谱发生重叠，这部分烟气的监测识别是研究的难点。研究表明，油料燃烧产生的烟气成分复杂，颗粒粒径大小分布不均。烟气的成分很复杂，气态成分中主要包括水蒸气、CO_2、SO_2 及 NO_x 等，固态成分包括烟尘颗粒、高温裂解产物、硫酸盐和硝酸盐粒子等。颗粒粒径大小在 0.015～35μm 之间，超细颗粒（0.003～0.015μm）的含量比细颗粒（0.015～0.3μm）高 30%[77]。烟气在大气中自由扩散，距离火源越远，小粒径颗粒及中等粒径颗粒（0.06～0.6μm）含量增加，粒径大于 0.5μm 的颗粒因自身的重力沉降，含量逐渐降低。烟气中硫酸盐粒子在光化学的作用下产生的硫酸含量逐渐增高。

通过图 4.25 可以看出，油料火灾烟气与居民地、植被、裸地的光谱特征差异明显，烟气在可见光波段具有较高的反射率，在近红外及短波红外波段的反射率较低。根据散射理论，烟气对光波的散射主要分为以下三类：a. 瑞利散射，当入射光波的波长远大于烟气颗粒的粒径；b. 米氏散射，入射光波的波长与烟气颗粒的粒径相当；c. 无选择散射，入射光波波长远小于烟气颗粒粒径。当入射光波波长较长时，大部分的光波可透过烟尘颗粒，因此在长波波段烟气的反射率较低；当入射光波的波长较短时，烟气颗粒对光波的散射包括米氏散射及无选择散射，其中无选择散射的强度对烟气识别的影响较大。在遥感影像的可见光短波蓝光波段，烟气颗粒的散射强度最大，光谱强度最高。随着波长的增加，大部分的光波透过烟气，在遥感影像上表现为长波波段较低的反射率。油料火焰烟气光谱特征符合颗粒对光波的散射机理。

虽然烟气光谱与居民地、植被及裸地光谱差异明显，但烟气光谱特征与水体光谱特征相似。水体光谱的特征同样是在短波波段具有较高的反射率，在长波波段的反射率较低。通过光谱分析区别烟气与水体较为困难。

4.3.2 油料火灾烟气识别指数的构建分析

本研究基于 Landsat 8 OLI 数据油料火灾烟气的光谱特征，构建了归一化烟气识别指数（normalized smoke detection index，NSDI）。该指数基于烟气在蓝光波段具有较高的反射率、在短波红外波段具有较低反射率的特征，得出该指数的计算方法为：

$$NSDI=\frac{TOA_2-TOA_6}{TOA_2+TOA_6} \tag{4.25}$$

式中，TOA_2、TOA_6 分别表示第 2 波段及第 6 波段大气表观反射率。对江苏省靖江市德桥油料火灾事故、乌克兰基辅州油库火灾事故及伊拉克炼油厂火灾事故影像进行 NSDI 计算分析，结果如图 4.26 所示。

通过图 4.26 可以看出，各油料火灾事故影像经 NSDI 计算处理后，油料火灾烟气信息得到了增强，在遥感影像上表现为高亮的特征，其他地物如居民地、植被及裸地等呈现较为灰暗的特征。但在增强烟气信息的同时，水体也得到了增

(a) 江苏省靖江市德桥油料火灾事故

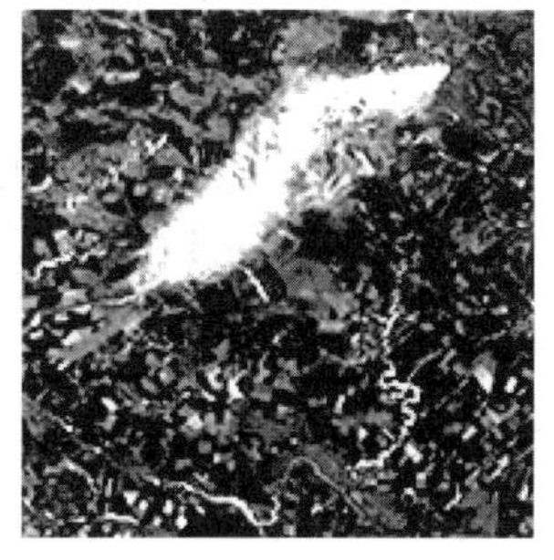
(b) 乌克兰基辅州油库火灾事故

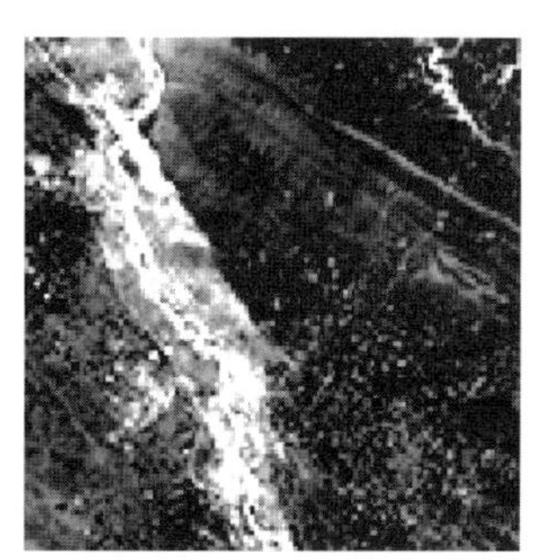
(c) 伊拉克炼油厂火灾事故

图 4.26　各油料火灾影像 NSDI 计算结果

强，在影像上同样表现较为高亮的特征。对烟气及水体的 NSDI 进行统计分析，结果如表 4.19 所列。

表 4.19　各油料火灾影像水体及烟气 NSDI 计算结果

地点	水体				烟气			
	最大值	最小值	平均值	标准差	最大值	最小值	平均值	标准差
江苏省靖江市德桥油料火灾事故	0.694	0.609	0.676	0.012	0.47	0.248	0.347	0.045
乌克兰基辅州油库火灾事故	0.684	0.451	0.607	0.053	0.59	0.362	0.463	0.06
伊拉克炼油厂火灾事故	0.693	−0.008	0.642	0.069	0.582	−0.012	0.364	0.09

通过表 4.19 可以看出，烟气与水体 NSDI 间差异较为明显，水体的 NSDI 平均值要高于烟气 NSDI 平均值。本研究通过设定 NSDI 阈值对烟气进行提取，阈值设定方法为：

$$NSDI_{Mean-0.3\sigma} \leqslant NSDI \leqslant NSDI_{max} \tag{4.26}$$

式中，$NSDI_{Mean-0.3\sigma}$ 表示烟气 NSDI 的平均值与 3 倍标准差的差值；$NSDI_{max}$ 表示烟气 NSDI 的最大值。满足该判别条件的像元视为烟气像元，各油料火灾事故影像烟气提取结果如图 4.27 所示。

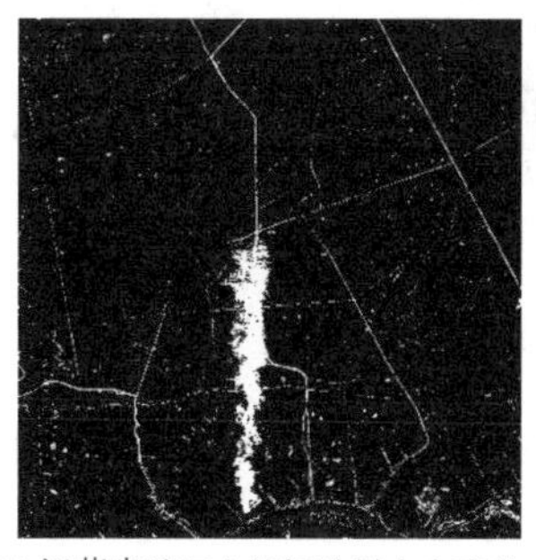
(a) 江苏省靖江市德桥油料火灾事故

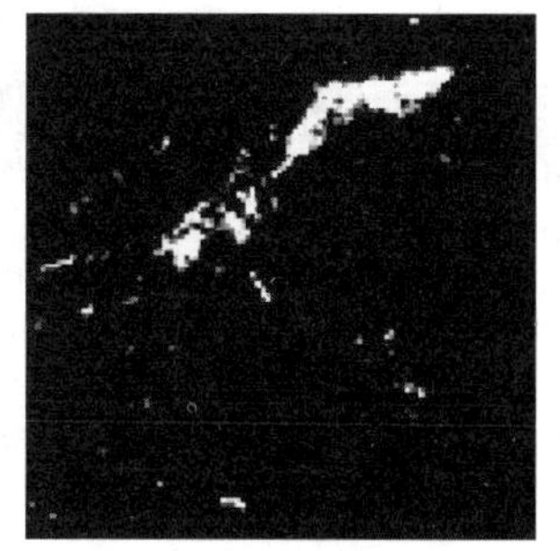
(b) 乌克兰基辅州油库火灾事故

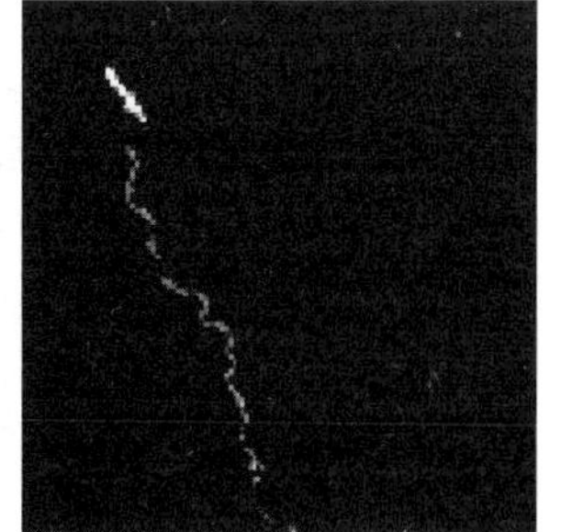
(c) 伊拉克炼油厂火灾事故

图 4.27　各油料火灾事故影像烟气提取结果

通过图 4.27 可以看出，通过设定 NSDI 阈值对浓烟的提取效果较好，背景地物中大部分的居民地、裸地及植被像元被剔除，但对于烟气尾部及边缘的薄烟提取效果不够理想。通过目视解译分析未被检测出的薄烟像元，其光谱特征与烟团下垫面地物的光谱特征相似，表明当烟团较薄，薄烟与下垫面地物的光谱特征差异不明显，光谱的主要信息为烟气下垫面地物光谱信息，单一的通过设定 NSDI 阈值的方法难以有效提取薄烟像元。

虽然通过设定 NSDI 阈值除掉了大部分容易与烟气混淆的水体像元，但对于水体的边缘去除效果不够理想。水体的边缘像元多为水体与其他地物的混合像元，混合像元的光谱特征融合了水体与其他地物信息，因此 NSDI 计算结果较小，容易与烟气像元发生混淆。

4.3.3 基于影像分割的油料火灾烟气斑块提取研究

通过设定 NSDI 阈值的方法可有效提取浓烟像元，但对于烟团边缘像元的提取效果较差，且容易与水体边缘的混合像元发生混淆。基于影像分割方法的烟气斑块提取模型对烟气斑块的提取精度较高，且可有效提取烟团边缘薄烟像元。为了进一步检验该模型在不同时相、不同地域遥感影像提取烟团斑块的鲁棒性，本研究通过利用该模型对江苏省靖江市德桥油料火灾事故影像、乌克兰基辅州油库火灾影像及伊拉克炼油厂火灾事故影像的烟气斑块进行了提取分析。油料火灾烟气在蓝光波段的散射较强，且部分卫星没有全色影像通道，因此还研究了该模型对蓝光波段数据的烟气提取效果。提取模型中合并阈值分别设定为 50、250、500 及 1000。各火灾事故全色影像的烟气斑块提取结果如图 4.28～图 4.30 所示，蓝光波段影像的烟气斑块提取结果如图 4.31～图 4.33 所示。

(a) 合并阈值为50

(b) 合并阈值为250

(c) 合并阈值为500

(d) 合并阈值为1000

图 4.28 江苏省靖江市德桥油料火灾事故烟气斑块提取结果（全色影像）

通过构建的烟气斑块提取模型，对各油料火灾事故全色影像的烟气斑块进行了提取分析，研究分析了不同的合并阈值对烟气提取结果的影响。通过图 4.28 可以看出，当合并阈值分别为 50、250、500、1000 时，江苏省靖江市德桥油料火灾事故影像的烟气斑块提取效果较为稳定。当合并阈值为 50、250 时，提取烟气像元的个数相同，共提取得到 216409 个烟气像元；当合并阈值为 500、1000，提取烟气像元的个数相同，共提取得到 216344 个烟气像元。

如图 4.29 所示，当合并阈值为 50、1000 时，乌克兰基辅州油库火灾烟气像元分割效果较差，大量非烟气像元被识别为烟气像元。当合并阈值为 250、500 时，提取得到的烟气斑块较为稳定，当合并阈值为 250 时，共提取得到 2379077 个烟气像元；当合并阈值为 500 时，共提取得到 2456827 个烟气像元。

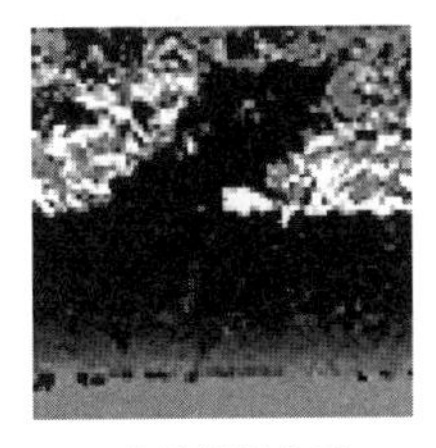
(a) 合并阈值为50

(b) 合并阈值为250

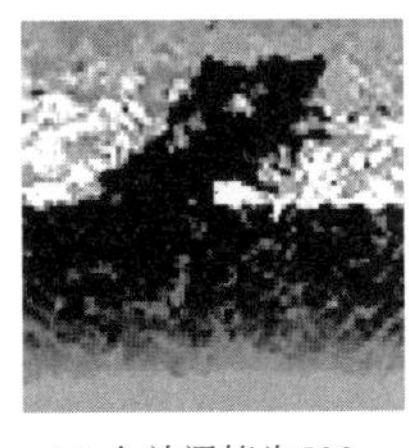
(c) 合并阈值为500

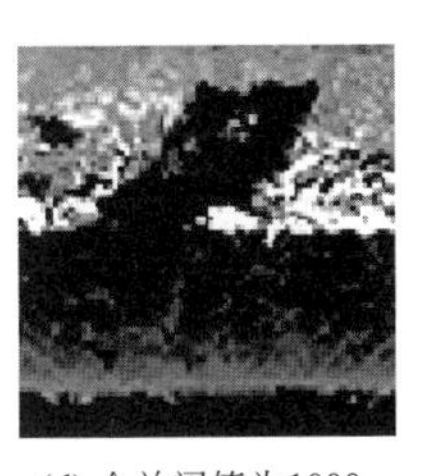
(d) 合并阈值为1000

图 4.29　乌克兰基辅州油库火灾事故烟气斑块提取结果（全色影像）

(a) 合并阈值为50

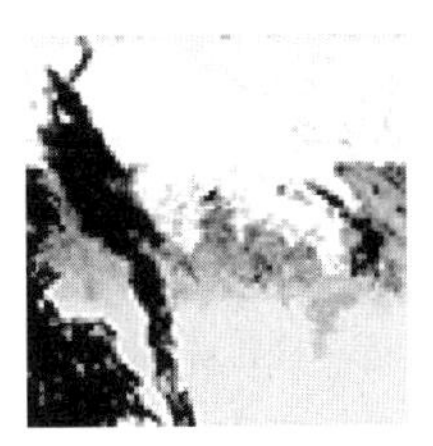
(b) 合并阈值为250

(c) 合并阈值为500

(d) 合并阈值为1000

图 4.30　伊拉克炼油厂火灾事故烟气斑块提取结果（全色影像）

如图 4.30 所示，当合并阈值分别为 50、250、500、1000 时，伊拉克炼油厂火灾事故全色影像提取的烟气效果较为稳定，当合并阈值为 50 时，共提取得到 1560597 个烟气像元；当合并阈值为 250 时，共提取得到 1554396 个烟气像元；当合并阈值为 500 时，共提取得到 1554913 个烟气像元；当合并阈值为 1000 时，共提取得到 1560989 个烟气像元。

对各景油料火灾全色影像烟气斑块提取精度进行评价，评价方法为：

$$D=\frac{|N_d-N_e|}{N_e} \tag{4.27}$$

式中，N_d 表示通过提取模型得到的烟气像元个数；N_e 表示通过目视解译提取得到的烟气像元个数。D 越小，表示提取的精度越高。各影像烟气斑块提取精度评价结果如表 4.20 所列。江苏省靖江市德桥油料火灾及伊拉克炼油厂火灾事故影像的烟气像元在不同的阈值条件下提取精度差异较小，而乌克兰基辅州油库火灾事故影像在合并阈值为 50 及 1000 时，烟气像元提取精度较差，与图

4.29 的结果相对应。

表 4.20 全色影像烟气斑块提取精度评价结果

油料火灾事故地点	D			
	合并阈值 50	合并阈值 250	合并阈值 500	合并阈值 1000
江苏省靖江市	0.02	0.02	0.019	0.019
乌克兰基辅州	1.1734	0.116	0.153	1.356
伊拉克	0.133	0.128	0.129	0.133

通过构建的烟气斑块提取模型，对各油料火灾事故蓝光波段影像的烟气斑块进行了提取分析，研究分析了不同的合并阈值对烟气像元提取结果的影响。通过图 4.31 可以看出，当合并阈值分别为 50、250、500、1000 时，江苏省靖江市德桥油料火灾事故影像的烟气斑块提取效果较为稳定，提取烟气像元的个数相同，共提取得到 57821 个烟气像元。

(a) 合并阈值为50

(b) 合并阈值为250

(c) 合并阈值为500

(d) 合并阈值为1000

图 4.31 江苏省靖江市德桥油料火灾事故烟气斑块提取结果（蓝光波段影像）

如图 4.32 所示，当合并阈值为 50、250 时，乌克兰基辅州油库火灾烟气像元分割效果较差，大量非烟气像元被识别为烟气像元。当合并阈值为 500、1000 时，提取得到的烟气斑块较为稳定。当合并阈值为 500 时，共提取得到 569264 个烟气像元；当合并阈值为 1000 时，共提取得到 568951 个烟气像元。

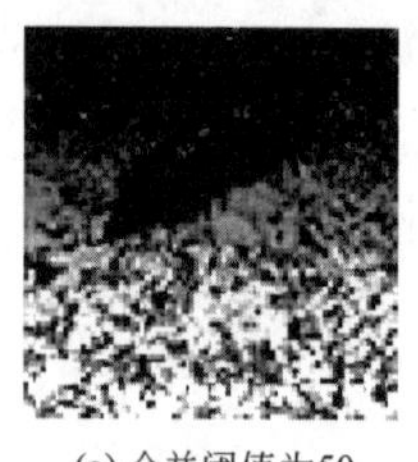
(a) 合并阈值为50

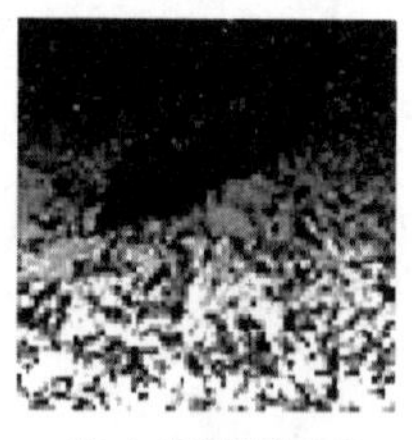
(b) 合并阈值为250

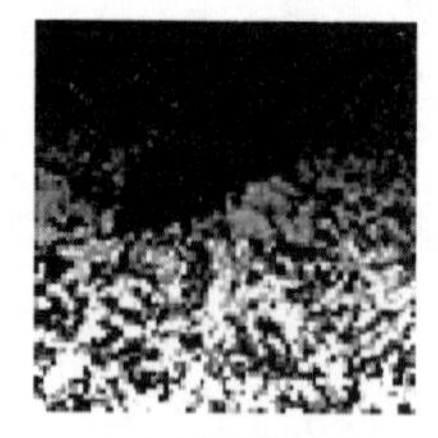
(c) 合并阈值为500

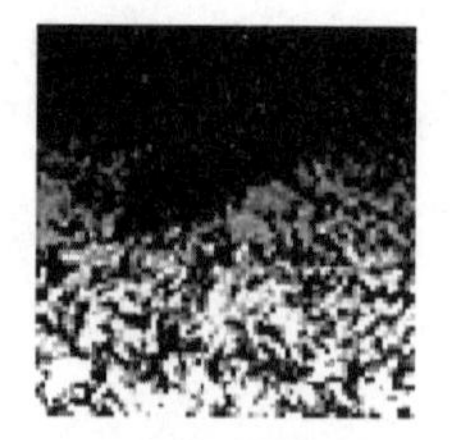
(d) 合并阈值为1000

图 4.32 乌克兰基辅州油库火灾事故烟气斑块提取结果（蓝光波段影像）

如图 4.33 所示，当合并阈值分别为 50、250、500、1000 时，伊拉克炼油厂火灾事故蓝光波段影像提取的烟团效果较为稳定，当合并阈值为 50、250、500 时，共提取得到 304754 个烟气像元；当合并阈值为 1000 时，共提取得到

(a) 合并阈值为50

(b) 合并阈值为250

(c) 合并阈值为500

(d) 合并阈值为1000

图 4.33　伊拉克炼油厂火灾事故烟气斑块提取结果（蓝光波段影像）

304698 个烟气像元。

对各火灾事故蓝光波段影像的烟气提取精度进行评价，结果如表 4.21 所列。江苏省靖江市德桥油料火灾及伊拉克炼油厂火灾事故影像的烟气像元在不同的阈值条件下提取精度差异较小，而乌克兰基辅州油库火灾事故影像在合并阈值为 50 及 250 时，烟气像元提取精度较差，与图 4.32 的结果相对应。

表 4.21　蓝光波段影像烟气斑块提取精度评价结果

油料火灾事故地点	*D*			
	合并阈值 50	合并阈值 250	合并阈值 500	合并阈值 1000
江苏省靖江市	0.164	0.164	0.164	0.164
乌克兰基辅州	2.464	2.429	0.073	0.072
伊拉克	0.123	0.122	0.122	0.122

本研究构建的烟气斑块提取模型可以较好地提取不同时相、不同地域空间的油料火灾烟气斑块信息，提取精度较高，模型的稳定性强。相比基于分析烟气光谱特征的 NSDI 烟气提取方法，通过影像分割的方法能够更好地提取烟气像元，对于薄烟像元的提取效果较好，可解决薄烟像元与下垫面地物光谱信息重叠的难题，烟气提取模型的实用价值更高。

4.4 小结

基于 Landsat 8 卫星影像，对江苏省靖江市德桥油料火灾事故、乌克兰基辅州油库火灾事故及伊拉克炼油厂火灾事故影像数据进行了深入细致的研究，分析了火灾发生区域像元的光谱特征，构建了基于监督分类的 PCA-SVM 火点像元提取模型。通过单波段阈值法、波段差值法、波段比值法分析了火灾区域像元的数值特征，在此基础上构建了提取火点像元的分类树模型，利用该模型对伊拉克油井大火的火点像元进行了长时间序列的提取分析。通过分析油料火灾烟气的光谱特征提出了烟气增强方法，并对提出的烟气斑块提取模型的鲁棒性进行了研究分析，主要得到以下结论。

① 与传统的热红外通道识别热异常目标方法相比，短波红外波段对于高温火点的识别效果更好。大尺度油料火灾可引起 Landsat 8 OLI 第 6、第 7 波段的热异常，其像元的 DN 值显著高于常温地物像元，但高温火焰容易引起第 7 波段的过饱和。与常温地物相比，火灾区域像元的光谱特性明显。火灾区域像元的 MNDFI 与常温地物差异较大，火灾区域像元的 MNDFI 平均值为正值，而常温地物像元的 MNDFI 均值为负值。

② 构建了 PCA-SVM 火点像元的提取模型，7 个波段的原始影像数据通过 PCA 降维后，取前三个主成分分量作为 SVM 分类模型的输入数据，SVM 分类模型选用径向基核函数。PCA-SVM 对影像的分类效果较为理想，Kappa 系数达到 0.9 以上。对江苏省靖江市德桥油料火灾事故、乌克兰基辅州油库火灾事故及伊拉克炼油厂火灾事故分类得到的火点像元进行了精度评价，TPR 分别为 0.85、0.792、0.818，分类精度较高。

③ 由于高温像元识别指数 MNDFI 阈值设定受研究区的影响较大，本研究在江苏省靖江市德桥油料火灾事故研究的基础上，综合考虑了火灾区域像元 Landsat 8 第 7 波段与第 5 波段的差值及比值特征，构建了提取火点像元的分类树模型，该模型属于非监督分类，不需要选定分类样本。通过该模型对伊拉克油井火灾事故进行了长时间序列的火灾监测分析，结果表明，该模型对油井火灾火点像元的提取效果较好，TPR 可达 0.8 以上。

④ 基于烟气的光谱特征，构建归一化烟气识别指数 NSDI，该指数在增强影像中烟气信息的同时也增强了水体信息。研究表明，构建的烟气斑块提取模型优于烟气识别指数 NSDI 法，其提取精度高，更具使用价值。

第5章 基于航天遥感影像的油库火灾温度反演研究

油料火灾产生的强烈热辐射是火焰的主要传热方式，可对周边环境形成严重的热污染破坏，是造成人员伤亡的最直接原因。火焰的温度是评估热污染的重要指标，高温火焰是热污染的污染源。针对 Landsat 8 OLI 油料火灾影像数据，对提取出的火点像元的温度进行了反演研究，构建了油料火焰温度反演模型。

5.1 Landsat 8 OLI 第 7 波段数据反演火焰温度可行性分析

油料燃烧火焰的温度较高，传统的温度反演方法多是基于卫星的热红外通道数据，反演模型包括单通道算法、分裂窗算法及多通道算法等，这些方法对常温地物的温度反演效果较为理想。本研究组通过某卫星热红外通道数据反演得到的火焰温度与地面实测结果相差较大，表明热红外通道数据用于反演高温火焰的温度并不理想，且传统的热红外通道数据的空间分辨率较低。油料燃烧火焰组成复杂，与常温地物差别较大。根据维恩位移定律，随着物体的温度升高，物体的辐射峰值向短波方法移动，因此本研究考虑通过短波红外数据构建火点像元的温度反演模型。

油料火灾影像中的火点像元可能为混合像元，有学者针对其他卫星的影像数据，构建了火点像元的反演模型。Dozier 等[78]利用 AVHRR 的 4μm 及 11μm 数据构建了高温混合像元的温度反演模型，该模型考虑了一个像元总的辐射通量密度，包含火点的高温辐射及常温背景地物的辐射；忽略大气的影响，假设火焰及背景地物的发射率均为 1，且像元内火点及背景地物内部温度均一，则不同波长处混合像元的总辐射通量密度可表示为：

$$L(\lambda_1)=pL(\lambda_1,T_{\text{fire}})+(1-p)L(\lambda_1,T_{\text{b}}) \tag{5.1}$$

$$L(\lambda_2)=pL(\lambda_2,T_{\text{fire}})+(1-p)L(\lambda_2,T_{\text{b}}) \tag{5.2}$$

式中，$\lambda_1=4\mu\text{m}$，$\lambda_2=11\mu\text{m}$；p 表示火点所占像元的面积百分比，$0<p<1$；$L(\lambda_1,T_{\text{fire}})$、$L(\lambda_2,T_{\text{fire}})$ 分别表示波长为 4μm、11μm 时火点的辐射通量密度；$L(\lambda_1,T_{\text{b}})$、$L(\lambda_2,T_{\text{b}})$ 分别表示波长为 4μm、11μm 时背景地物的辐射通量密度，可用包含火点像元的周边像元辐射通量密度表示。当考虑大气透过率及大气上行辐射对像元辐射能的影响，则 Dozier 混合像元分解模型可表示为：

$$L(\lambda_1)=\tau_1[pB(\lambda_1,T_{\text{fire}})+(1-p)B(\lambda_1,T_{\text{b}})]+L_{\text{atm1}} \tag{5.3}$$

$$L(\lambda_2)=\tau_2[pB(\lambda_2,T_{\text{fire}})+(1-p)B(\lambda_2,T_{\text{b}})]+L_{\text{atm2}} \tag{5.4}$$

式中，τ_1、τ_2 分别表示波长为 4μm、11μm 时的大气透过率；L_{atm1}、L_{atm2} 表示波长为 4μm、11μm 时的大气上行辐射。该模型在某些条件下的温度反演效果较好，例如油井火炬，但某些条件下的温度反演结果不一定准确。

黑体在 Landast 8 OLI 第 7 波段中心波长处的辐射通量密度如表 5.1 所列。从表中可以看出，当黑体的温度为 300K 时，辐射通量密度为 2.4×10^{-3} W/(m^2·μm)；当温度为 500K 时，辐射通量密度为 14.88W/(m^2·μm)，表明在 Landsat 8 OLI 第 7 波段处高温物体的辐射能量远高于常温地物的辐射能，因此常温地物在该波段处的发射能可忽略不计。常温地物在该波段处的反射能量密度在 1.3×10^{-3}～16W/(m^2·μm)，平均值约为 14W/(m^2·μm)，与高温目标的辐射通量密度较为接近，因此可通过 Landsat 8 OLI 第 7 波段数据对油料火焰的温度进行反演。

表 5.1　黑体在不同温度下的辐射通量密度

温度/K	辐射通量密度/[W/(m^2·μm)]	温度/K	辐射通量密度/[W/(m^2·μm)]
300	2.4×10^{-3}	700	6.28×10^{2}
400	0.56	800	2.02×10^{3}
500	14.88	900	5.02×10^{3}
600	1.32×10^{2}	1000	1.04×10^{4}

5.2 油料火焰温度反演模型的构建与分析

油库发生火灾爆炸，若油罐不发生沸溢，火焰则在油罐内燃烧。当油罐的面积小于一个像元的面积，则该像元为混合像元。在短波红外波段范围内，包含高温火点的混合像元的总能量主要由火点的辐射、反射能及常温地物的辐射、反射能组成。考虑混合像元内火焰与常温地物温度的差异，建立火焰温度反演模型，模型的建立基于如下假设：

① 大气上行辐射对温度反演结果影响不大，反演温度的结果误差为1～5K，因此忽略大气上行辐射的影响；

② 假设火焰的温度均一，各类常温地物表面温度均一；

③ 假设地表为朗伯体，忽略太阳辐射反射的方向性；

④ 假设大气下行透过率和上行透过率相同。

基于以上假设，以Landsat 8 OLI第7波段数据构建高温温度场反演模型：

$$R_0=R_1S+R_2S+R_3(1-S)+R_4(1-S) \tag{5.5}$$

式中，R_0 表示火点像元总的辐射能通量密度；R_1 表示像元内火焰辐射能通量密度；R_2 表示像元内火焰反射能通量密度；R_3 表示像元内常温地物反射能通量密度；R_4 表示像元内常温地物发射能通量密度；S 表示像元内高温火焰的面积百分比。前面的分析研究表明，常温地物的辐射能通量密度在短波红外波段的辐射能通量密度远远小于高温火焰的辐射能通量密度，因此 $R_4(1-S)$ 可以忽略不计，则像元总的辐射能通量密度为：

$$R_0=R_1S+R_2S+R_3(1-S) \tag{5.6}$$

$$R_0=(M_\lambda \mathrm{DN}+A_1)\pi \tag{5.7}$$

式中，DN表示像元原始数据的灰度值；M_λ、A_1 分别为定标系数。在Landsat 8数据头文件中：

$$R_1=\varepsilon\tau B(\lambda,T)=\varepsilon\tau\frac{2\pi hc^2}{\lambda^5\left(e^{\frac{hc}{\lambda kT}}-1\right)} \tag{5.8}$$

式中，$B(\lambda,T)$ 表示普朗克函数，即黑体在波长为 λ、温度为 T 时的黑体发射通量密度；ε 表示高温地表的比辐射率；τ 表示大气透过率，可通过MODTRAN模型计算得到。

$$R_2=r_2\tau G_0 \tag{5.9}$$

$$r_2=1-\varepsilon \tag{5.10}$$

$$G_0=\frac{\tau G\sin\theta}{d^2} \tag{5.11}$$

$$R_2=(1-\varepsilon)G_0\tau=\frac{(1-\varepsilon)\tau^2G\sin\theta}{d^2} \tag{5.12}$$

式中，d 为日地天文单位距离，Landsat 8数据头文件中包括日地天文单位距离信息；r_2 为高温火焰的反射率；G 为大气上界太阳辐照度，可从头文件中计算得到；θ 为太阳高度角，可从头文件中查找。

$$R_3 = r_3 \tau G_0 = \frac{r_3 \tau^2 G \sin\theta}{d^2} \tag{5.13}$$

式中，r_3 表示常温地物的反射率，可通过计算火点周边常温地表的反射率获得。将式(5.8)、式(5.12)、式(5.13) 带入式(5.6)，得到火焰温度的计算模型：

$$T = \frac{hc}{\lambda k \ln\left\{\frac{2\varepsilon\tau\pi hc^2 d^2 S}{\lambda^5[d^2(M_\lambda DN + A_1)\pi - (1-\varepsilon)\tau^2 SG\sin\theta - r_3\tau^2(1-S)G\sin\theta]} + 1\right\}} \tag{5.14}$$

式(5.14) 计算得到的是火焰的表观温度，又称为辐射温度（T_{rad}），为火焰的辐射能量状态的“外部”表现。真实的火焰温度为动力学温度（T_{kin}），火焰动力学温度与表观温度的关系为：

$$T_{rad} = \varepsilon^{1/4} T_{kin} \tag{5.15}$$

式中，ε 表示火焰的比辐射率。

5.3 油料火灾事故火焰温度反演结果研究分析

根据构建的火点像元温度反演模型，对乌克兰基辅州油库火灾事故、伊拉克炼油厂火灾事故及伊拉克油井大火事故的影像中提取出来的火点像元进行温度反演分析。

反演模型中的关键参数为火焰面积百分比及火焰的比辐射率。火焰面积百分比可通过计算油库火灾事故中油库目标所占卫星影像像元的面积比获得。结合地面火灾光谱测试实验，分析江苏省靖江市德桥油料火灾影像可大致估算油料火灾在 Landsat 8 卫星第 7 波段的火焰比辐射率为 0.1～0.19。通过计算式(5.14) 及式(5.15)，最终可求得火焰的真实动力学温度。

5.3.1 乌克兰基辅州油库火灾事故火焰温度反演结果

对乌克兰基辅州油库火灾事故影像进行裁剪，通过构建的分类树模型对火点像元进行提取并排除假的火点像元，也排除第 7 波段过饱和的火点像元。对裁剪得到的子图进行辐射定标及大气校正。研究区大气上界太阳辐射通量密度为 78.12W/(m^2 · μm)，日地距离为 1.015，大气透过率为 0.813。当火焰的比辐射率分别为 0.1、0.19 时，对各像元反演得到的火焰温度进行统计，结果如表

5.2所列。统计结果表明，当火焰的比辐射率为0.1时，该景火灾事故影像火点像元反演温度在1027～1227K。当火焰的比辐射率为0.19时，该景火灾事故影像火点像元的反演温度在860～987K。由于火灾区域的地形及火点的分布等因素不清楚，各像元的火点面积百分比未知，反演得到的结果可能与真实的火焰温度存在偏差；且Landsat 8 OLI第7波段影像数据的空间分辨率为30m，受空间分辨率的限制，因此与火焰连续区理论上可达到的最高温度存在偏差。

表5.2 火点像元火焰温度反演结果

火焰比辐射率	T_{kin}/K		
	最大值	最小值	平均值
0.1	1227	1027	1162
0.19	987	860	944

5.3.2 伊拉克炼油厂火灾事故火焰温度反演结果

对伊拉克炼油厂火灾事故影像裁剪得到研究区子图，然后对子图进行辐射定标及大气校正并提取火点像元。研究区大气上界太阳辐射通量密度为77.98W/(m^2·μm)，日地距离为1.015，大气透过率为0.802。对各火点像元的温度进行反演，火焰比辐射率分别为0.1及0.19，结果如表5.3所列。统计结果表明，当火焰的比辐射率分别为0.1，该景火灾事故影像火点像元火焰温度反演结果在1105～1241K；当火焰的比辐射率为0.19，该景火灾事故影像火点像元的反演温度在906～997K。

表5.3 火点像元火焰温度反演结果

火焰比辐射率	T_{kin}/K		
	最大值	最小值	平均值
0.1	1241	1105	1181
0.19	997	906	956

5.3.3 伊拉克油井大火事故火焰温度反演结果

对15景伊拉克油井大火事故影像提取得到的火点像元的火焰温度进行反演分析，结果如表5.4所列。当火焰的比辐射率为0.1时，各景火灾事故影像火点像元反演结果的平均值均在1000K以上；当火焰的比辐射率为0.19时，各景火灾事故影像火点像元的反演温度在900K左右。

表 5.4 火点像元火焰温度反演结果

影像编号	火焰比辐射率 0.1			火焰比辐射率 0.19		
	最大值	最小值	平均值	最大值	最小值	平均值
2016166	1228	1003	1148	989	851	936
2016182	1211	988	1119	977	845	919
2016198	1209	862	1114	975	808	916
2016214	1198	908	1193	967	815	897
2016230	1216	900	1118	980	832	922
2016246	1228	764	1112	988	810	919
2016262	1187	717	1082	960	800	902
2016278	1218	841	1126	981	818	926
2016294	1228	968	1152	986	842	940
2016310	1256	1054	1185	1006	878	959
2016326	1256	1107	1201	1006	912	970
2016342	1251	1197	1110	1002	911	966
2016358	1277	1134	1215	1020	922	977
2017008	1270	1140	1221	1015	925	980
2017024	1230	1057	1173	987	876	949

5.3.4 热红外波段数据火焰温度反演结果分析

对热红外波段数据反演油料火灾事故的结果进行了研究分析。以乌克兰基辅州油库火灾事故及伊拉克炼油厂火灾事故影像为例，选用 Landsat 8 第 10 波段的热红外波段数据。火点像元火焰的面积百分比取值为 1，油料火焰在热红外波段的比辐射率为 0.97。各像元的火焰温度反演结果如表 5.5、表 5.6 所列。

表 5.5 火点像元火焰温度反演结果（热红外波段，乌克兰基辅州油库火灾）

T_{kin}/K		
最大值	最小值	平均值
373	331	358

表 5.6 火点像元火焰温度反演结果（热红外波段，伊拉克炼油厂火灾）

T_{kin}/K		
最大值	最小值	平均值
370	347	363

乌克兰基辅州油库火灾事故热红外波段反演结果如表 5.5 所列，部分像元 DN 值在第 10 波段达到了饱和，这部分像元反演得到的最高温度为 373K，反演

温度最低为 331K。伊拉克炼油厂火灾事故通过热红外波段数据对火点像元进行温度反演，最低温度为 347K，最高火焰温度反演结果为 370K。

通过 Landsat 8 第 10 波段热红外影像数据反演结果与本研究构建的火焰温度反演模型的计算结果相差较大，分析主要有以下 3 点原因。

① 卫星传感器摄影成像得到的是综合视场内地物的综合信息。研究表明，大尺度油料池火焰具有一定的空间分布与几何结构，火焰的温度并不是均一的，火焰内部的温度随着高度及结构的不同通常有几百开尔文的变化，火焰不同高度对外辐射能力也是不同的。航天遥感数据获得的最小单位为像元，在像元尺度条件下很难反演出火焰内部温度的分布，因此可将大尺度油池火焰看作一个整体的“火场”，通过构建反演模型得到的实际是高温“火场”的温度。

② 大尺度油料池火焰的辐射来自两部分：一部分是燃烧产生的气体（CO_2、H_2O 等）、炙热的炭黑粒子、中间产物及液态油池表面的油蒸气；另一部分是火焰下方高温液态油表面。卫星遥感影像得到的“火场”辐射是两部分辐射能的叠加。高温火焰的辐射能要高于液态油表面的辐射能，而热红外通道接收到的辐射主要来自火焰下垫面的炙热的油料辐射能。

③ 热红外传感器感光元件对光的变化敏感度不及短波红外传感器的感光元件，Landsat 8 热红外通道数据是重采样得到的，这对火焰温度的反演也有一定的影响。

5.3.5　油料火焰温度反演结果的讨论

Koseki 等[79]对直径为 20m 的原油池火焰温度进行了测试分析，结果表明，火焰连续区的温度最高，在燃烧稳定期，火焰连续区温度最高可达 1500K。通过构建的反演模型对火焰温度的反演结果与油料火焰燃烧连续区的温度最大值存在差异。分析有以下几个原因。

① 油料池火焰具有一定的空间结构与几何形状，在竖直方向上，火焰可分为连续区、间歇区及烟气（羽流）区。火焰不同区域的温度并不均一，在稳定燃烧阶段，火焰三个区域的温度关系为：连续区＞间歇区＞烟气（羽流）区；不同燃烧区域间的温度相差较大，在稳定燃烧阶段，油池火连续区最高温度可达 1500K，而间歇区及烟气（羽流）区都达不到这个温度。其次，在水平方向上，火焰连续区中心的温度最高，温度随着火焰中心向火焰边缘递减，火焰边缘与空气不断发生对流卷吸，与空气的对流换热剧烈，因此温度最低。通过温度反演模型得到的结果是像元尺度上的结果，虽然模型考虑了混合像元的因素，但得到的结果仍然是整个火焰尺度的结果，无法反映火焰内部不同区域的温度，因此通过模型反演得到的结果与理论结果存在误差。

② 反演模型中高温火焰的面积百分比未知。油料火焰温度的反演结果随着面积百分比的增加逐渐减小，反演过程中高温火焰面积百分比取值为 1，反演结果是火焰温度最小值。

③ 比辐射率的变化对反演结果有影响。研究表明，随着火焰比辐射率的增加，反演结果逐渐减小；当火焰比辐射率为 0.1 时，反演结果与油料燃烧连续区的温度的最高值较为接近；但受火焰空间尺度因素的影响，反演结果是整个高温火焰的温度，因此与火焰温度最高的燃烧区的最高温度存在差异。

④ 油料火灾事故燃烧产生了大量的浓烟，研究分析表明，烟气颗粒对短波红外波段的电磁辐射具有较强的吸收。构建的油料火焰温度反演模型正是基于 Landsat 8 第 7 波段——短波红外波段的数据，火焰的电磁辐射在该波段较强，但火焰上方的烟气颗粒吸收部分高温火焰的电磁辐射，因此反演结果与火焰连续区温度的最大值存在差异。

⑤ 相比传统的基于热红外波段数据的温度反演方法，构建的高温火焰反演模型能够更好地反演油料火灾事故火焰的温度。高温火焰的强辐射很容易导致 Landsat 8 第 10 波段饱和，这限制了通过第 10 波段的数据反演高温火焰温度。

5.4 小结

针对传统的热红外影像数据反演高温火焰温度的局限性，本研究基于 Landsat 8 OLI 第 7 波段的短波红外数据，对大尺度油料火灾事故影像的火点像元温度进行了反演研究，构建了火焰温度反演模型，分析了反演模型中参数的变化对反演结果的影响，并与 Landsat 8 第 10 波段的热红外影像数据的温度反演结果进行了对比分析，得到以下结论。

① Landsat 8 OLI 第 7 波段影像数据可能存在混合像元的问题，包含火点的像元可能包括高温的火焰及常温背景地物。考虑卫星传感器接收到综合视场内的能量包括高温火焰的辐射能、反射能及常温背景地物的发射能及反射能，构建了火点像元的火焰温度反演模型。

② 以江苏省靖江市德桥油料火灾事故为例，研究分析了反演模型中高温火焰面积百分比、火焰比辐射率、常温背景地物反射率及大气透过率的变化对火焰表观温度反演结果的影响。研究结果表明，随着高温火焰面积百分比的增大，反演得到的表观温度逐渐降低，当火焰面积百分比 S 较小时（$S \leqslant 0.1$），反演得到的表观温度较高；随着 S 的增大，反演结果的梯度逐渐减小；随着火焰比辐射

率的增加，反演得到的火焰表观温度逐渐减小。

③ 采用构建的温度反演模型，对乌克兰基辅州油库火灾事故、伊拉克炼油厂火灾事故及伊拉克油井大火影像的火点像元的火焰温度进行了反演，结果表明，当火焰的比辐射率为 0.1 时，各像元火焰温度的反演结果最大可达 1200K。本研究构建的火焰温度反演模型能够更好地反演油料火焰的温度。

第6章 油库目标遥感监测快速提取模型研究

油库目标的空间位置、分布范围等信息是分析油库火灾污染事件的基础和前提。本项目研究了如何利用遥感影像快速提取油库目标，即利用油库火灾发生区域的高分辨率遥感影像（Quickbird、SPOT5、HJ-1），研究建立了图像光谱信息自动分割图像的方法——基于小波变换和分水岭分割的高分辨率遥感图像分割方法。首先利用遥感图像分类结果对原始图像的灰度值进行对比增强处理；然后对图像进行小波变换，对小波变换后的低频图像进行分水岭分割及完成图像的重构；最后，引入Canny算子提取的边缘信息对图像进行区域标记，得到最终的目标分割结果。

6.1 研究区概况和数据

6.1.1 研究区概况

北仑港位于中国东部沿海（北纬29°44′～30°00′，东经121°38′45″～121°10′23″），太平洋西海岸，在中国海岸线中部地带，紧靠杭州湾和长江口，现属于浙江省宁波市（北仑区）辖区。北仑港港口能接卸10万吨级、20万吨级、30万吨级的货轮油轮等，是我国大陆重要的集装箱远洋干线港，国内最大的铁矿石中转基地和原油转运基地，分布有数量众多的油库。

6.1.2 研究数据

本研究选取北仑港一油库集中的区域为研究区域，建立油库目标遥感监测快速提取模型。研究区域的黑白和真彩色图像如彩图 2 所示。

6.2 方法

基于小波变换和分水岭分割的高分辨率遥感图像自动分割方法，其主要流程为图像典型地物灰度值对比增强、小波变换、平滑逼近图像梯度计算，以及分水岭分割、图像重构及后处理等环节（图 6.1）。

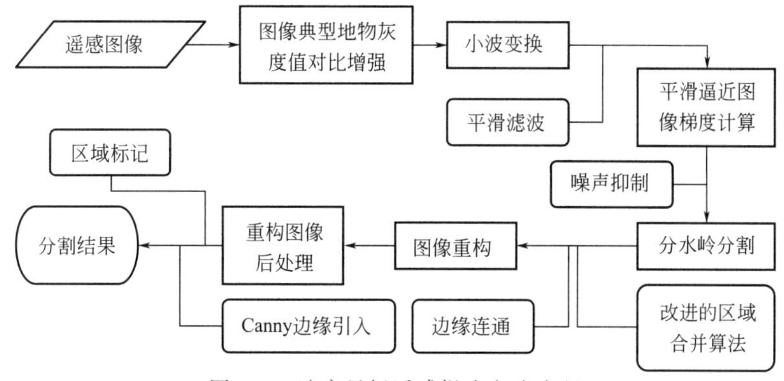

图 6.1 油库目标遥感提取方法流程

具体实现思路如下。

① 图像典型地物灰度值对比增强。利用监督分类，对原始图像进行分类，将分类结果叠加到原始图像中，增强典型地物的灰度值对比度，从而促使油库边界闭合，提高图像分割的准确性。

② 小波变换。利用小波多尺度分析的方法，分解得到的低频图像可以完全表示原始图像，而且有效地抑制了部分噪声，一定程度上缓解了过度分割问题，另外，由于一级尺度下的低频图像的大小仅为原始图像的 1/4，因此可以减少图像分割的复杂度和计算时间。

③ 平滑逼近图像梯度计算。由于低频图像丢失了原始图像的大量高频信息，所以先对低频图像进行平滑滤波，然后利用 Sobel 算子计算梯度，并对梯度图像进行噪声抑制。

④ 分水岭分割。对梯度图像进行分水岭分割，由于分水岭分割存在着过度分割问题，所以利用改进的区域合并算法进行区域合并，并且对合并后的区域进

行边缘连通，完成相同灰度值区域的连通。

⑤ 图像重构。利用小波逆变换运算得到重构图像。

⑥ 重构图像后处理。由于 Canny 算子边缘提取效果较好，所以将 Canny 算子得到的原始图像的边缘位置与小波重构图像结合，增强边缘信息；对边缘增强后的重构图像进行区域标记，生成标号图像对象，得到最终图像分割结果。

按照上述方法，利用 ENVI 软件及可视化交互数据语言 IDL 进行编程实现。

6.2.1 油库目标灰度值对比增强

首先采用应用比较广泛的分类法——最大似然监督分类法，对图像进行预分类，见彩图 3。从分类结果图中，可以看出水体（红色）、裸地（黄色）在分类中比较容易准确识别。所以可以将它们作为典型地物引入原始图像中，改变它们在图像中对应像元的灰度值，以达到与油库目标灰度值对比增强的效果。

具体做法为：以水体为例，首先判断原始图像的灰度值取值范围，重点检查水体与周围地物的灰度值差别，然后利用分类结果图像将结果是水体的像元单独提取出来，并且找到它们在原始图像中的对应位置，为了增强原始图像中水体像元的灰度值与周围地物的对比度，将这些像元灰度值都减去一个合适的值（默认设置为 10），就能很好地增强水体与油库之间的灰度值对比度。同样，对裸地做类似的增强处理，将其灰度值都增加 8。通过对上述原始图像灰度值预处理后，图像的灰度值对比度得到了较好的增强，从而促进了油库边界的闭合度，增加了油库目标分割的准确性。

6.2.2 小波变换

在原始图像上直接应用分水岭分割算法往往会出现过度分割现象。针对该缺点，首先对图像进行平滑预处理。简单的低通滤波方法会丢失大量图像信息，所以这里采用小波多尺度分析的方法，它可以完全表示图像，不仅部分解决了过度分割及有效抗噪的问题，而且由于一级尺度下的低频图像的大小仅为原始图像的 1/4，因此可以减少图像分割的复杂度和计算时间。

小波变换是一种很好的用于图像多分辨率分析的数学工具（图 6.2）。根据这种理论，任意多分辨率子空间 V_m 经过一级多分辨率分解为一个低频的粗略逼近 V_{m-1} 和一个高频的细节部分 W_{m-1}，且低频部分和高频部分应满足：

$$V_m \cap W_m = \{0\}, m \in Z \tag{6.1}$$

$$V_m = V_{m-1} \cup W_{m-1}, m \in Z \tag{6.2}$$

式中，m 表示多分辨率的级数。

将小波变换由一维推广到二维，便可对二维信号图像进行小波变换。分解后的所有的小波系数可表示为：

$$\{W_{\mathrm{A}}^{J}\} \cup \{W_{\mathrm{H}}^{J}, W_{\mathrm{V}}^{J}, W_{\mathrm{D}}^{J}\}_{J=1,2,\cdots} \tag{6.3}$$

式中，J 表示分解的级数；W_{A}^{J} 表示第 J 层的低频系数；W_{H}^{J} 表示第 J 层水平方向低频和垂直方向高频的小波系数；W_{V}^{J} 表示第 J 层水平方向高频和垂直方向低频的小波系数；W_{D}^{J} 表示第 J 层水平方向和垂直方向的高频小波系数。

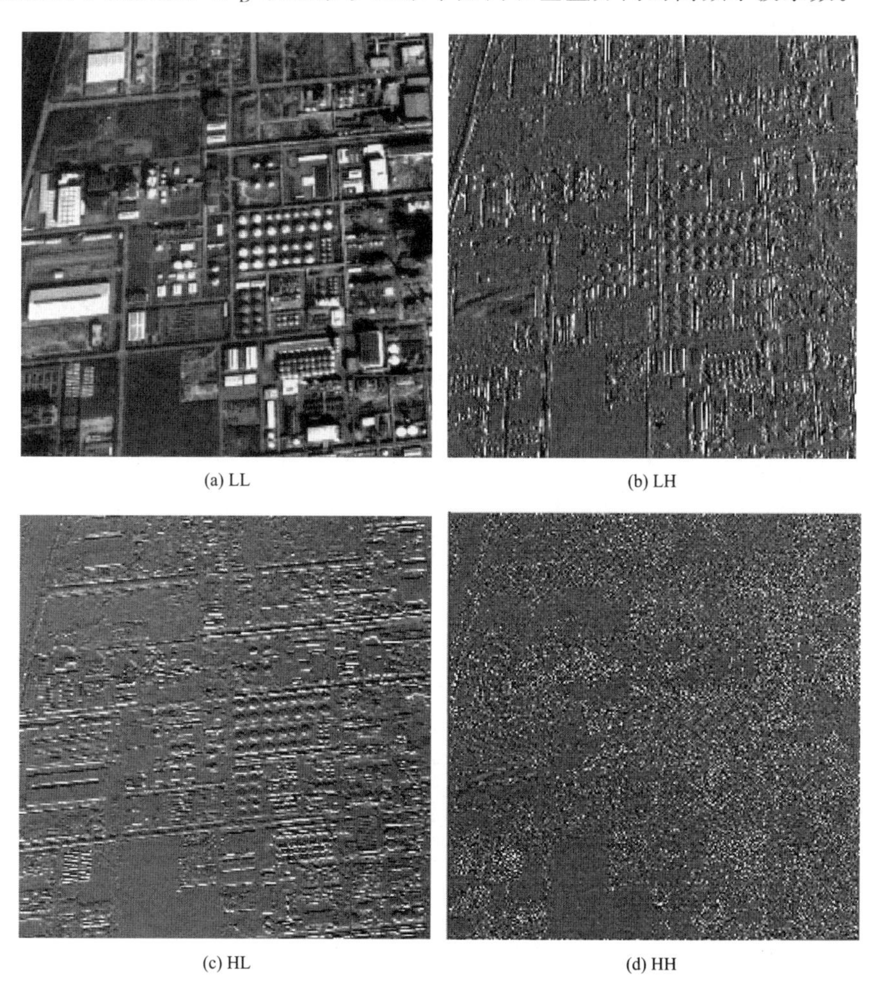

图 6.2　测试图像的一级小波变换

6.2.3　平滑逼近图像梯度计算

（1）平滑滤波

遥感图像一般都含有较多的高斯噪声和非高斯噪声，而且在多分辨率图像中，由于低频图像丢失了原始图像的大量高频信息，因此低频图像中边缘会变得很粗糙，在地形学中称作“高原”，即许多相邻的元素具有相同的灰度值。为了减少这种情况对分水岭分割算法的影响，可先对平滑逼近图像 LL 进行平滑滤波，然后再求梯度，即

$$I_{\mathrm{gradsmtooth}}(x,y,\sigma)=\nabla \parallel I(x,y)^{*} g_{\sigma}(x,y) \parallel \tag{6.4}$$

式中，$g_{\sigma}(x,y)$ 表示均值为零、标准差为 σ 的高斯滤波器；* 表示卷积。

(2) 梯度计算

由于分水岭算法一般是在梯度图像上进行的，此处采用常用的 Sobel 算子对平滑滤波后的图像进行操作：

$$\boldsymbol{h}_1=\begin{bmatrix}-1 & 0 & 1\\ -2 & 0 & 2\\ -1 & 0 & 1\end{bmatrix},\boldsymbol{h}_2=\begin{bmatrix}1 & 2 & 1\\ 0 & 0 & 0\\ -1 & -2 & -1\end{bmatrix} \tag{6.5}$$

式中，$\boldsymbol{h}_1$ 和 $\boldsymbol{h}_2$ 分别表示垂直方向和水平方向的检测算子，通过它们与图像 I 卷积，可分别得到垂直方向和水平方向的梯度图像 I_{V} 和 I_{h}，梯度图像 I_{g} 可以表示为：

$$I_{\mathrm{g}}=\sqrt{I_{\mathrm{V}}^2+I_{\mathrm{h}}^2} \tag{6.6}$$

(3) 噪声抑制

尽管在多分辨率分解时，低频图像相当于原始图像通过低通滤波器后所得到的，已经滤除了一部分噪声，但是这种滤波并不彻底，所以在得到的梯度图像中，仍然会有由噪声所形成的虚假边缘，所以需要对已经得到的梯度图像进行噪声抑制。信噪比（MSE）与标准差（σ）的关系用图 6.3 表示，横轴表示标准差（σ）的倍数，竖轴表示图像的信噪比（MSE）。

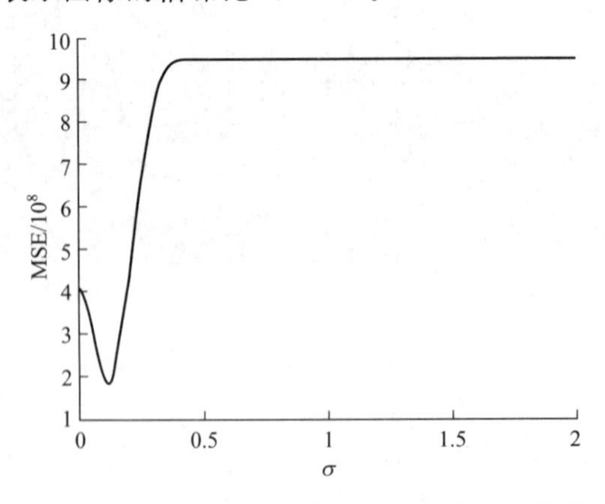

图 6.3 图像的信噪比（MSE）与标准差（σ）的关系

当阈值取 $T_{\mathrm{g}} \geqslant 0.5\sigma$，图像能获得较大的信噪比。所以，对梯度图像做如下

处理：

$$T_g \leqslant 0.5\sigma, T_g = 0 \tag{6.7}$$

式中，T_g 表示图像的梯度值；σ 表示标准差。

噪声抑制效果图如图 6.4 所示。

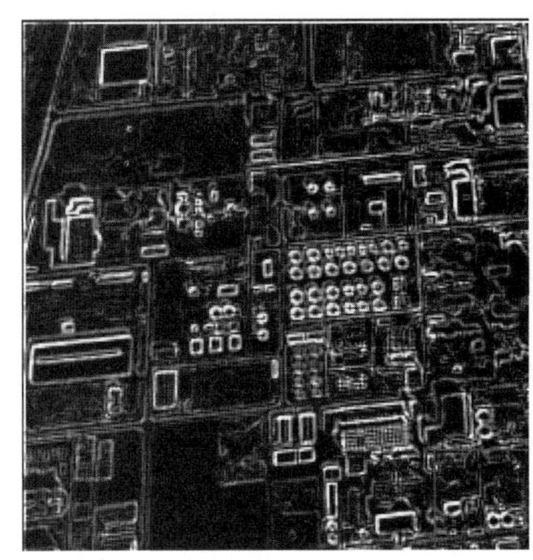

(a) 梯度图像

(b) 噪声抑制后的梯度图像

图 6.4　噪声抑制效果图

6.2.4　分水岭分割

对噪声抑制后的梯度图像进行分水岭分割，得到分水岭分割图像。

(1) 改进的区域合并算法

由于分水岭分割存在过度分割的问题，需要对分割后的图像进行区域合并处理。通过数学形态学方法查找相邻区域，并且利用区域合并代价函数设定合并阈值的方法，进行区域合并。

通过选取不同形状和大小的结构元素，就可以获取图像不同的结构信息，进而对图像进行各种不同的分析，最终得到不同的分析结果。图像的形态学处理和分析方法主要包括腐蚀、扩张、开、闭、细化、边界检测和形状分析等。

假设分水岭分割后的图像为 I0，被分割为 N 个区域

$$R_i(S_i, G_i), i=1,2,\cdots,N \tag{6.8}$$

式中，S_i 表示第 i 个区域的大小；G_i 表示第 i 个区域的平均灰度值。

对于相邻的区域 p、q，定义合并代价函数为

$$MergeCost = \frac{\| S_p \| \times \| S_q \|}{\| S_p \| \times \| S_q \|} \times |G_p - G_q|^2 \tag{6.9}$$

区域合并的步骤如下：

首先，查找出灰度值为 G_1 的区域在 I_0 中的空间分布情况，然后将其记录到空白图像 I_1（I_1 的大小与 I_0 一样）中，并且将这些像元的灰度值赋值为 1；利用数学形态学中膨胀（dilate）算法，以 5×5 大小的结构元素（structure）对 I_1 进行扩张，将这些值记录到另一幅空白图像 I_2（I_2 的大小与 I_0 一样）上；用 I_2 减去 I_1，得到图像 I_3，I_3 记录了灰度值为 G_1 的区域的边缘和相邻像元的位置；因为分水岭分割后的图像 I_0 的边缘值都为 0，所以用 I_3 乘以 I_0，得到的数组记录了灰度值为 G_1 的所有相邻像元的灰度值；然后，对这些相邻像元依次通过区域合并代价函数计算 G_1 与它们之间的距离，如果值小于预先设定的阈值（根据图像的先验知识得到，用户人为设定），则两者进行合并，否则就不合并；合并以后形成新的区域，每个区域的灰度值为该区域的平均值；最后，再对灰度值为 $G_{2,\cdots,N}$ 的区域进行合并，直到没有了满足合并要求的区域为止。膨胀算法寻找相邻区域算法示意见图 6.5。

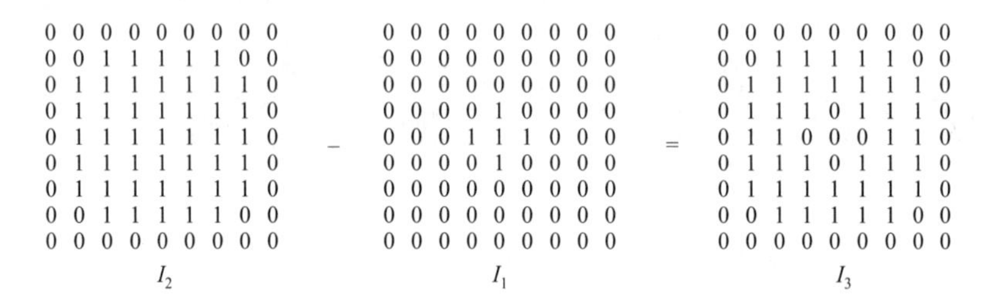

图 6.5　膨胀算法寻找相邻区域算法示意

与合并前的分割图像相比，图像中许多区域的灰度值发生了改变，许多符合区域合并的相邻区域内的像元的灰度值变成相同。

（2）边缘连通

经过区域合并以后，虽然符合合并条件的相邻区域内的像元灰度值得到了统一，但是相邻区域内的边缘还是存在，它们之间还是没有真正连通，这就需要进一步对区域合并以后的图像进行边缘连通计算，将其中多余的边缘进行去除。

边缘连通的步骤如下：

首先判断图像中的像元值是否为 0，如果为 0，则说明该像元是区域的边缘，判断其上下相邻像元是否都不为 0，如果都不为 0 并且上下相邻像元的值相等，则说明该边缘是多余边缘，修改该像元的值也等于其上下相邻像元的值；同理以左右像元为依据，对所有灰度值为 0 的像元进行修改，直至没有了满足修改要求的像元为止，此时，完成了对边缘连通的修改。

至此，才真正完成了全部区域合并的操作。与区域合并前的图像相比，可以发现许多细小的区域得到了的合并，很好地抑制了图像的过度分割问题。这里，区域合并的阈值设置比较关键，需要人为干预实现。

6.2.5　图像重构

对 LL 图像进行分水岭分割变换以及区域合并等一系列运算以后，结合 HL、LH、HH 图像进行小波逆变换得到重构图像。

6.2.6　重构图像后处理

（1）Canny 边缘引入

将 Canny 算子得到的图像（图 6.6）中边缘的位置与小波重构图像结合起来，引入边缘信息。具体步骤如下：

假设 Canny 算子得到的图像为 C_0，首先用 1 减去 C_0，得到边缘灰度值为 0、其他像元灰度值为 1 的图像 C_1；再对 C_1 乘以一个较大的数 N（需根据重构图像的灰度值人为设定，设为 1000），然后将 C_1 与重构图像进行累加，得到图像 C_2；最后，再通过经验将 C_2 中认为是边缘的像元的灰度值修改成 0（将 C_2 中所有小于 1000 的值修改成 0），并且将 C_2 中其他像元的值都再减去 N，恢复重构图像原有的灰度值。重构图像见图 6.7。

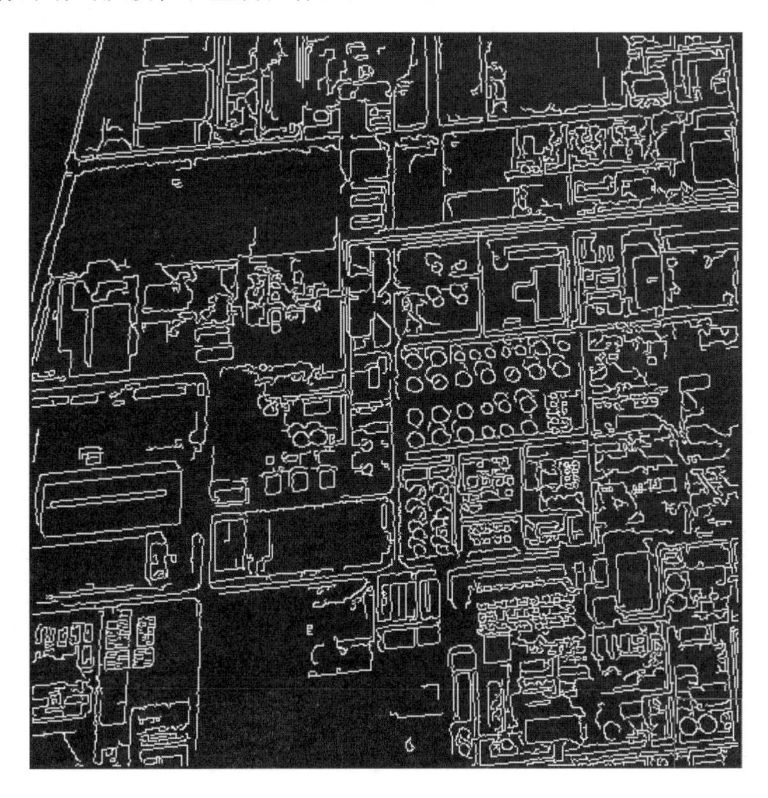

图 6.6　Canny 算子边缘检测效果图

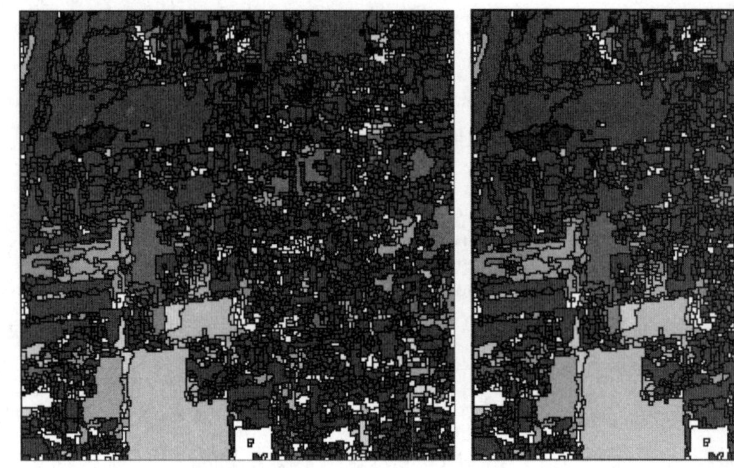

(a) 边缘信息未引入　　(b) 边缘信息引入后

图 6.7　重构图像

（2）区域标记

分水岭分割及边缘信息引入的图像能够保证边缘的封闭性，为了能够更方便地区分各个区域，对重构图像进行了区域标记，从而得到遥感图像的最终分割结果。区域标记后的重构图像见图 6.8。

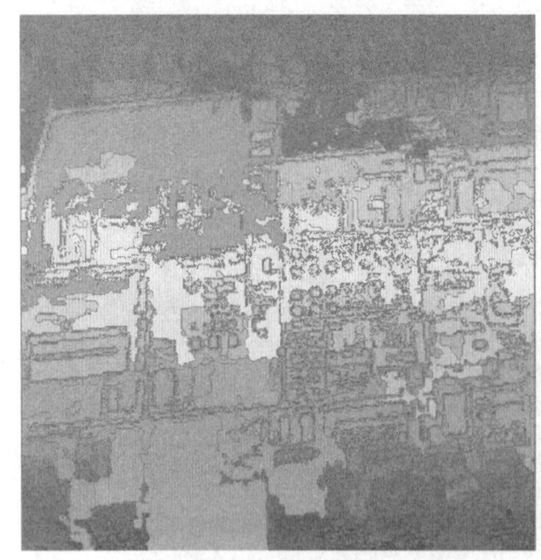

(a) 区域标记后的重构图像

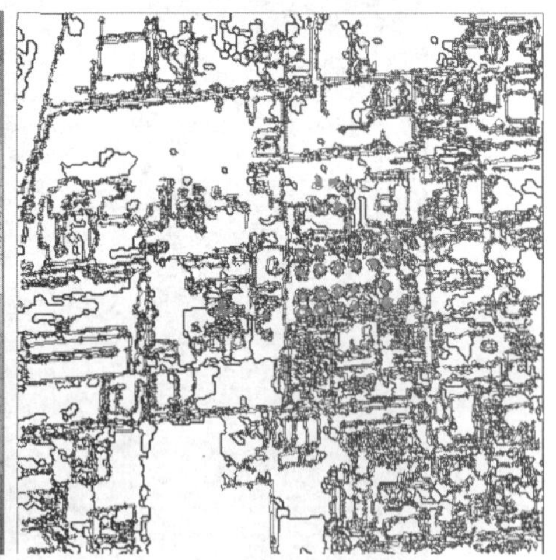

(b) 油库目标提取结果(高亮区域为油库)

图 6.8　区域标记后图像及油库目标提取结果

6.2.7　油库目标识别结果

对比实验结果与原始图像，可以看出对于面积较大的油库目标，用基于小波与分水岭变换的遥感图像分割方法可以准确快速地提取出来（图6.9）。但是对于那些掺杂在建筑用地中的面积较小的油库目标提取的准确性还需要改进，主要原因是面积较小的油库目标内像元的灰度值与周围地物的灰度值对比度不强，导致了在利用分水岭分割时无法将其准确地从周围地物中分割出来。

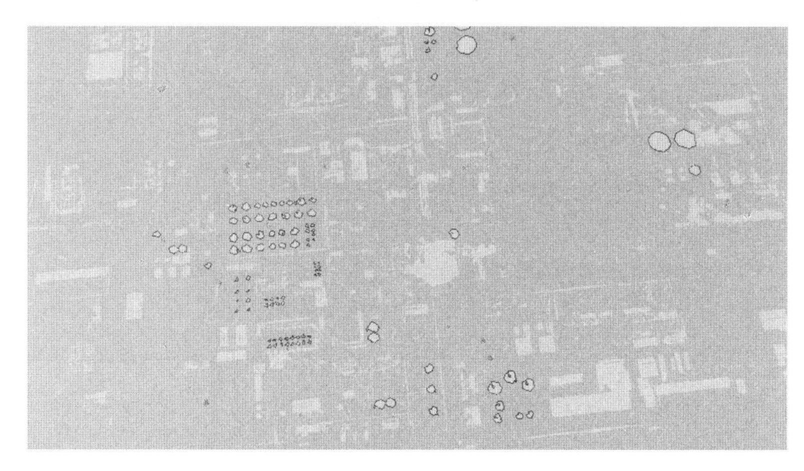

图6.9 油库目标提取结果

在区域合并方面，阈值的选取对于合并效果起到了决定性的作用，由于油库是需要提取的目标地块，所以阈值的选取更加偏向于油库，忽略了在建筑用地区域内存在的过度分割现象。

显然，与传统的油库提取方法相比，本研究的方法具有以下优势：a. 基于小波与分水岭变换的遥感图像分割方法是一种利用计算机自动提取油库的方法，省时省力，不需要太多的人工干预，并且提取的油库结果准确有效；b. 利用图像分类的结果，增强原始图像的灰度值对比度，提高了油库提取的准确性；c. 采用小波变换将原始图像分解到低分辨率图像上，既有效地抑制了噪声，又使所需要处理的数据量减少为原来的1/4，提高了分水岭算法的速度；d. 提出了一种简单有效的区域合并算法，这种通过数学形态学方法查找相邻区域，并且利用区域合并代价函数设定合并阈值的区域合并算法，既减少了计算量，又保证了图像信息基本不丢失；e. 结合Canny算子边缘信息提取效果好的优点，增强图像的边缘信息，使得遥感图像分割结果的效果更好。

6.3 小结

本研究提出了一种基于小波与分水岭变换的遥感图像分割方法，通过对灰度值对比增强后的遥感图像进行小波变换、平滑逼近图像梯度计算、分水岭分割、图像重构和重构图像后处理等环节得到最终分割结果，准确快速地提取出了油库目标。

但是，该方法还需要进一步研究改进：a. 在提取大面积、内部信息均匀的油库目标时准确快速，但是对于面积较小或者内部信息不均匀的油库，还是存在一定的缺陷；b. 在设定区域合并的阈值时，需要研究人员的主观参与，阈值设定对图像合并的结果影响较大；如何在以后的研究中减少人为因素的影响，自动查找合适的阈值是今后研究的重点；c. 该方法只是针对遥感影像的单波段进行操作，放弃了大量其他波段的信息，如何更好地利用其他波段的信息是另一个研究重点。

第7章

基于航天遥感信息的油库火灾大气污染预测与评估研究

为实现油库突发火灾爆炸污染危害的快速预测与评估，进行了基于空间遥感信息的油库火灾大气污染扩散数值模拟研究及软件模块开发。研究了真实条件下大气边界、地表粗糙度等因素对油库火灾污染扩散的影响，构建了基于遥感技术的油库火灾爆炸大气污染损害评估指标体系，在此基础上开发了油库火灾爆炸大气污染模拟预测与评估的专用软件模块。

7.1 油库火灾大气污染预测数值模拟研究

油料燃烧产物中包含大量的有毒气体，污染环境甚至造成巨大的财物损失和人员伤亡。燃烧产物的扩散受风向、地形、大气环境以及时间等因素影响，形成一个复杂的非定常气流流场，有害气体浓度分布由随时间变化的流场决定。油库火灾爆炸大气污染的数值模拟，即通过非定常CFD数值模拟从发生火灾开始一直到灭火后数十秒乃至几十分钟，结合遥感技术，获得有害气体随时间、距离，以及受风向、地形和大气环境影响而发展的情况，从而确定污染物的扩散与事故原点之间的距离关系，为油库火灾爆炸事故的大气污染破坏预测提供依据。

7.1.1 油库火灾爆炸大气污染影响因素模拟仿真研究

7.1.1.1 油料燃烧产物数据

(1) 原始数据

实验时向 2 个直径 2.5m 的大火盆各加注 50L 0# 柴油、2 个 2m 直径的小火盆加注 31L 0# 柴油，最后再在 4 个火盆中合计加入 1L 汽油以作点火之用。于 13:18 点火，当时风速约 1m/s，风向北偏东约 45°，燃烧持续时间约 4.5min。

燃烧产物总量及质量分数如表 7.1 所列。

表 7.1 燃烧产物总量及质量分数

成分	SO_2	NO_2	CO_2	CO	H_2O
产生总量/kg	1.62	1.3883	420.3628	5.4593	186.4434
质量分数	0.002632974	0.002256394	0.68321258	0.00887296	0.30302509

(2) 燃烧产物扩散的条件确定——质量源项

火灾发生后燃烧产物的扩散过程仿真，并不直接模拟燃烧过程，而按燃烧后产物的扩散进行模拟，这样把复杂的燃烧问题简化为多组分输运问题，进而适于模拟大尺度的燃烧产物的扩散过程。这既抓住了问题的关键点，又能通过较简单的处理方式解决复杂的模拟问题。

油库火灾的燃烧产物扩散过程，作为一个质量源项加入模拟系统中。该试验进行了 4.5min 的燃烧，开始 0.5min 为燃烧初始阶段，中间 3min 为燃烧稳定阶段，最后 1min 燃烧逐渐熄灭。根据燃烧过程的变化情况，其燃烧产物的量随时间而变化，可以通过表达式来实现。

其表达式如下：

Source=0.5 * unitmassflow * step((30.1[s]-t)/1[s])-0.5 * unitmassflow * step((t-210[s])/1[s])+if(t>30[s],unitmassflow,0[kgs^-1])-0.5 * unitmassflow * step((t-270[s])/1[s])

其中，unitmassflow=3.155250256[kgs^-1]，产物组分依据原始数据，计算出所占比例，即通过质量分数来实现，燃烧产物随时间的变化曲线如图 7.1 所示。

7.1.1.2 大气边界条件的影响研究

大气流过地面时，地面上各种粗糙元，如草、沙粒、庄稼、树木、房屋等会使大气流动受阻，这种摩擦阻力由于大气中的湍流而向上传递，并随高度的增加而逐渐减弱，达到某一高度后便可忽略；此高度称为大气边界层厚度，它随气象条件、地形、地面粗糙度而变化，大致为 300～1000m。大气边界层主要分为三

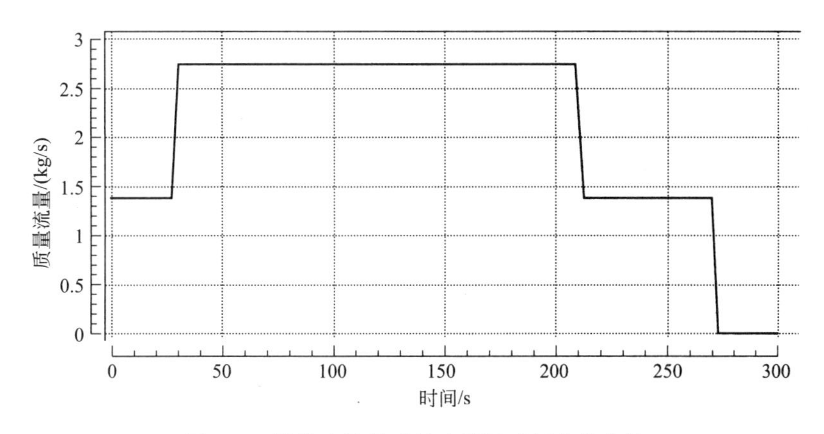

图 7.1　燃烧产物的质量流量随时间变化曲线

层，底层为数毫米厚，对人类无较大影响；再往上为表面层（Prandtl，亦称恒定通量层），厚度在 100m 左右，该层内湍流黏性力为主导力，风速与高度同增；其余的大气边界层为艾克曼层，地转形成的科里奥氏力在该层中相当重要，风向在这里随高度改变，艾克曼层的厚度随着强烈太阳辐射和夜晚低风速影响而从 100m 高到 2000～3000m 高不等。

从流体力学角度看，大气边界层气流（即风）有如下特点。

① 风速随高度增加而逐渐增大（图 7.2）：风速在地表面等于零，在大气边界层外缘同地转风速度相等。

② 湍流结构：在大气边界层中，大气流动具有很大的随机性，基本上是湍流流动，其结构可用湍流度、雷诺应力、相关函数和频谱等表示，气流湍流度可达 20％。

③ 风向偏转：在北半球，由于地球自转产生的科里奥利力的作用，顺着地面附近风的方向看，风向随高度的增加逐渐向右偏转；而在大气边界层外缘，与地转风的风向相合，风向偏转角度因时因地而异，一般可达几十度以上。

④ 温度层结（即温度梯度）：大气温度 T 随高度 z 变化而变化，其变化率直接影响大气的稳定度。大气稳定度指近地层大气做垂直运动的强弱程度，当气温垂直递减率 $\gamma > -1$℃/100m 时（γ 为大气干绝热递减率，约为 0.98℃/100m），大气呈不稳定状态；当 $\gamma = -1$℃/100m 时，大气呈中性状态；当 $\gamma < -1$℃/100m 时，大气呈稳定状态。

基于上述指数率速度分布理论，应用 CCL/CEL 语言编写大气边界层速度场条件。计算结果（图 7.3）表明，此方法能够很好地实现大气边界层的速度分布条件的加载。

指数率

$$U(z)=U_r\left(\frac{z}{z_r}\right)^{\alpha}=U_g\left(\frac{z}{H_g}\right)^{\alpha}$$

$$U(z_0)=U_g\left(\frac{z_0}{H_g}\right)^{\alpha}$$

式中 α——地面粗糙度指数；
$U(z)$——z高度处风速；
z——高度；
z_r——参考高度；
U_g——梯度风速；
H_g——梯度风高度；
U_r——在参考高度z上的风速；
z_0——地平面高度，即海拔，取相对高度时可为0。

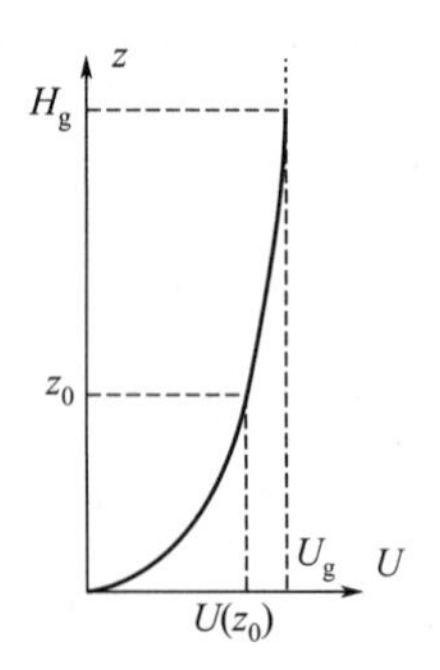

对数率

$$U(z)=\frac{u_*}{k}\ln\frac{z-z_d}{z_0}$$

$$z_d=\overline{H}-\frac{z_0}{k}$$

式中 k——冯卡门常数，一般取0.4；
z_d——零平面位移，对于城市地貌；
$\overline{H}$——城市建筑物平均高度；
u_*——近地面大气边界层之外的大气平均风速，即高层大气风速。

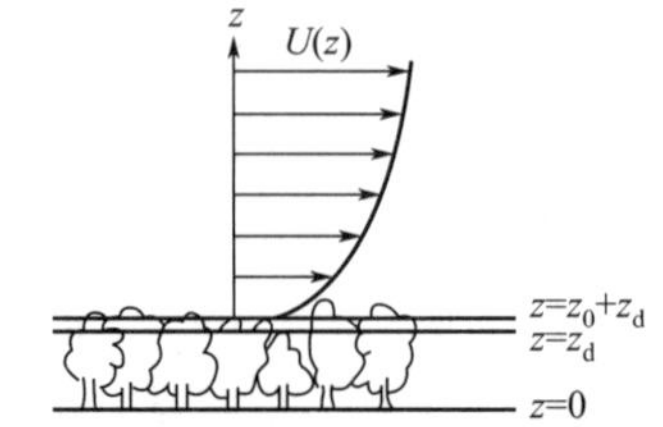

图 7.2 大气边界层风速分布模型

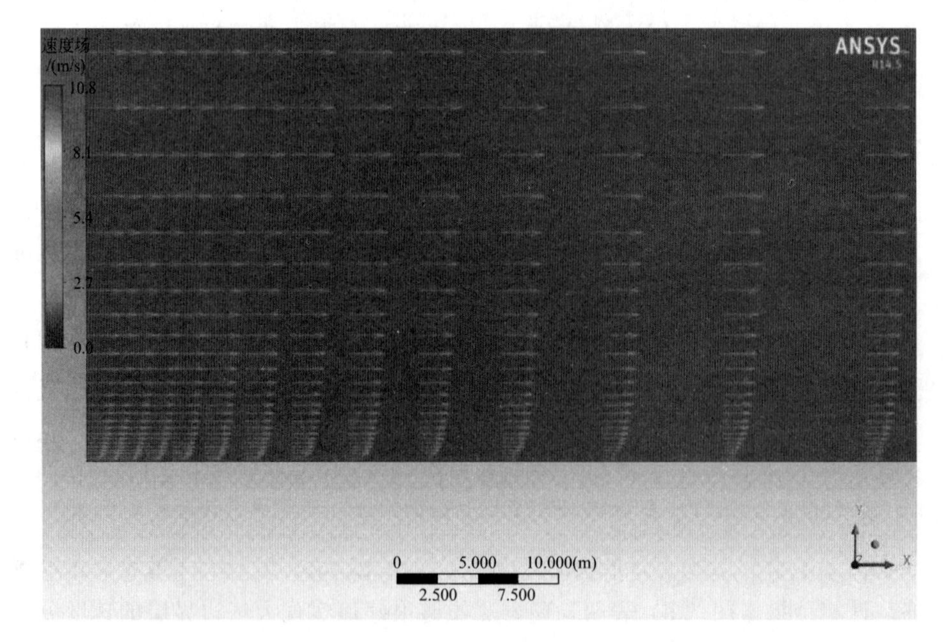

图 7.3 大气边界层风速分布云图

7.1.1.3　地表粗糙度的影响研究

地表粗糙度通常有两种理解，一种是从空气动力学角度出发，因地表起伏不平或地物本身几何形状的影响，风速廓线上风速为零的位置并不在地表（高度为零）处，而在离地表一定高度处，这一高度则被定义为地表粗糙度，也称为空气动力学粗糙度。另一种主要是从地形学角度出发，将地面凹凸不平的程度定义为粗糙度，也称为地表微地形。地表粗糙度反映了地表对风速的减弱作用以及对风沙活动的影响，其大小取决于地表粗糙元的性质及流经地表的流体的性质。

GBJ 9—87 将粗糙度等级由 TJ 9—74 的陆海两类改成 A、B、C 三类，但随着我国建设事业的发展，城市房屋的高度和密度日益增大，因此大城市中心地区的粗糙度程度也有不同程度的提高。考虑到大多数发达国家，诸如美、英、日等国家的规范以及国际标准 ISO 4354 和欧洲统一规范 IN 1991-2-4 都将地面粗糙度等级分为四类甚至五类（日本），为适应当前发展形式，这次修订也将三类改为四类，其中 A、B 两类参数不变，A 类是指近海海面、海岛、海岸、湖岸及沙漠等，其粗糙度指数取 0.12；B 类是指空旷田野、乡村、丛林、丘陵及房屋比较稀疏的中小城镇和大城市郊区，其粗糙度指数取 0.16；C 类是指有密集建筑群的城市市区，其粗糙度指数为 0.22；D 类是指有密集建筑物且有大量高层建筑的大城市市区，其粗糙度指数取 0.3。粗糙度指数主要是根据近年来利用高塔和气球的风速观测资料经统计分析得出的。在计算各地风速变化时，则按当地所属粗糙度等级分别计算出各个高度的风速。

考虑到国外对地表粗糙度的分级更为详细，所以本书将参考英国的标准，见表 7.2。

表 7.2　英国地表粗糙度分级

地表类型	粗糙度的值 z_0/m	地表类型	粗糙度的值 z_0/m
海洋、湖泊	0.001	矮林	0.3
海岸线(海滩、沙丘)	0.01	乔林	0.9
牧场、天然草原	0.03	绿色城市	1.0
耕地	0.08	连续城市	1.2

注：等效沙粒粗糙度（equivalent sand roughness）$=z_0\exp(8.14ak)$，其中 $ak=0.41$。

基于上述地表粗糙度标准，应用 CCL/CEL 语言，把软件的“等效沙粒粗糙度（equivalent sand roughness）”参数与粗糙度标准对应起来。

由于目前拿不到分布式的地表粗糙度数据，假设“地表完全光滑”和“地表完全覆盖小树林（low forest）”两种情况进行对比验证，仿真计算结果如下。

(1) 常速度来流情况下，光滑地表和粗糙地表速度场衰减对比

由地表 5m 高度切面上的速度“衰减”对比（图 7.4 为光滑地表，图 7.5 为粗糙地表，衰减距离均为 1000m）可知：光滑地表速度由 5m/s 衰减到 4.6m/s；

而粗糙地表速度由 5.1m/s 衰减到 2.9m/s。

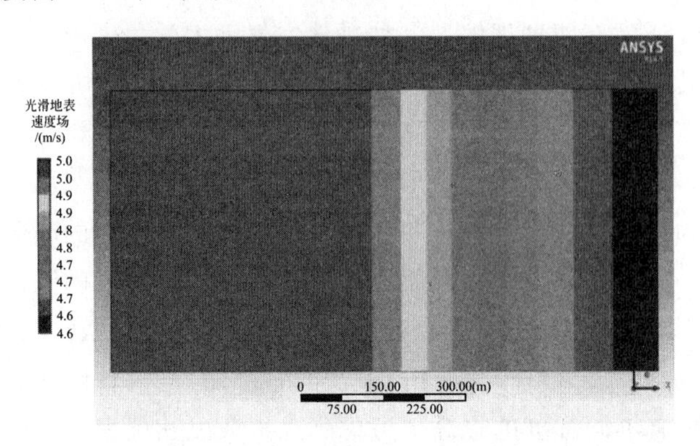

图 7.4 光滑地表速度场

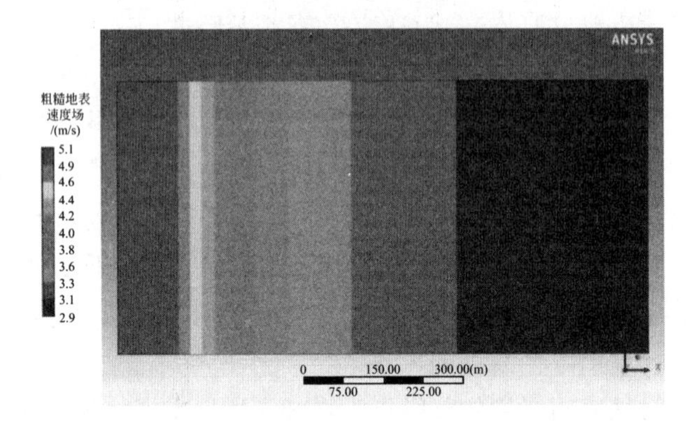

图 7.5 粗糙地表速度场

由地表 10m 高度切面上的速度“衰减”对比（图 7.6 为光滑地表，图 7.7 为粗糙地表，衰减距离均为 1000m）可知：光滑地表速度基本没有衰减；而粗糙地表速度由 5.1m/s 衰减到 3.4m/s。

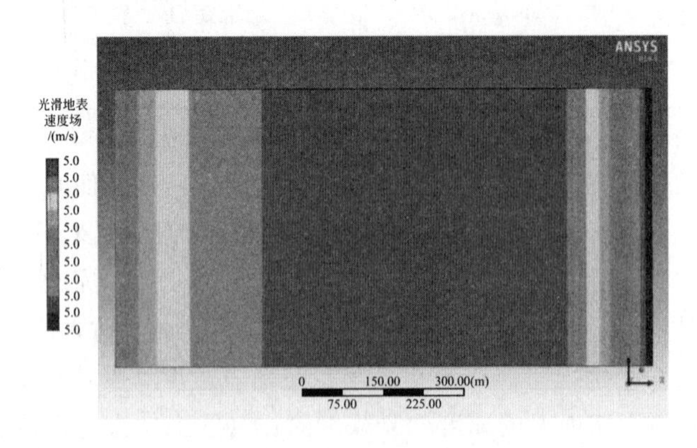

图 7.6 光滑地表速度场

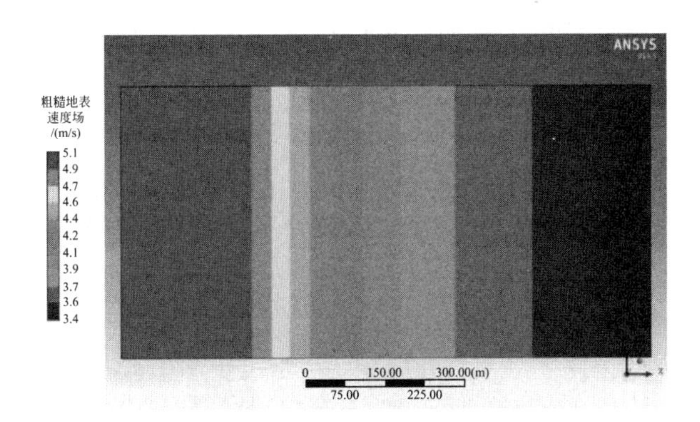

图 7.7　粗糙地表速度场

（2）大气边界层速度来流情况下，光滑地表和粗糙地表速度场衰减对比

由地表 5m 高度切面上的速度“衰减”对比（图 7.8 为光滑地表，图 7.9 为粗糙地表，衰减距离均为 1000m）可知：光滑地表速度由 4.4m/s 衰减到 4.0m/s；而粗糙地表速度由 4.36m/s 衰减到 3.10m/s。

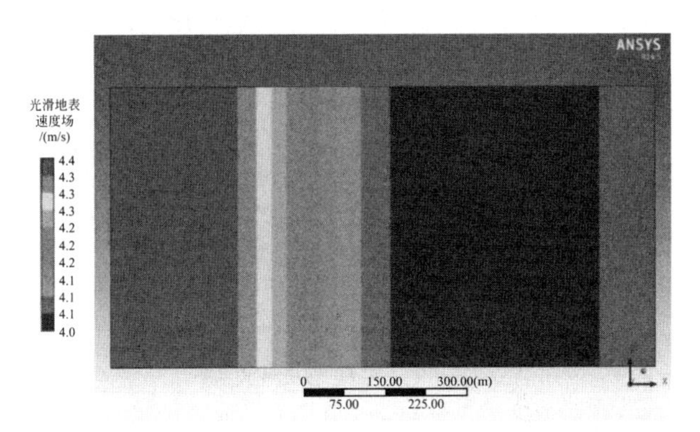

图 7.8　光滑地表速度场

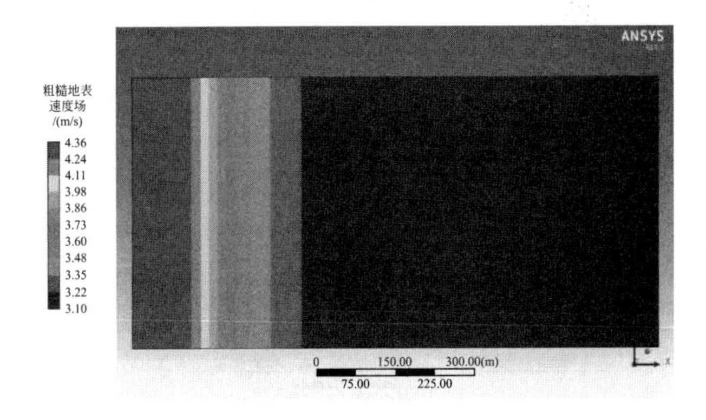

图 7.9　粗糙地表速度场

由地表10m高度切面上的速度“衰减”对比（图7.10为光滑地表，图7.11为粗糙地表，衰减距离均为1000m）可知：光滑地表速度由5.0m/s衰减到4.7m/s；而粗糙地表速度由5.02m/s衰减到3.65m/s。

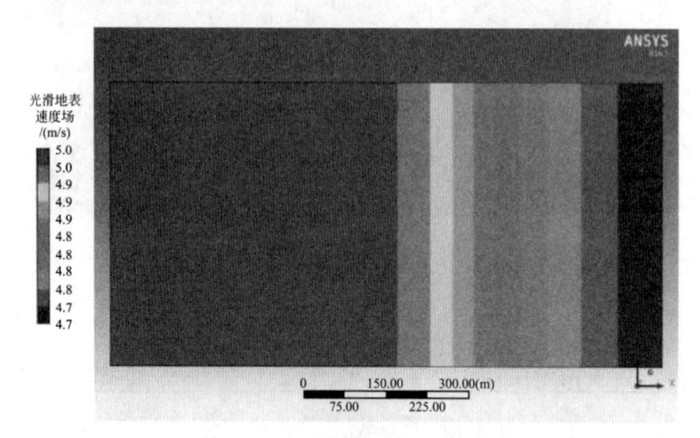

图7.10 光滑地表速度场

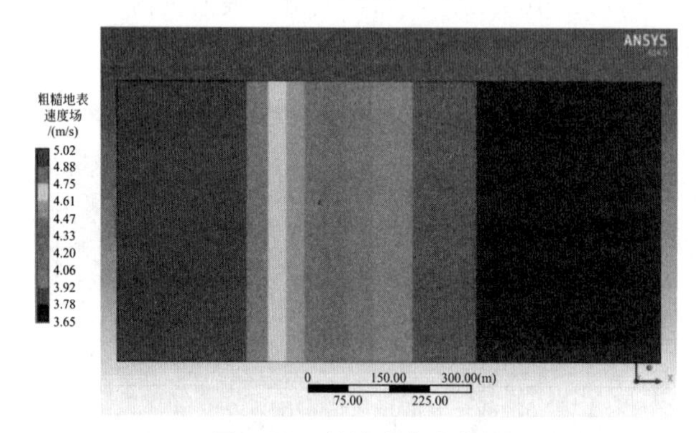

图7.11 粗糙地表速度场

由地表20m高度切面上的速度“衰减”对比（图7.12为光滑地表，图7.13为粗糙地表，衰减距离均为1000m）可知：光滑地表速度基本没有衰减；而粗

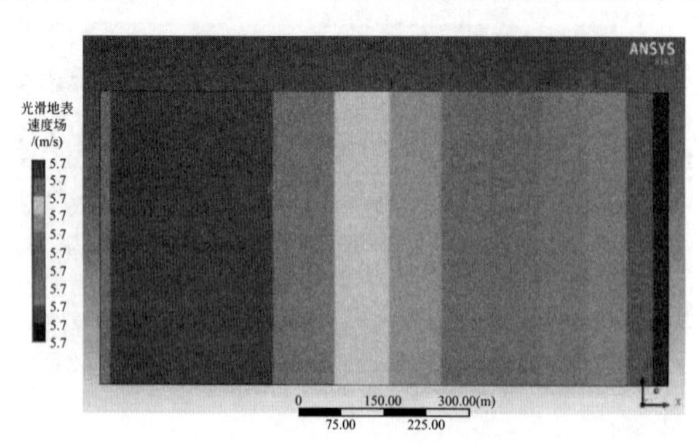

图7.12 光滑地表速度场

糙地表速度由 5.77m/s 衰减到 4.75m/s。

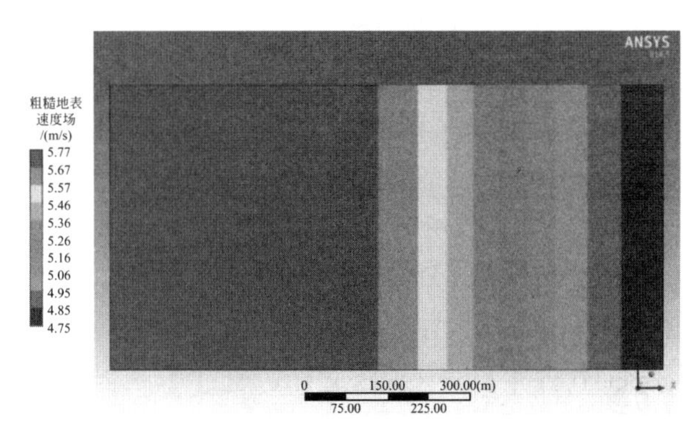

图 7.13　粗糙地表速度场

7.1.2　真实环境条件下油库火灾污染研究方法

7.1.2.1　高精度地形图的数据处理方法

由于仿真软件所要求的数据格式不支持 DEM 数据，必须先对 DEM 格式的数据进行处理，然后才能获得仿真分析所需要的三维地图数据。分如下几步完成数据格式转换。

第一步：DEM 格式转换成 GRD 格式。

应用写字板把 DEM 数据格式的文件头改成 GRD 数据格式的文件头。重庆地理信息中心所提供的 DEM 原始数据格式如下：

```
   360760.00   3279325.00   0.000000       5.00        5.00        1228
944
   2450    2450    2450    2450    2450    2450    2465    2478    2493    2501
   2508    2515    2521    2524    2525    2526    2528    2530    2532    2534
   2536    2534    2532    2536    2540    2546    2554    2562    2573    2585
   2595    2604    2612    2621    2633    2646    2660    2675    2693    2717
   2746    2750    2750    2750    2750    2750    2754    2759    2764    2762
   2757    2752    2747    2741    2736    2730    2723    2715    2707    2696
```

更改成 GRD 数据格式后如下：

```
ncols 1228
nrows 944
xllcorner 360760.00
yllcorner 3279325.00
cellsize 5
NODATA_value -99999
   2450    2450    2450    2450    2450    2450    2465    2478    2493    2501
   2508    2515    2521    2524    2525    2526    2528    2530    2532    2534
   2536    2534    2532    2536    2540    2546    2554    2562    2573    2585
   2595    2604    2612    2621    2633    2646    2660    2675    2693    2717
   2746    2750    2750    2750    2750    2750    2754    2759    2764    2762
   2757    2752    2747    2741    2736    2730    2723    2715    2707    2696
```

GRD 文件头数据所对应的信息是：

ncols　　　　　　1228：数据列数

nrows　　　　　　944：数据行数

xllcorner　　　　360760.00：数据左上角的 X 值

yllcorner　　　　3279325.00：数据左上角的 Y 值

cellsize　　　　　5：数据分辨率（栅格单元的宽高）

NODATA_value　　99999：无值数据标志

第二步：GRD 格式转换成 STL 格式。

在 Global Mapper 软件中打开 GRD 文件，通过如下菜单可转换成 STL 格式，见图 7.14。

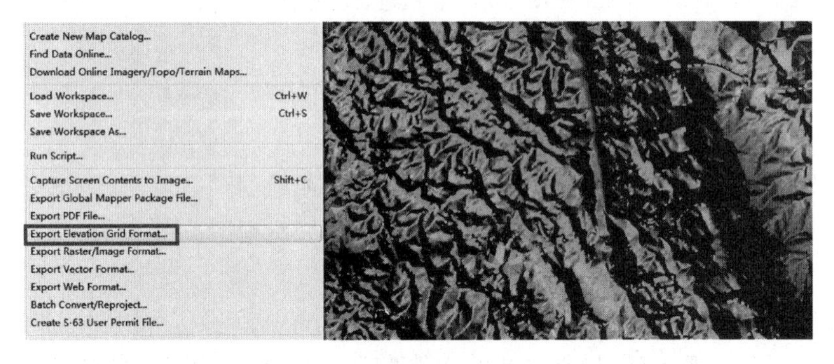

图 7.14　地图数据的转换过程

第三步：STL 格式模型拼接（六幅分块地图合并成一幅整体三维地图）。

由于重庆地理信息中心所提供的 DEM 数据是分块数据（6 个块数据），需要对其进行拼接合成整体地图，这一步在 ICEMCFD 软件中完成，如图 7.15 所示。

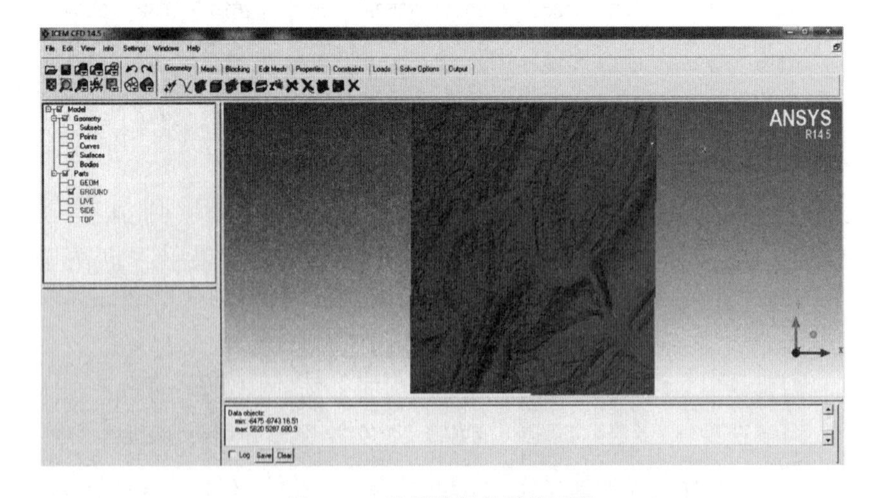

图 7.15　地图数据的拼接过程

最终形成如图 7.16 所示的可用于仿真计算的地形高程图。

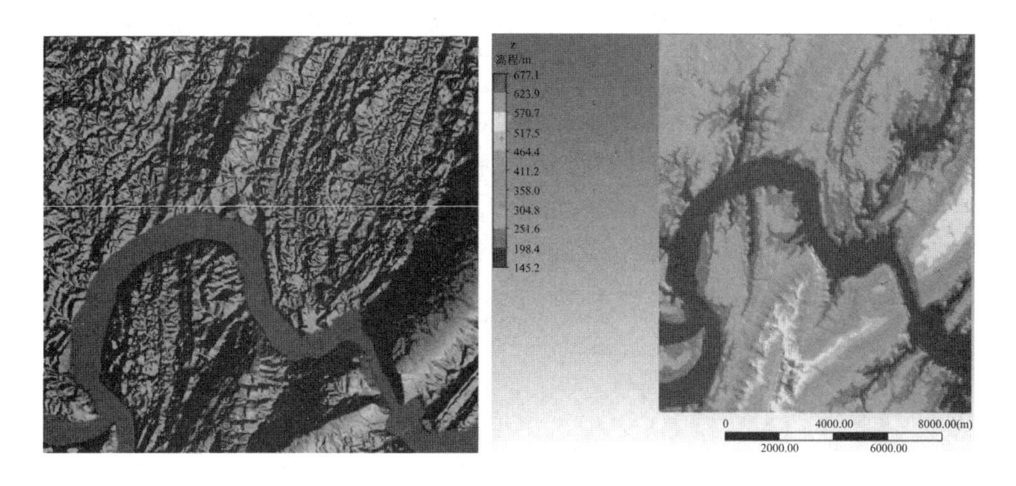

图 7.16　用于仿真计算的地形高程图

7.1.2.2　油库模型导入高精度地形图的处理方法

由于重庆地理信息中心所提供的 DEM 数据不包含地表覆盖物属性数据，所以需要基于 DEM 数据的坐标位置，把油库（8 个油罐）的三维模型添加到整体地形高程图中。即直接在 ICEMCFD 软件中先把 8 个油罐的三维几何创建出来，然后与已经拼接好的地形图合并，如图 7.17 所示。

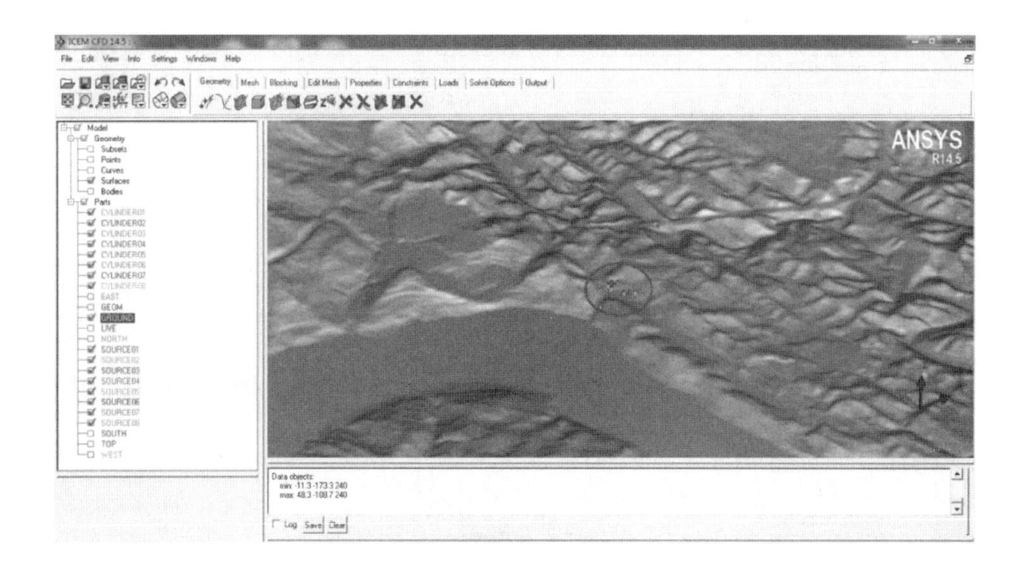

图 7.17

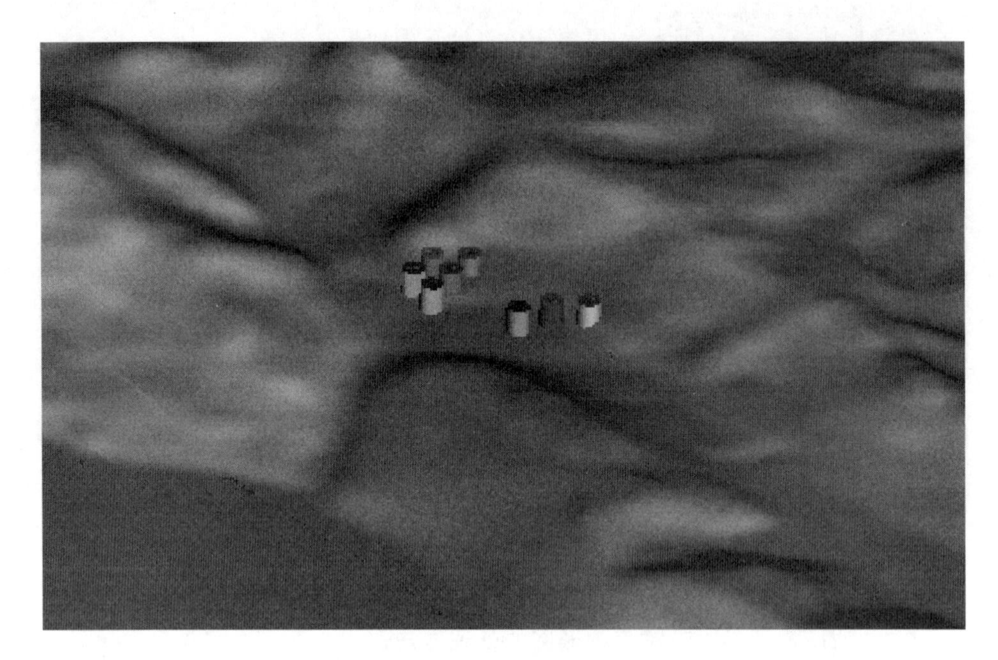

图 7.17 接入 DEM 的油库及其周边环境示意

7.1.2.3 油库火灾多影响因素的二次开发程序综合应用

把第二阶段的分项研究成果（如地表粗糙度、大气边界层、热辐射、风速、风向、地形等）汇总成整体程序，以便于进行真实油库仿真分析时同时考虑多影响因素的综合效应。部分核心代码如下（程序片段，不可执行）：

```
Cdiff = 2.0e-5[m^2 s^-1]
Evalue = 0.1[s^-1]
FireOmega = pi/tConst
Fireomega = pi/tconst
Hcoeff = 10.0[W m^-2 K^-1]
KeSource = 0.5*Density*(0.2*ur)*(0.2*ur)/1.0[s]
Kvalue = 0.1[ m^2 s^-2]
MFsmoke = 1.0
MassFlowConst = 1300.0[kg s^-1]
MassFlowt = \
  if(t<tConst,1.0,0.0)*MassFlowConst*0.5*(1.0-cos(FireOmega*t/1.0))+if(\
  t>=tConst,1.0,0.0)*MassFlowConst
MassSource = MassFlowt*(1.0+0.01*sin(Fireomega*t))
Pref = 0.0[Pa]
Tmax = maxVal(T)@wallsource01
Tref = 5.0[C]
Tsource = 2000.0[C]
UH = ur*(wall distance/zr)^pow
afa = -pi/2.0
ak = 0.41
eps = z0 *exp(8.14*ak)
pow = 0.20
roughgrassland = 0.03[m]
roughhighforest = 0.9[m]
```

```
roughlake = 0.001[m]
roughlowforest = 0.3[m]
roughness = if(z/1.0[m]<170,1.0,0.0)*roughlake + \
  if((z/1.0[m]>=170)&&(z/1.0[m]<250),1.0,0.0)*roughurban + \
  if((z/1.0[m]>=250)&&(z/1.0[m]<300),1.0,0.0)*roughlowforest + \
  if(z/1.0[m]>=300,1.0,0.0)*roughhighforest
roughurban = 1.2[m]
tConst = 300[s]
tStep = 1.0[s]
tTotal = 360[s]
tconst = 25.0[s]
ua = cos(afa) *UH
ub = sin(afa) *UH
ur = 1.0[m s^-1]
z0 = max(roughness,z0min)
z0min = 0.0002 [m]
zr = 10.0[m]
```

其中粗糙度的施加如图 7.18 所示（对应颜色所表征的地表覆盖情况），地图信息见表 7.3。

图 7.18　粗糙度的施加图

表 7.3 地图信息列表

表征颜色	地表覆盖	粗糙度系数
深蓝色	河流湖泊	0.001
浅蓝色	建筑物	1.1(1.0～1.2)
黄色	低树林	0.3
红色	高树林	0.9

7.1.2.4 重庆市典型气候条件的筛选

重庆市处于东亚季风区，又受东北西南向平行岭谷地形影响，冬季盛行偏北风，夏季则偏南风明显增多。全市累年平均风速为 1.12m/s，西部地区平均风速最大达 1.26m/s，东南部最小为 0.9m/s，其季节变化是秋季 9、10 月最大，春季次之，冬季最小。

(1) 风速

重庆市各地年平均风速 0.9～2.1m/s，是全国风速最小的地区之一。云阳的累年平均风速最大为 2.1m/s。奉节、长寿的累年平均风速也较高，为 2.0～2.1m/s，万州、城口的平均风速最小仅有 0.6m/s。

一年中冬季风速较小，为 0.97m/s；春季最大，为 1.3m/s；夏季次之，为 1.2m/s。从全市月极值状况看，万州、开县 12 月平均风速仅为 0.4m/s；云阳、长寿 3 月平均风速达 2.4m/s。

最大风速是指风速自记仪器记录 10min 平均最大风速，它比月平均风速大很多。沙坪坝 1961 年 8 月 4 日最大风速 27m/s，万州 1973 年 8 月 27 日最大风速竟达到 33.3m/s。瞬时极大风速各地均有超过 17m/s 的记录，1985 年 5 月 2 日重庆市气象台记录到 36.8m/s 的极大风速，荣昌 1986 年 5 月 20 日的极大风速甚至超过 40m/s。

(2) 风向

从盛行风向看，大多数地区全年主导风向是东北风和北风。西南部的綦江、万盛因受到地形影响，全年盛行偏西风和东南风。永川最多风向为偏西北风和东风。巫溪处于大巴山的低麓，风向受大山的影响以偏东风为主。南川因地势较高，常年以东风和西南风为主。丰都、石柱全年最多风向吹偏西风。武隆常年盛行东风，彭水也以偏东南风为主。

在全市各地资料累年平均中，静风的频率最多，占全年 36%～50%，涪陵、南川、彭水的静风频率高达 60%以上，各地累年最多风向资料中偏北风占 60%左右，偏西风占 17%，偏东风占 11%，说明重庆地区的主导风是偏北风。从各地逐月各类风向所占百分比看，偏北风以 12～4 月最多，5～10 月减少，尤以 2～4 月百分比最高，3 月占 50%，远大于其他风向的百分比，这几个月也高于静风频率。偏南风以 6～8 月最多，8 月占了 23%。东风和西风在一年中所占的百分比不大，月份之间的变化也不大。

重庆市气象资料表明：冬季多吹北风，夏季多吹南风，平均风速较低，多在 0～2m/s。因此进行油库火灾分析时，筛选出具有代表性的计算场景如表 7.4 所列。

表 7.4　具有代表性的计算场景

场景编号	典型季节	气候条件	计算说明
A	夏季	风向：南风 风速：1m/s 气温：30℃	假设单油罐起火，风速为重庆市的典型年平均风速条件
B	夏季	风向：南风 风速：5m/s 气温：30℃	假设单油罐起火，风速为重庆市的极大风速条件
C	冬季	风向：北风 风速：1m/s 气温：5℃	假设单油罐起火，风速为重庆市的典型年平均风速条件
D	冬季	风向：北风 风速：1m/s 气温：5℃	假设多油罐顺序起火，风速为重庆市的典型年平均风速条件

7.1.2.5　多火灾场景的批处理计算自动执行

由于油库火灾仿真计算模型区域大、持续时间长，为了能够让计算机资源得到充分利用，通过批处理自动顺序提交。批处理考虑几个因素：

① 需要基于一个稳定的风速场开始计算油库起火；

② 需要考虑多 CPU 并行计算；

③ 需要考虑内存分区分配。

具体批处理执行命令如下：

```
cfx5solve -def summer1ms_A.def -par-local -partition 12 -initial SteadyA.res -size-part 1.2 -size 1.5 -size-interp 1.8
cfx5solve -def summer5ms_B.def -par-local -partition 12 -initial SteadyB.res -size-part 1.2 -size 1.5 -size-interp 1.8
cfx5solve -def winter1ms_C.def -par-local -partition 12 -initial SteadyC.res -size-part 1.2 -size 1.5 -size-interp 1.8
cfx5solve -def winter1ms_D.def -par-local -partition 12 -initial SteadyD.res -size-part 1.2 -size 1.5 -size-interp 1.8
```

其中，summer1ms _ A. def、summer5ms _ B. def、winter1ms _ C. def、winter1ms _ D. def 分别为 4 个所要计算的油库火灾场景文件；SteadyA. res、SteadyB. res、SteadyC. res、SteadyD. res 分别是提前计算好的火灾场景相对应的初始风速场数据文件。

7.1.3　真实环境条件下油库火灾污染研究成果

基于表 7.5 所列的四种典型油库火灾场景进行研究成果案例展示（注：所有场景计算中，坐标系均为 Y 轴正向指向北方）。

表 7.5 四种典型油库火灾场景

场景编号	典型季节	气候条件	计算说明
A	夏季	风向：南风 风速：1m/s 气温：30℃	假设单油罐起火，风速为重庆市的典型年平均风速条件
B	夏季	风向：南风 风速：5m/s 气温：30℃	假设单油罐起火，风速为重庆市的极大风速条件
C	冬季	风向：北风 风速：1m/s 气温：5℃	假设单油罐起火，风速为重庆市的典型年平均风速条件
D	冬季	风向：北风 风速：1m/s 气温：5℃	假设多油罐顺序起火（油罐 1 先起火，随后同时引燃油罐 2、3、4，然后又引燃油罐 5，而油罐 6、7、8 未起火），风速为重庆市的典型年平均风速条件

油罐编号如图 7.19 所示：

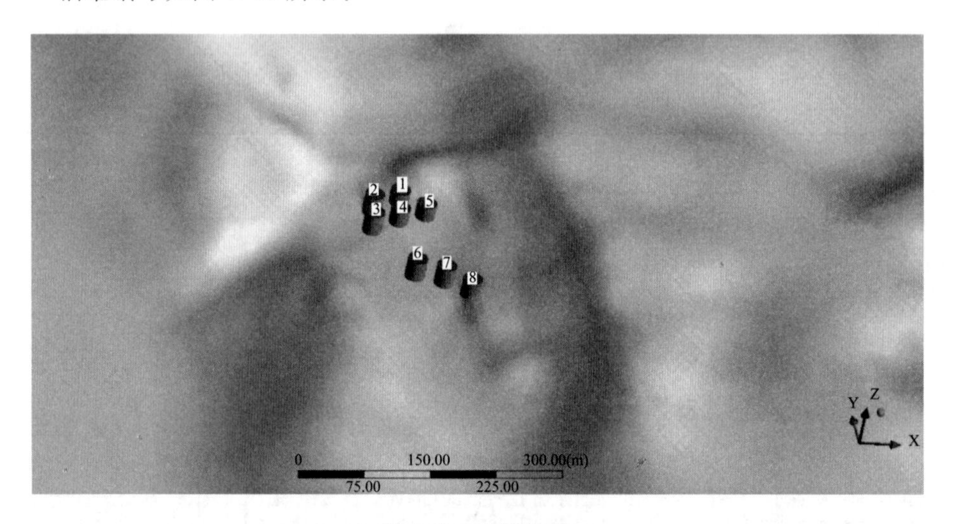

图 7.19 油罐编号

（1）夏季南风（1m/s）单油罐起火计算结果（A 场景）

沿风向方向经过起火油罐做一个垂直切面，显示其相关物理量，如图 7.20 所示。

通过图 7.20 可以看出，当油库发生火灾时，靠近油罐部分的烟气向上扩散的速度较快、温度较高，CO 质量分数及烟气质量分数较高，在风的影响下，烟气略向北倾斜。原因是靠近油罐部分油料燃烧产生的火焰具有较高热量，热量越高对流传质越快，因此烟气向上蹿升越快；随着烟团的不断上升，其温度因与空气的对流换热作用而不断下降，CO 及烟气在随着烟团的扩散过程中不断被稀释，因此质量分数也不断降低。

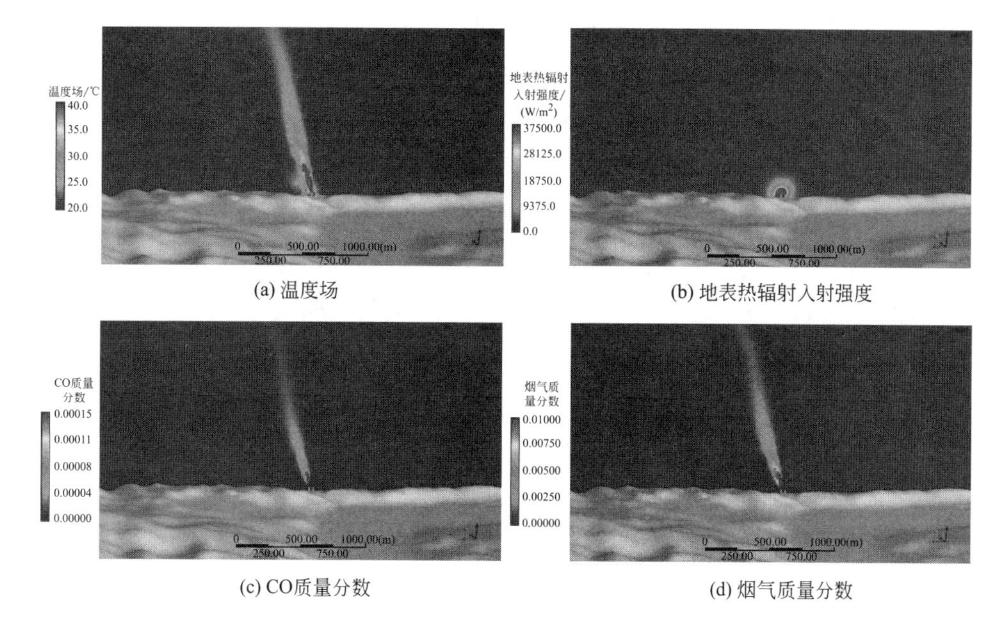

(a) 温度场　　(b) 地表热辐射入射强度

(c) CO质量分数　　(d) 烟气质量分数

图 7.20　油罐火灾污染相关云图

地表相关物理量显示及人员伤亡范围评估如图 7.21 所示。

热量的传递主要有热传导、热对流和热辐射三种。本次实验中热传递方式主要为热对流和热辐射。热辐射的主要影响因素是热源的温度、黑度和表面积，其带来的温度场应该是均匀的、以热源为中心的辐射场。如图 7.21 所示，在该工况条件中，热辐射是以油罐火焰为中心向周围辐射扩散，决定了温度场的整体温度分布；而对流则决定了火焰中心位置，并使近场温度梯度升高、加强了火焰近场的温度。随着油料燃烧的不断进行、周围温度场温度的不断升高，当温度达到外界可燃物的着火点时，就会引起火灾的蔓延。

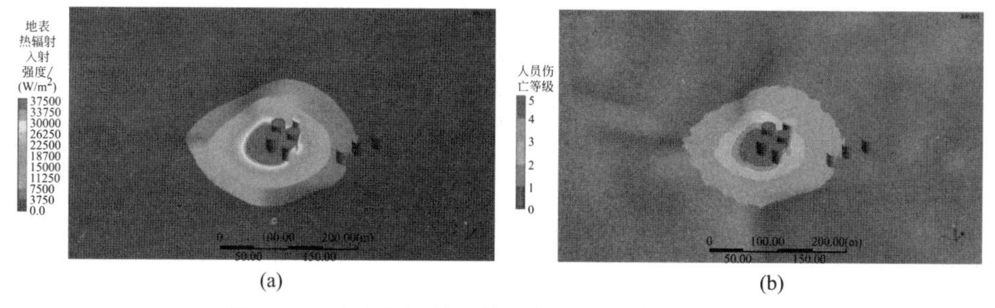

(a)　　(b)

图 7.21　地表热辐射入射强度及人员伤亡等级分布

油库火灾爆炸大气污染以热辐射为主要破坏形式。通过图 7.21 可以看出，在南风为 1m/s、单罐着火的条件下，该油罐的热辐射污染范围也较广：其中以着火油罐为中心，对人员损害达到一级的范围约为直径 80m 的圆形区域；5 个罐子组成的罐群中，除已起火的油罐，该罐群中有3个罐子处于一级热辐射污染范围内，另1个罐的边缘也被辐射到。因此可以推断，当实际发生油库火灾污染的情况下，如果已燃油罐的火灾得不到有效地控制，那么有可能会引发其他油罐的燃烧，辐射污染范围将更广；一级热辐射污染范围向外扩散达到二级污染范围，二级污染范围是比一级污染范围直径长大概40m的圆环，在该区域内热辐射能量也较高，可致人重大损伤——二级烧伤；三级和四级的范围是分别比二级污染区长70m、100m的圆环区，在该范围内热辐射能量较小，基本不会对人员造成明显的伤害；最外层的五级热辐射区域的辐射能量更小，在该区域内的人员可认为是安全的。辐射热导致人员伤亡等级的划分见表7.6。

表7.6 辐射热导致人员伤亡等级的划分

等级	对人员的伤害	入射热通量/(kW/m²)
1	10s内1%的人员死亡	≥37.5
2	重大损伤(二度烧伤)	≥25.0
3	一度烧伤	≥12.5
4	20s以上感觉痛痒,未必起泡	≥4.0
5	长期接触无明显不适感	<4.0

如图7.22所示，计算结果表明，CO的一级伤害浓度仅在燃烧油罐上方罐口的位置，CO在地表的浓度分布均处于安全范围，不会对人员造成伤害（表7.7）。

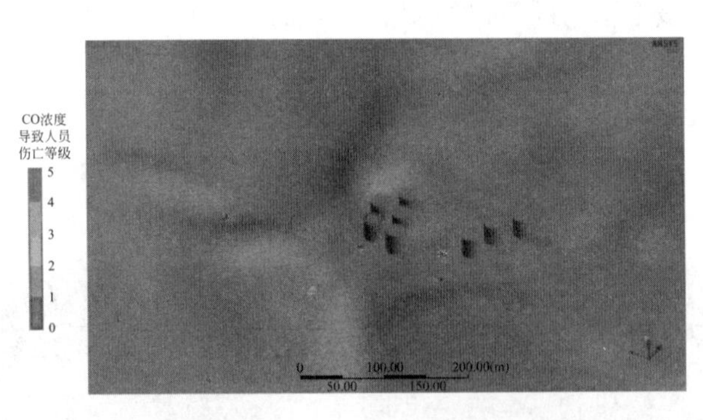

图7.22 地表CO浓度人员伤亡等级分布

表7.7 CO浓度导致人员伤亡等级的划分

等级	对人员的伤害	CO浓度/(μL/L)
1	迅速中毒而死亡	≥1500
2	连续呼吸数分钟即重度中毒	≥600
3	连续呼吸数小时可导致中度中毒	≥150
4	连续呼吸4h以上有轻微中毒	≥50
5	连续呼吸数小时无明显反应	<50

（2）夏季南风（5m/s）单油罐起火计算结果（B场景）

沿风向方向经过起火油罐做一个垂直切面，显示其相关物理量，如图7.23所示。

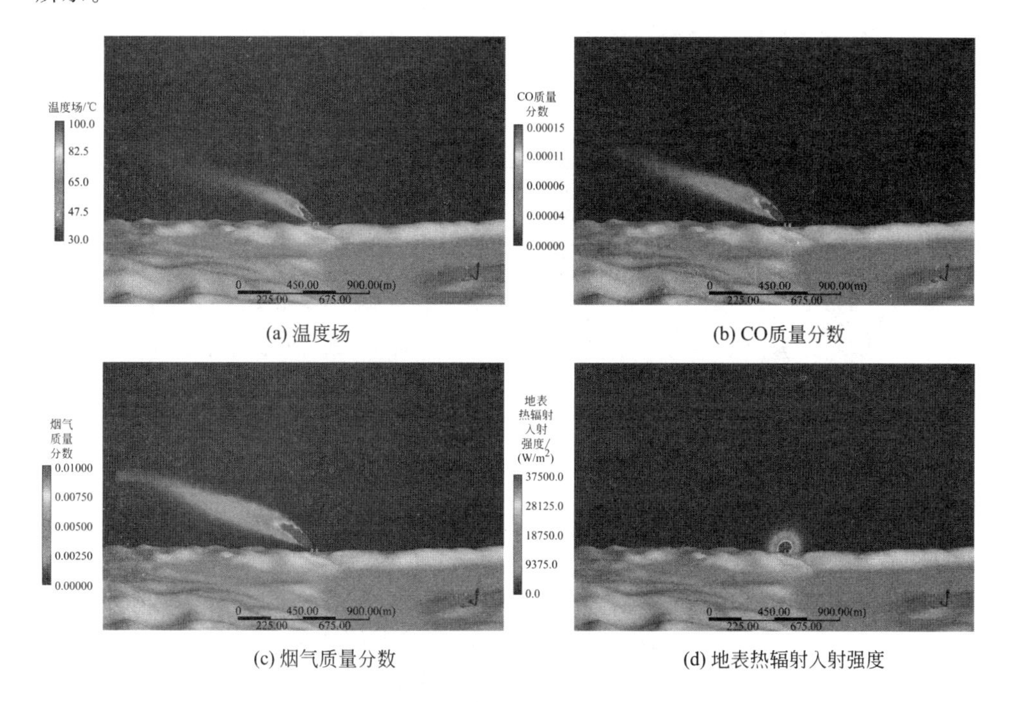

(a) 温度场　(b) CO质量分数　(c) 烟气质量分数　(d) 地表热辐射入射强度

图7.23　油罐火灾污染相关云图

通过图7.23可以看出，与风速为1m/s的模拟结果类似，靠近油罐部分的烟气向上扩散的速度较快、温度较高，CO质量分数及烟气质量分数较高；由于风速的增大，烟气向北倾斜程度增大。靠近油罐部分油料燃烧产生的火焰具有较高的热量，热量越高对流传质越快，因此烟气向上蹿升越快；随着烟团的不断上升，其温度因与空气的对流换热作用而不断下降，CO及烟气在随着烟团的扩散过程中不断被稀释，因此质量分数也不断降低。

地表相关物理量显示及人员伤亡范围评估如图7.24所示。

油库火灾爆炸大气污染以热辐射为主要破坏形式，通过图7.24可以看出，虽然风速增大到5m/s，在单罐着火的条件下，该油罐的热辐射污染等级分布与工况1相差不大：其中以着火油罐为中心，对人员损害达到一级的范围大约为直径80m的圆形区域；5个罐子组成的罐群中，除已起火的油罐，该罐群中有3个罐子处于一级热辐射污染范围内，另一个罐的边缘也被辐射到。因此可以推断，在实际发生油库火灾污染的情况下，如果已燃油罐的火灾得不到有效地控制，那么有可能会引发其他油罐的燃烧，辐射污染范围将更广；一级热辐射污染范围向外扩散达到二级污染范围，二级污染范围是比一级污染范围直径约长 40m 的圆环，在该区域内热辐射能量也较高，可致人重大损伤——二级烧伤；三级和四级的范围是分别比二级污染区长 70m、100m 的圆环区，该范围内热辐射能量较小，基本不会对人员造成明显的伤害；最外层的五级热辐射区域的辐射能量更小，在该区域内的人员可认为是安全的。另外，在风速为 1～5m/s 区间范围内，风速变化对火灾热辐射污染影响不大。

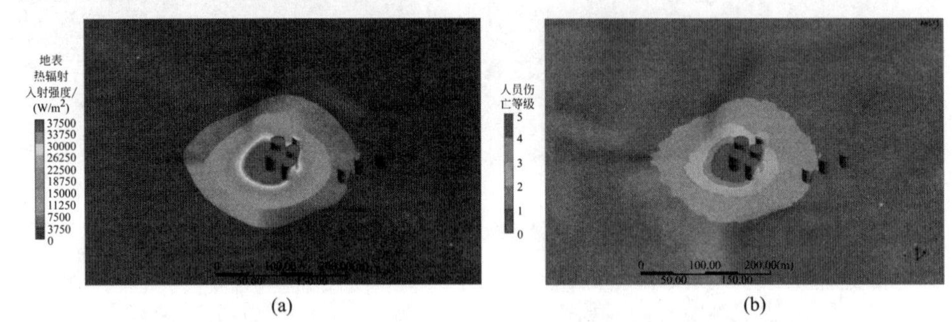

图 7.24　地表热辐射入射强度及人员伤亡等级分布

如图 7.25 所示，计算结果表明，CO 的一级伤害浓度仅在燃烧油罐的上方罐口的位置，CO 在地表的浓度分布均处于安全范围，不会对人员造成伤害。

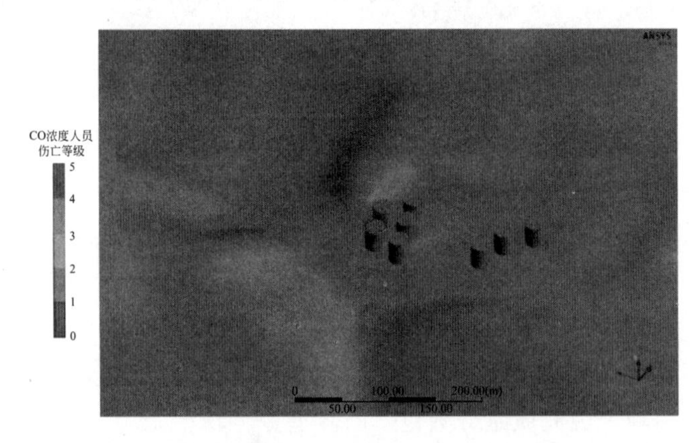

图 7.25　地表 CO 浓度人员伤亡等级分布

(3) 冬季北风 (1m/s) 单油罐起火计算结果 (C 场景)

沿风向方向过起火油罐做一个垂直切面，显示其相关物理量，如图 7.26 所示。

通过图 7.26 可以看出，与前两种工况类似，当油库发生火灾时，靠近油罐部分的烟气向上扩散速度较快、温度较高，CO 质量分数及烟气质量分数较高；在风的影响下，烟气略向北倾斜。原因是靠近油罐部分油料燃烧产生的火焰具有较高的热量，热量越高对流传质越快，因此烟气向上蹿升越快；随着烟团的不断

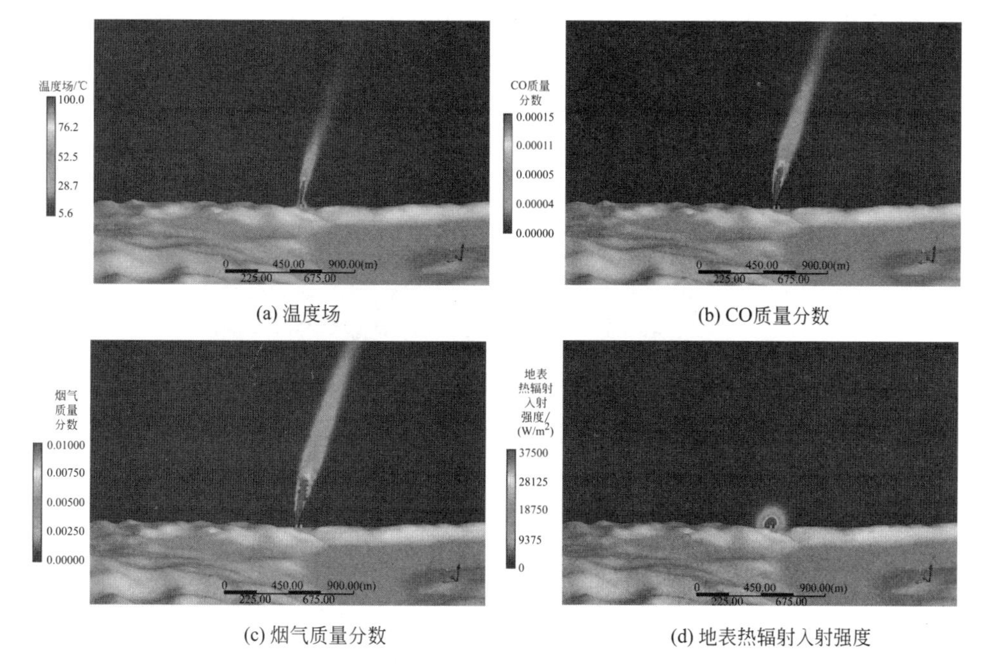

(a) 温度场　　(b) CO质量分数

(c) 烟气质量分数　　(d) 地表热辐射入射强度

图 7.26　油罐火灾污染相关云图

上升，其温度因与空气的对流换热作用而不断下降，CO 及烟气在随着烟团的扩散过程中不断被稀释，因此质量分数也不断降低。

地表相关物理量显示及人员伤亡范围评估，如图 7.27 所示。

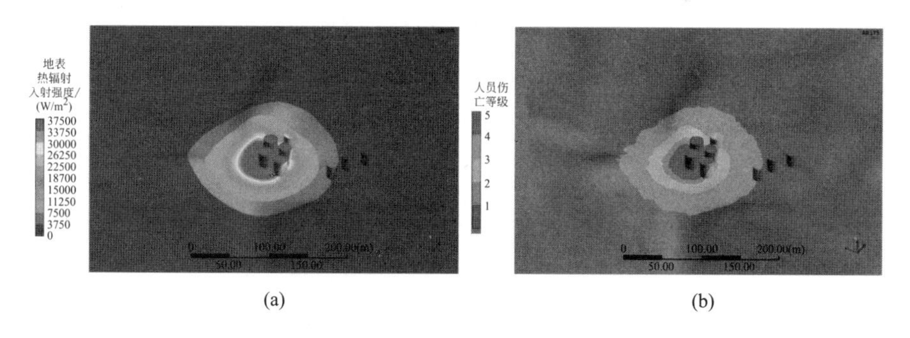

(a)　　(b)

图 7.27　地表热辐射入射强度及人员伤亡等级分布

油库火灾爆炸大气污染以热辐射为主要破坏形式，由图 7.27 可以看出，与前两种工况结果类似，在北风为 1m/s、单罐着火的条件下，该油罐的热辐射污染范围也较广：其中以着火油罐为中心，对人员损害达到一级的范围大约为直径 80m 的圆形区域；5 个罐子组成的罐群中，除已起火的油罐，该罐群中有 3 个罐子处于一级热辐射污染范围内，另一个罐的边缘也被辐射到。因此可以推断，在实际发生油库火灾污染的情况下，如果已燃油罐的火灾得不到有效地控制，那么有可能会引发其他油罐的燃烧，辐射污染范围将更广；一级热辐射污染范围向外扩散达到二级污染范围，二级污染范围是比一级污染范围直径大概长 40m 的圆环，在该区域内热辐射能量也较高，可致人重大损伤——二级烧伤；三级和四级的范围是分别比二级污染区长 70m、100m 的圆环区，在该范围内热辐射能量较小，基本不会对人员造成明显的伤害；最外层的五级热辐射区域的辐射能量更小，在该区域内的人员可认为是安全的，如图 7.28 所示。

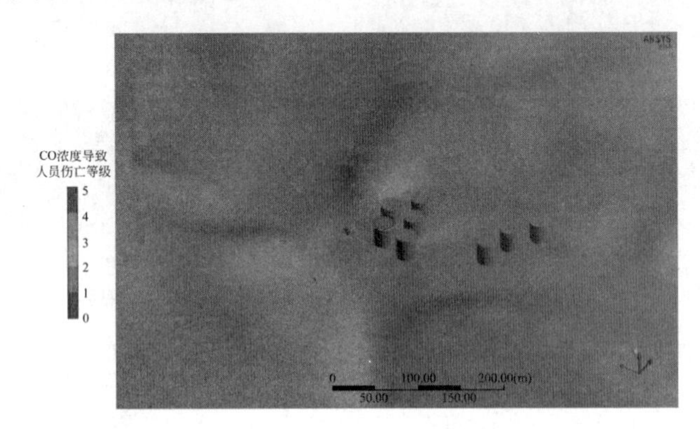

图 7.28 地表 CO 浓度人员伤亡等级分布

(4) 冬季北风 (1m/s) 多油罐顺序起火计算结果 (D 场景)

沿风向方向经过起火油罐做一个垂直切面，显示其相关物理量，如图 7.29 所示。

(a) 第1油罐起火后

(b) 第2～4油罐起火后

(c) 第5油罐起火后

图 7.29 油罐火灾污染相关云图

地表相关物理量显示及人员伤亡范围评估如图 7.30 所示。

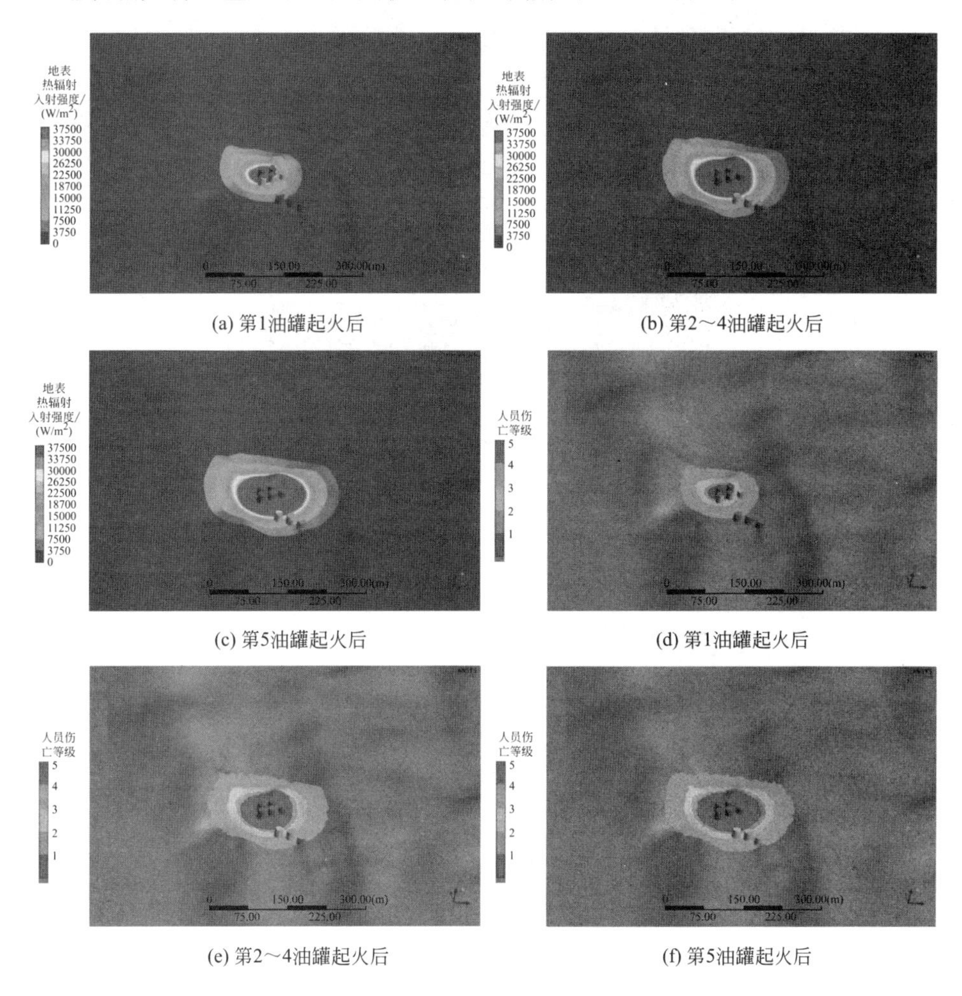

(a) 第1油罐起火后　(b) 第2～4油罐起火后

(c) 第5油罐起火后　(d) 第1油罐起火后

(e) 第2～4油罐起火后　(f) 第5油罐起火后

图 7.30　地表热辐射入射强度及人员伤亡等级分布

通过对一个油罐火灾导致的多个油罐火灾污染的计算结果可以看出，随着着火油罐数的增加，辐射污染的范围更广，其中尤其以一级伤害范围增加的最多，从直径 80m 的圆增加到直径 225m 的圆，污染范围甚广；相比较，2～4 级污染圆环的面积有增加，但幅度没有 1 级污染大。

通过分析一个油罐火灾导致的多个油罐火灾污染的计算结果可以看出，随着着火油罐数的增加，CO 1 级危害范围增加的规律相同，增加的 1 级污染范围均在新增燃烧罐的罐口，在最后 5 个罐全部燃烧的条件下，地表的 CO 的浓度处于 5 级污染范围，不会对人员产生危害。

以重庆某油库为例进行了真实条件下的油库火灾污染数值模拟分析，分别考

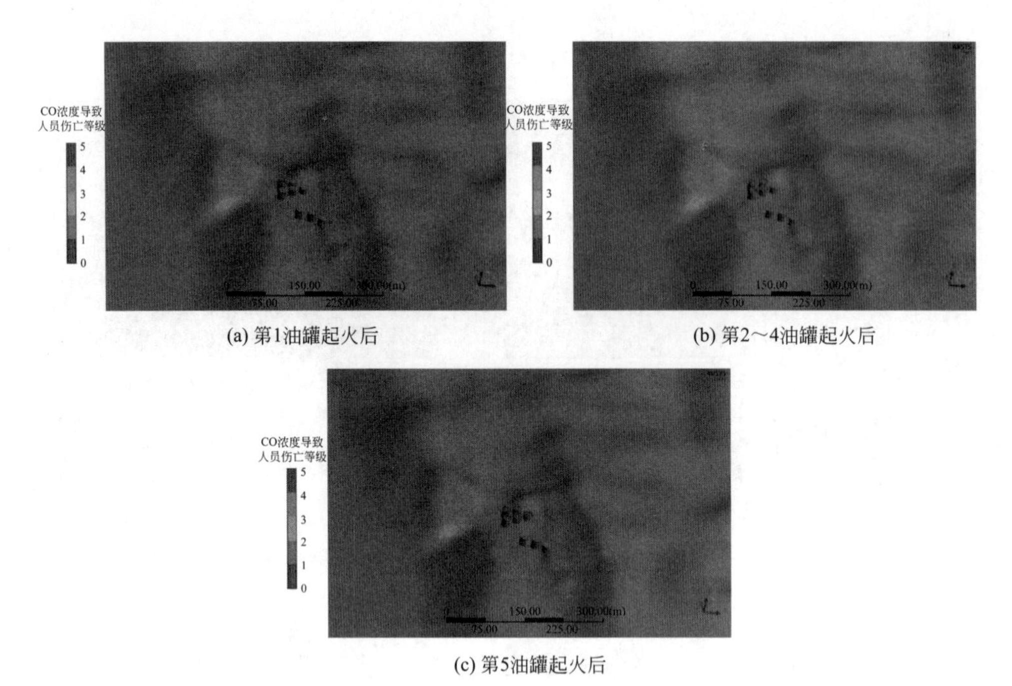

(a) 第1油罐起火后

(b) 第2～4油罐起火后

(c) 第5油罐起火后

图 7.31 地表相关物理量显示及人员伤亡范围评估云图

虑了四种工况：a. 夏季南风 1m/s，单罐起火；b. 夏季南风 5m/s，单罐起火；c. 冬季北风 1m/s，单罐起火；d. 冬季北风 1m/s，油罐 1 先起火，随后同时引燃油罐 2～4，然后又引燃油罐 5，而油罐 6～8 未起火（图 7.31）。通过对四种工况条件下的油罐火灾污染数值模拟分析可以看出：热辐射是主要的污染方式，如果有一个油罐发生了火灾，其热辐射对周边环境的影响较大；对比相同季节不同风速、不同季节相同风速的单罐火灾辐射污染结果表明，火灾热辐射的污染范围受风速的影响较小，向周边环境辐射传热较为稳定；当一个油罐燃烧引起周边油罐相继燃烧时，热辐射一级污染范围增加幅度明显高于其他四个级别污染范围增加的幅度；CO 浓度对地表人群影响不大，其一级污染范围仅在燃烧的油罐的罐口位置。

结合油罐火灾数值模拟得到的热辐射分布信息与朝阳河油库周边环境可知，当油罐发生火灾后，其强烈的热辐射可引发油库周边可燃物（树林、建筑物等）的次生燃烧，当油罐相继起火后，其污染范围将更广。

7.2 基于遥感技术的油库火灾爆炸大气污染破坏评估研究

基于遥感技术的油库火灾爆炸造成的大气污染损害评估研究，目标是要能够根据遥感监测信息结合周围环境实现油库火灾爆炸产生的大气污染的危害程度评估，即通过研究油库火灾爆炸产生的大气污染的遥感监测数据来实现遥感发现、识别并监测油料燃烧后产物，进而根据遥感监测数据大尺度、及时的特点，使用这些半定量、定性的数据进行气体污染物的扩散模拟预测；再根据大气污染扩散模拟预测的浓度分布以及污染区域的人口分布、生态敏感分布、不同气体污染物的相关特性等，采用图形叠置法并结合 ArcGIS 技术来评估污染扩散造成的危害，进行危害等级的划分。

7.2.1　基于遥感技术的油库火灾爆炸大气污染损害研究

采用图形叠置法和 ArcGIS 相结合的方法来进行油库火灾爆炸大气污染损害评估，并通过具体指标来表征油库火灾爆炸大气污染损害程度，以及进行定量分析和分级评价，构成分级指标体系，从而形成基于遥感技术的油库火灾爆炸大气污染的损害评估体系。具体评估流程见图 7.32。

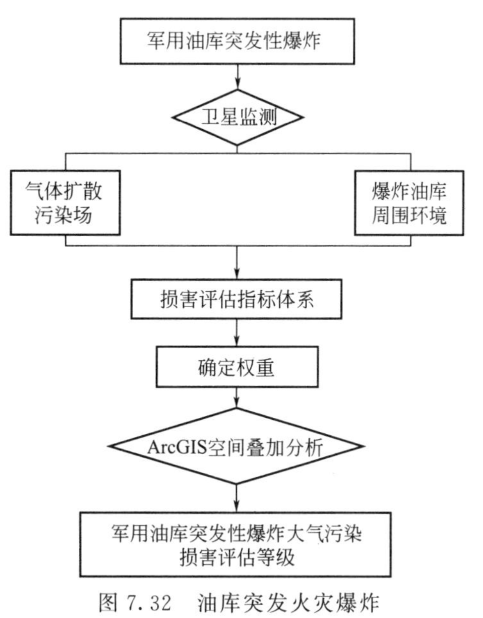

图 7.32　油库突发火灾爆炸大气污染损害评估流程

7.2.1.1　基于 ArcGIS 的图形叠置法

图形叠置法是利用叠置地图进行环境评价的方法，主要用于分析评价变量分布空间范围很广的环境影响。该方法是用地图的形式直观地展现油料火灾爆炸对环境的影响以及潜在的威胁。首先在一张地图上标注油料火灾爆炸点的位置、要考虑影响评价的区域和轮廓基图作为基图，即对于每一种受影响的当地环境因素都准备一张透明的图片，将各种透明片叠加到基图上就可以得知油料火灾爆炸对环境的综合影响，并且容易说明整个复合影响与受影响地点军民分布的关系，也可决定不利影响的分布。

ArcGIS 是一种综合分析、处理空间数据的信息管理系统，同时也具备很强的属性数据处理能力。在计算机软硬件的支持下，能够对空间相关数据进行采集、管理，提供多种空间和动态的地理信息，为地理研究和地理决策提供服务。其最重要的特点在于把需要研究的数据和反映地理位置的图形有效地结合起来，从而根据应用的需要进行信息的空间分析处理，使决策者处在一个可视化的环境中。

传统的图形叠置法在应用中有不少局限，如叠置的透明图不能太多，无法精确计算出区域面积等。将 ArcGIS 技术和图形叠置法相结合，可以充分利用两者的优点，借助 ArcGIS 技术，方便实现地图间的叠置和空间数据的提取、处理，从而大幅提高油料火灾爆炸大气污染评估工作的效率和结论的可靠性。

在 ArcGIS 操作界面上，通过叠合分析，在同一个坐标系内的不同图层上的空间信息（包括空间数据和属性数据），按相同的空间位置叠合在一起，合成一个新的图层，新图层的属性数据包含了输入图层中所有的属性，如图 7.33 所示。因此，本研究具体的方法为：将遥感反演得到的不同图层，包括污染物扩散信息、污染受体、水体等生态敏感点的分布信息叠加在一起，根据油料火灾爆炸产生的大气污染的扩散及危害途径，建立合适的评价指标体系，进而根据不同权重对不同图层进行叠加计算即可得到油库火灾爆炸大气污染的损害程度。

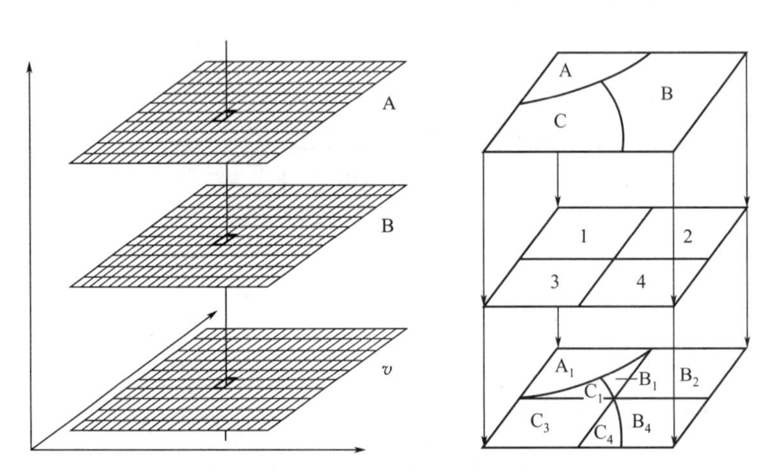

图 7.33 ArcGIS 界面的图形叠置法

7.2.1.2 油料火灾爆炸气体污染物的危害途径

油料主要含碳和氢两种元素，两种元素的总含量平均为 97%～98%（质量分数），也有达到 99%的，同时含有少量的硫、氧、氮等。油库如发生火灾爆炸，在短时间内油料因为剧烈燃烧爆炸并呈发展态势，在短时间内氧气难以供应充足，所以在氧气严重不足的情况下油料的燃烧属于不完全燃烧，不完全燃烧过程中产生大量不完全燃烧产物，主要包括 CO 和炭黑颗粒；另外，油料火灾的燃烧产物还包括硫氧化物、氮氧化物、烃类化合物等，还有部分挥发性有机污染物等，前述开敞空间油料外场实验测试中也确定了这些污染物的存在。由油料火灾爆炸产生的大气污染扩散对周围环境的危害途径具体包括以下几个方面。

(1) 对人员的影响

油料火灾爆炸产生的大气污染主要表现在人体直接吸入污染物所造成的损伤。CO吸入可以使人体血液中缺少氧而产生中毒反应（表7.8），而CO_2也会对人产生窒息作用，使人丧失逃生能力；SO_2在一定浓度下对呼吸道，特别是对上呼吸道有刺激作用，并可影响呼吸功能，对眼结膜也有刺激作用并可引起炎症（表7.9）；NO可作用于人体中枢神经系统，并能和血红蛋白结合，导致红细胞携带氧能力下降；NO_2在人体内可形成亚硝酸和硝酸，对肺组织产生强烈的刺激和腐蚀作用，引起肺水肿（表7.10）。CO、SO_2的物化性质、毒理性质、伤害阈值如表7.11所列。

表7.8 空气中不同CO浓度对人体的损害

CO浓度/(μL/L)	对人体的反应
24～50	连续呼吸数小时无明显反应
50～100	连续呼吸4h以上会有轻微头痛和口感回甜味
100～150	连续呼吸4h以上会感到耳鸣、头痛出现轻微中毒，但当吸入新鲜空气后，即恢复正常
150～250	连续呼吸3h以上，会感到耳鸣、头痛、头晕、恶心、呕吐、心跳加快，出现轻度中毒
250～450	连续呼吸1h以上，会感到耳鸣，头痛，头晕，心跳加快及口唇、指甲、皮肤黏膜出现樱桃红色、多汗，出现中度中毒
450～600	连续呼吸1h以上，会感到耳鸣、多汗、头痛、心跳加快及呕吐，心律失常、烦躁，出现中度中毒
600～900	连续呼吸20～30min出现头痛、四肢无力、呕吐、丧失行动能力及昏迷症状，属于重度中毒
900～1400	连续呼吸2min以上，出现呼吸困难、丧失知觉、昏迷阵发性痉挛、大小便失禁甚至死亡，属于急性中毒
1500以上	人员一旦进入该区域，就可发生急性中毒而死亡

表7.9 空气中不同SO_2浓度对人体的损害

SO_2浓度/(μL/L)	对人体的反应
0.1～0.3	仅可由味觉感知
0.5	可被嗅觉感知
3.5～5	可闻到刺鼻的硫气味
5	可引起呼吸道阻力增加，暴露3h，肺功能轻度减弱，但黏液分泌和纤毛运动能力尚未改变
10～15	呼吸道纤毛运动和黏液分泌功能均受到抑制
20	鼻腔和上呼吸道受到明显刺激，引起咳嗽，眼睛也有不适感
100	支气管和肺组织明显受损，可引起急性支气管炎、肺水肿和呼吸道麻痹
400～500	危及生命

表 7.10 空气中不同 NO_2 浓度对人体的损害

NO_2 浓度/(μL/L)	对人体的反应
40	经过 2～4h 还不会引起显著的中毒现象
60	短时间呼吸道有刺激作用，咳嗽、胸痛
100	短时间对呼吸器官引起强烈刺激作用，剧烈咳嗽、声带痉挛收缩、呕吐、神经系统麻木
250	短时间内死亡

表 7.11 CO、SO_2 的物化性质、毒理性质及伤害阈值

污染物	物化性质		毒理性质及伤害阈值			
	闪点/℃	密度/(g/cm³)	危险类别	LC_{50}/(mg/m³)	IDLH/(mg/m³)	短时间接触容许浓度/(mg/m³)
CO	<−50	1.25×10^{-3}	易燃气体	2069/4h	1700	30
SO_2	—	2.92×10^{-3}	有毒气体	6600/2h	270	10

注：表中 LC_{50} 为在动物急性试验中，使受试动物半数死亡的毒物浓度；IDLH 为立即威胁生命和健康的浓度。

醛类化合物会对人的眼睛、鼻子黏膜组织产生刺激作用，还会使人咳嗽、呕吐等，症状严重者危害中枢神经，长时间接触也使人丧失逃生能力；苯类化合物可表现出毒性、刺激性，而且有些化合物有基因毒性；悬浮性的炭粒，通常粒径在几微米到几十微米不等，较大粒径的炭颗粒可以直接随呼吸进入肺部并沉积在呼吸道和肺表面，影响呼吸的畅通和气体交换，而较小颗粒的炭粒影响更大，可以直接进入血液，沉积较多则会严重影响心脏负荷。

此外，一些燃烧产物如 SO_2、NO_x 等酸性物质是酸雨形成的主要污染物，酸雨以降水的方式污染水源地、植物或土壤，通过饮水或食物链进入人体，造成人员中毒。

(2) 对社会的影响

突发性油库火灾爆炸造成的大气污染具有扩散迅速、扩散范围广等特点，当污染物浓度很高时，其对社会可造成重大影响和损害。对社会的危害主要考虑突发性油库火灾爆炸事件造成的大气污染扩散之后需人群撤离的危害以及对动植物的危害等。油库火灾爆炸释放的大量有害气体，如烃类、卤代烷类、苯类和 NO_x、SO_2 等可对植物造成巨大伤害，尤其是 SO_2，植物对 SO_2 异常敏感，超过一定临界值时，短时期内就可以出现伤害，使植物出现不可逆转的损伤；如前所述，烟气会对人体产生很大的影响，同样会对动物产生重大损害，因此使油库周围的畜牧业遭受影响。

(3) 对生态环境的影响

油库火灾爆炸产生的气体污染物通过干、湿沉降对生态环境产生损害，造成生态系统生态服务功能的损失。油料燃烧产生的酸性污染物如 SO_2、NO_x 等以及可吸入颗粒物是否会降落到地面，取决于当时的气象水文条件。一旦下雨，SO_2 及 NO_x 在金属离子催化剂作用下，与大气中的水气结合成酸雨降落到地面，对地面的生态环境造成两方面的影响：一方面是污染水源，如果污染物质周围有地表水，将很快造成污染，而污染地下水源则是一个长期的问题；另一方面是对于自然保护区的影响，若是污染物质扩散、降落在自然保护区内，将会对珍稀动植物造成不可磨灭的影响。

7.2.2　外场实验案例分析

基于多图层的评价方法，本研究以在后勤工程学院的油库火灾爆炸模拟实验为案例，基于遥感技术评估其燃烧产生的大气污染所造成的损害，下面主要展现基于 ArcGIS 的图形叠加法的方法体系。根据现有数据的可得性，本案例以模拟实验监测得到的各气体污染物浓度最大值为持续扩散强度，根据高斯扩散模型得到气体污染扩散场，并根据所建的大气污染损害评估指标体系评估本次油料火灾爆炸产生的大气污染损害。

（1）基于 ArcGIS 的图层叠加

后勤工程学院位于重庆市沙坪坝区陈家桥镇，周围居民区较为稀疏，水体等生态敏感点较少，没有饮用水源区，见图 7.34。因此，假设后勤工程学院为军队驻扎地，水体一为饮用水源地，水体二为非饮用水源地，从建立的油库火灾爆炸大气污染损害评估指标体系的 11 个指标中选取其中 6 个，包括水体、军队、居民区、CO 浓度等级分布、NO_2 浓度等级分布以及 SO_2 浓度等级分布，并准备相关图层，如图 7.35 所示。

图 7.34　油库火灾爆炸模拟实验污染源及周围环境

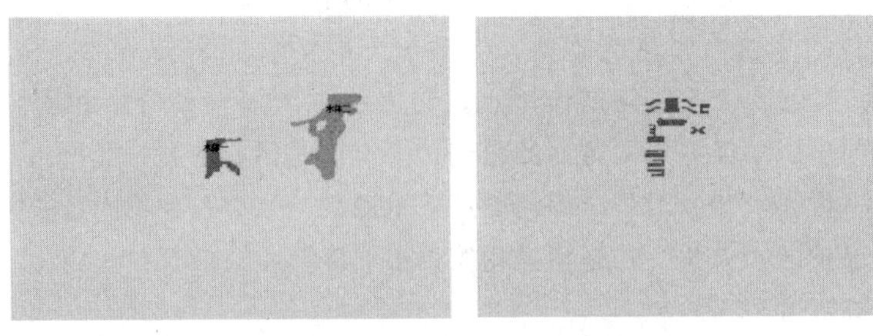

(a) 图层一：水体

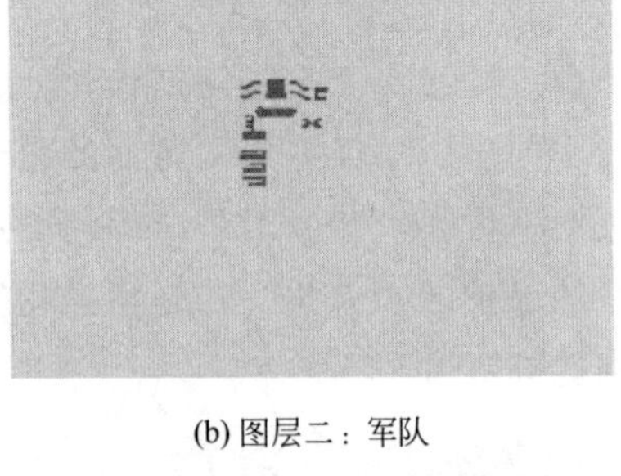

(b) 图层二：军队

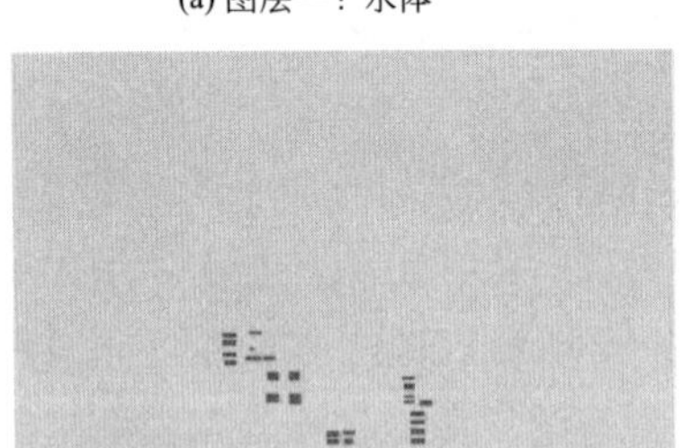

(c) 图层三：居民区

(d) 图层四：CO浓度等级分布

(e) 图层五：SO_2浓度等级分布

(f) 图层六：NO_2浓度等级分布

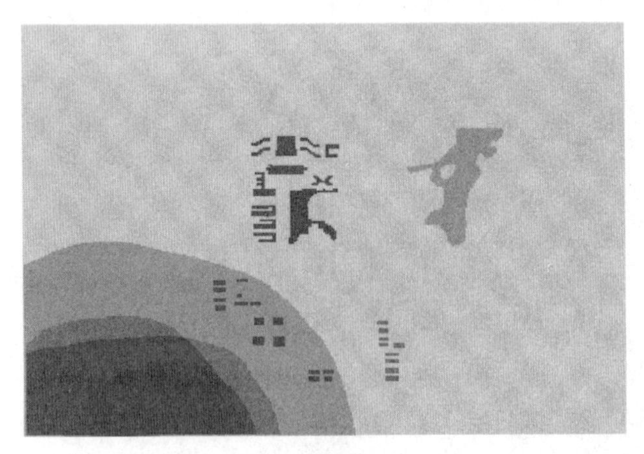

(g) 图层叠加

图 7.35　六指标图层及图层叠加

(2) 结果分析

本案例的目的是展示基于遥感技术的油库火灾爆炸产生的大气污染损害评估的方法体系，即基于 ArcGIS 的图层叠置法。在本案例中，各个指标为等权重以评估由油库火灾爆炸产生的大气污染的损害等级。由图层叠加分析可知，油料火灾爆炸所产生的大气污染对所选研究系统边界的西南方位影响较大，但这片区域多为环城公路或山区，而对后勤工程学院或周围的军民居住区损害较小。

7.2.3 油库火灾下的环境及人员伤害的评估模式开发

本仿真分析研究是基于在 CFX 软件上的二次开发来实现的。CFX 软件能够很好地求解流体动力学方程（包括传质、传热、动量传递、组分输运方程）；但 CFX 只是通用的仿真分析软件，针对本研究有其明显的缺陷：

① 软件本身无法直接仿真大气边界层（ABL）效应；

② 软件本身无法直接仿真风速/风向不稳定性效应；

③ 软件本身无法直接仿真地表粗糙度（湖泊、草地、森林、城市建筑物等）效应；

④ 软件本身无法直接仿真火源燃烧不稳定效应；

⑤ 软件本身无法直接仿真火源高温引燃附近可燃物的火灾蔓延效应；

⑥ 不能进行环境和安全评估。

上述①～⑤条已在 7.1 节进行了分项测试，并做了二次开发，同时重点编写了基于流体动力学计算结果的环境和安全评估后处理程序。

研究结果表明：由于高温效应，火灾所产生的毒气（如 CO 等）基本是沿高空方向、风向下游方向对流扩散，毒气在地表附近的浓度较低，并不会对人员造成明显伤害；但火灾在油库附近的热辐射强度极大，会在百米量级的范围内对人员造成烧伤，甚至死亡威胁。热辐射和 CO 浓度造成的伤害指标见表 7.12 和表 7.8。

表 7.12　热辐射的不同入射通量所造成的损失

序号	对设备的损害	对人的伤害	入射通量/(kW/m^2)
1	操作设备全部损坏	10s 内 1%人员死亡	37.5
2	无火焰时，长时间辐射下木材燃烧的最小能量	重大损伤（二度烧伤）	25
3	有火焰时，木材燃烧、塑料融化的最低能量	一度烧伤	12.5
4	—	20s 以上感觉痛痒，未必起泡	4
5	—	长期接触不会有不适感	1.6

形成相应的热辐射人员伤害评估程序（程序片段，不可执行）：

```
USER SCALAR VARIABLE:RI
  Boundary Values = Conservative
  Calculate Global Range = On
  Component Index = 1
  Expression = myRI
  Recipe = Expression
  Variable to Copy = Pressure
  Variable to Gradient = Pressure
END
USER SCALAR VARIABLE:RIdamage
  Boundary Values = Conservative
  Calculate Global Range = On
  Component Index = 1
  Expression = myDamage
  Recipe = Expression
  Variable to Copy = Pressure
  Variable to Gradient = Pressure
END
LIBRARY:
  CEL:
    EXPRESSIONS:
      myDamage = if(RI/1.0[W m^-2]>37500,1.0,if(RI/1.0[W m^-2]>25000,\
      2.0,if(RI/1.0[W m^-2]>12500,3.0,if(RI/1.0[W m^-2]>4000,4.0,5))))
      myRI = Radiation Intensity*4.0*pi[sr]
    END
  END
END
```

形成相应的CO浓度人员伤害评估程序（程序片段，不可执行）：

```
USER SCALAR VARIABLE:COdamage
  Boundary Values = Conservative
  Calculate Global Range = On
  Component Index = 1
  Expression = myCOdamage
  Recipe = Expression
  Variable to Copy = Pressure
  Variable to Gradient = Pressure
END
USER SCALAR VARIABLE:COmf
  Boundary Values = Conservative
  Calculate Global Range = On
  Component Index = 1
  Expression = myCOmf
  Recipe = Expression
  Variable to Copy = Pressure
  Variable to Gradient = Pressure
END
LIBRARY:
  CEL:
    EXPRESSIONS:
      myCOmf = smoke.Mass Fraction*0.01
      myCOdamage = if(COmf>1500e-6,1.0,if(COmf>600e-6,\
      2.0,if(COmf>150e-6,3.0,if(COmf>50e-6,4.0,5))))
    END
  END
END
```

7.3 油库火灾爆炸大气污染模拟预测与评估的专用软件模块的研制

结合重庆市区域 DEM 高程地形图数据，利用仿真分析综合研究成果，进行油库火灾爆炸大气污染初期模式及环境破坏效应的二次开发方法测试，通过脚本语言和软件自身命令流的结合，实现三维仿真分析的自动化，构建专用软件分析系统，设计并实现其前处理、分析设置及求解、后处理功能，形成可独立使用的专用分析软件模块。

7.3.1 总体设计

7.3.1.1 系统设计要求

(1) 功能要求

油库火灾烟气扩散仿真软件主要由前处理模块、分析设置及求解模块、后处理模块三个部分组成。

(2) 性能要求

软件封装分析设置流程，提供规范化的应用程序，快速完成油库火灾烟气扩散数学物理模型的创建，有效完成仿真分析并获得结果；不与常用软件相冲突；软件有较好的容错机制，保证软件运行的稳定性。

7.3.1.2 系统运行环境

系统运行环境是保证软件正常运行的硬件环境、软件环境以及网络环境的最低要求。本软件的运行环境需求如表 7.13 所列。

表 7.13　系统运行环境

硬件环境	软件环境
CPU:32/64 位奔腾 4 以上,2.5GHz 以上; 内存:2GB 以上; 硬盘:80GB 以上; 显卡:集成/独立显卡	操作系统:Windows XP/Windows 7; 软件平台:ICEM CFD、CFX; 其他:Microsoft Office

7.3.1.3 系统架构

系统架构如图 7.36 所示。

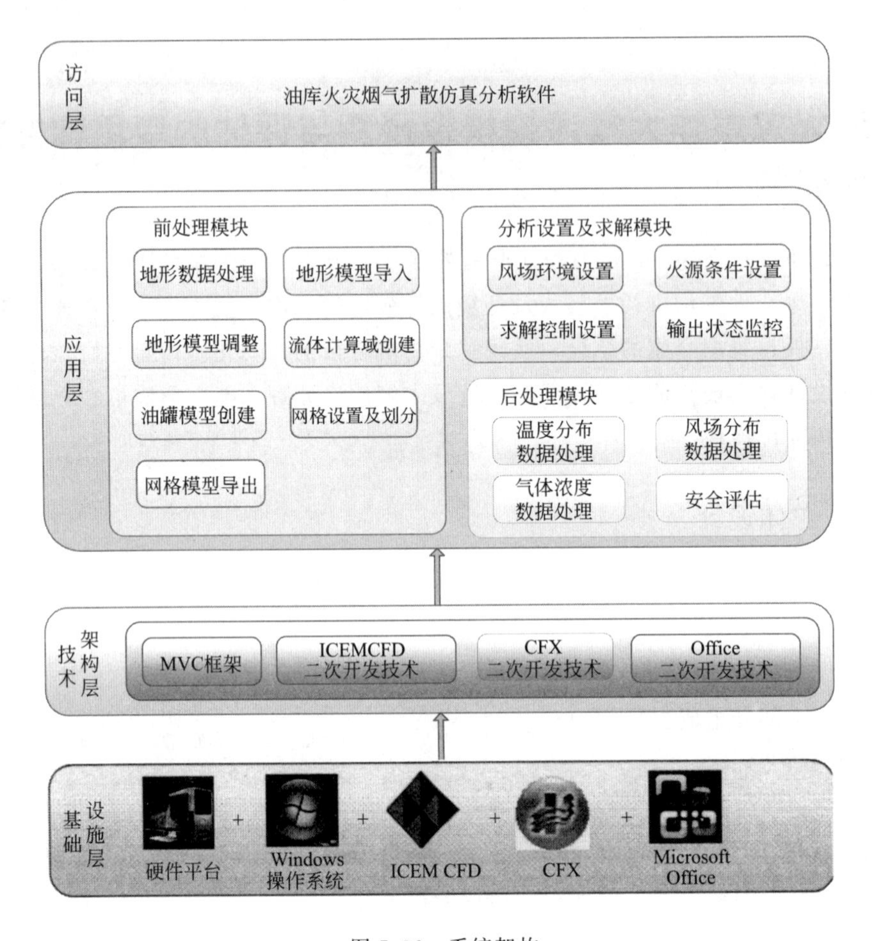

图 7.36 系统架构

(1) 基础设施层

基础设施层为保证软件正常运行所需的软硬件环境。需要特别注意的是，因为本研究是基于对商用 CFD 软件二次开发来完成的，所以需要包括 ICEM CFD 和 CFX。

(2) 技术架构层

技术架构层在软件设计与开发过程中主要使用到的软件设计模式和开发技术，主要包括 MVC 框架（model view controller），是一种业务逻辑、数据、界面显示分离的软件开发模式，通过分层的方式，有效地组织和管理代码，提高软件的开发效率和可维护性。ICEM CFD 二次开发技术，按照自身业务的需求，通过调用 ICEM CFD 的 API 接口来实现自身的业务逻辑，完成前处理模块业务功能的开发与封装。CFX 二次开发技术，按照自身业务的需求，通过调用 CFX 的 API 接口来实现自身的业务逻辑，完成分析设置及求解模块、后处理模块的开发与封装。

（3）应用层

应用层以技术框架为支撑，按照系统的业务逻辑和功能需求，整合了所有模块和功能集合，为访问层的业务执行提供服务。

① 前处理模块。前处理模块主要是为后续仿真分析工作提供模型对象，主要包括地形数据处理、地形模型导入、地形模型调整、流体计算域创建、油罐模型创建、网格设置及划分、网格模型导出等功能。

② 分析设置及求解模块。在有了模型对象的基础上，分析设置及求解模块主要是将火灾燃烧的环境参数和工况条件作用到模型上，在几何模型的基础上建立燃烧过程的物理模型。其本质是建立基于CFD理论的流体动力学方程，最终计算方程组获得相应的计算结果，主要包括风场环境设置、火源条件设置、求解控制设置、输出状态监控等功能。

③ 后处理模块。在计算完成后，得到了以文本数据形式呈现的流场内各个位置上的基本物理量，如速度、压力、温度和浓度等的分布，以及这些物理量随时间的变化情况。后处理模块对这些数据进行提取转换后，以曲线、云图等更加直观的方式呈现出来，使用者能更快地对结果进行评判，主要包括温度分布数据处理、风场分布数据处理、气体浓度数据处理和安全评估等功能。

（4）访问层

访问层是软件的最顶层，以图形界面的方式提供友好的用户交互体验，使用户能在界面中以表单方式输入数值参数来对仿真参数进行设置与提交，以三维视图查看模型及结果，从而简化使用过程，提高工作效率。

7.3.2　系统功能展示

参照传统的CAD、CAE软件的经典界面布局方式，界面主要分为菜单栏区、模型结构树、细节设置面板和三维视图区几个部分，见图7.37。

7.3.2.1　前处理模块应用流程

（1）地形模型导入

指定地形模型文件路径，软件后台通过接口读取地形数据后在三维视图窗口中加载地形模型，同时在模型结构树上加载地形模型相关信息，见图7.38。

（2）地形模型调整

根据实际需要，可选择性的调整模型在坐标分量上的尺度比例，见图7.39。

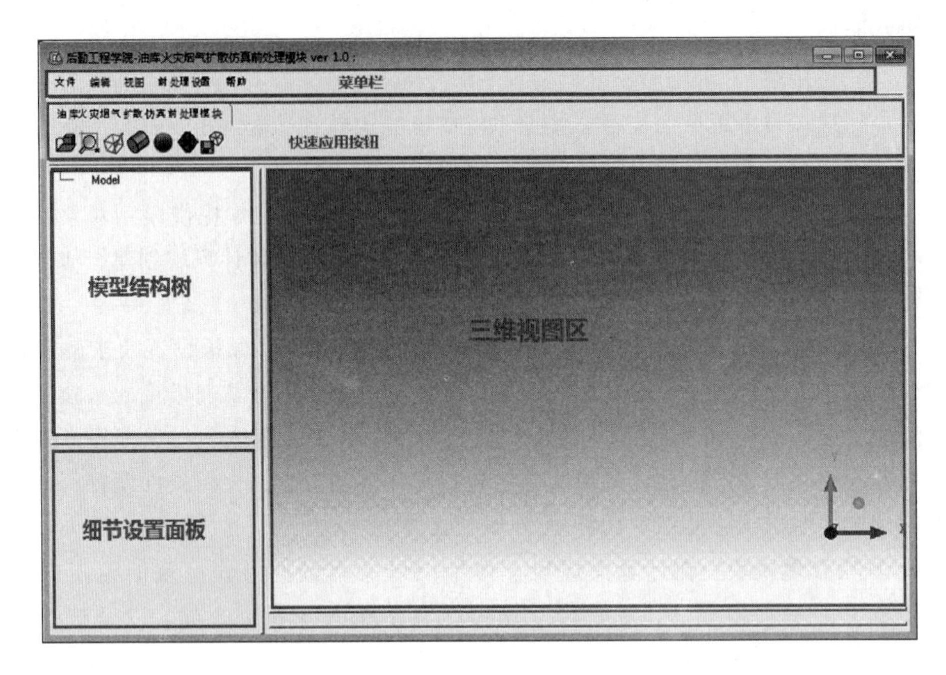

图 7.37　软件界面设计

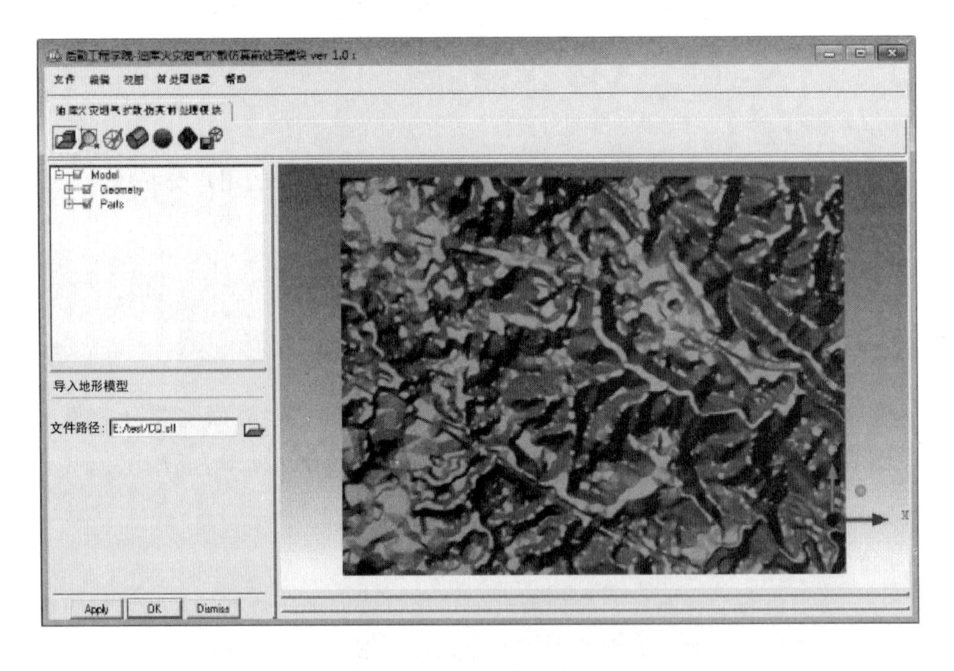

图 7.38　地形模型导入

(3) 创建流体计算域

以地形模型在 XY 平面上的中心位置为坐标原点，通过制定长、宽、高来定义一个包络的封闭空间，后续的火灾烟气扩散仿真即计算在该空间内的烟气扩散状态。流体计算域创建完成后，在工程结构树上可以看到定义的流体计算域的空间边界，见图 7.40。

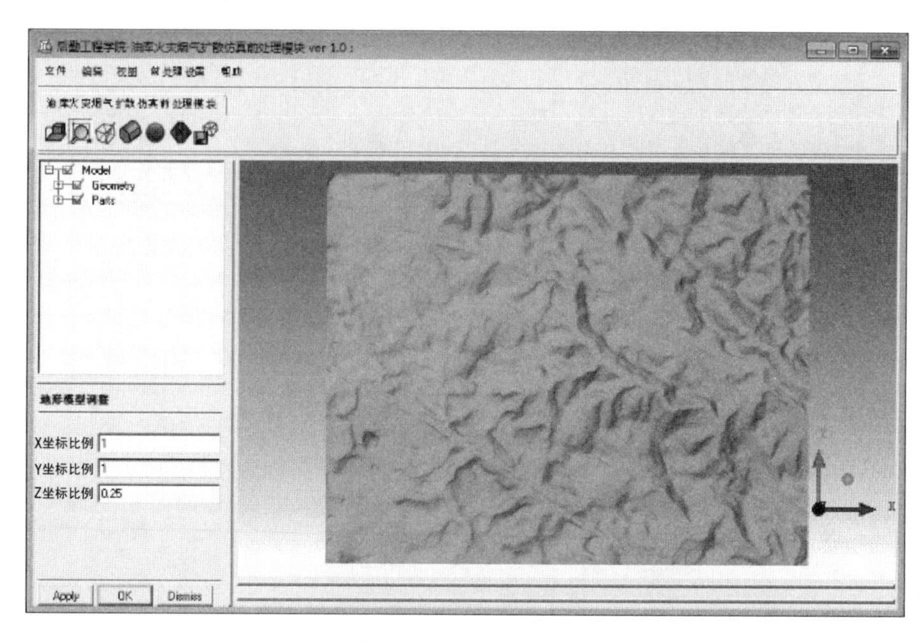

图 7.39　地形模型调整

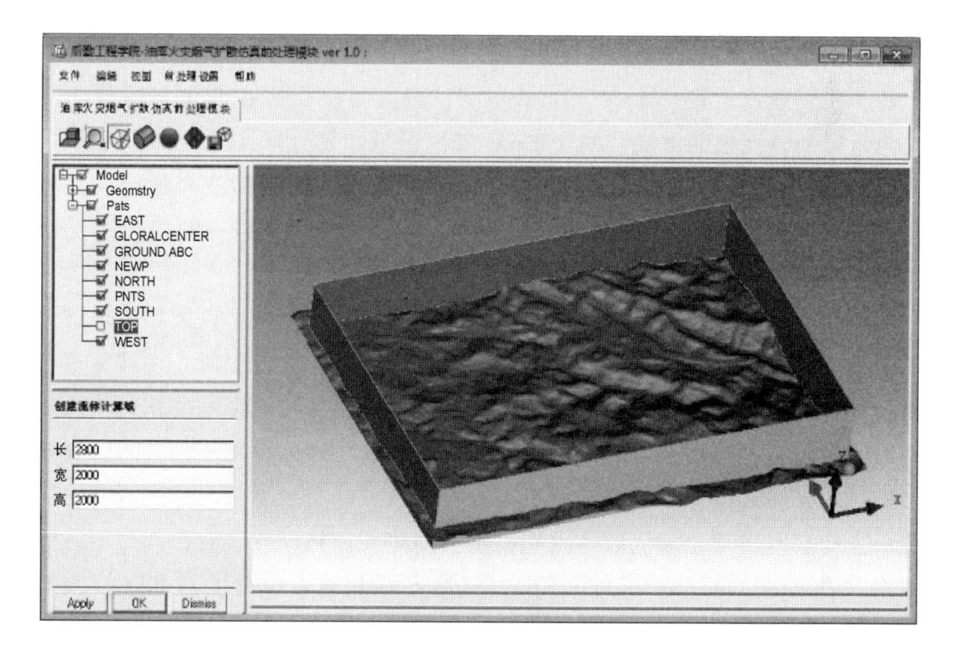

图 7.40　创建流体计算域

(4) 创建油罐模型

通过指定油罐在水平 XY 平面内的坐标位置、油罐的直径和高度，在地形模型上创建油罐模型，见图 7.41。

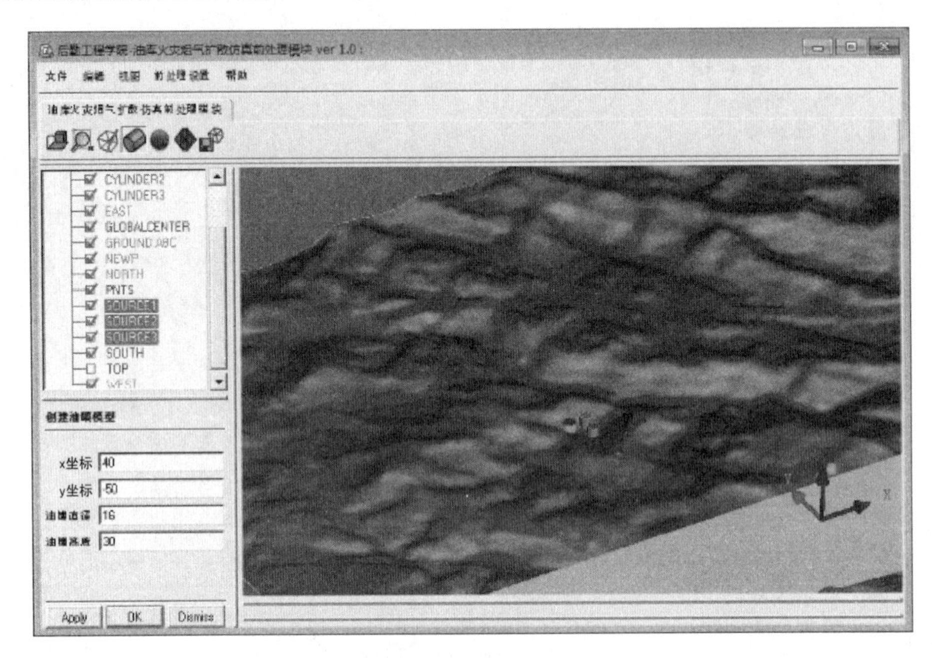

图 7.41 创建油罐模型

(5) 创建 Body

其实质是通过指定一个点（Body）的位置，将该点所在的包络的封闭空间定义为后续划分网格的区域，对于 Body 外的区域，划分网格时会自动忽略掉。

Body 创建时，可以通过手动输入 Body 的 x、y、z 坐标值来指定，也可以选择【自动计算位置】方法通过程序自动计算后创建，见图 7.42。

(6) 网格设置与划分

因为计算模型是在大尺度空间上的，所以在网格划分时不仅需要考虑计算精度的问题，还需要考虑计算负荷的问题。设置的网格尺寸过小时，则计算负荷会加大，导致计算时间长；设置的网格尺寸过大时，会导致油罐这些相对小尺度的模型的网格模型不够精确，导致后续计算的不准确。所以在网格划分时，程序内部会先对定义的流体计算域中的所有对象按照设置的全局网格尺寸进行初次网格划分；当初次网格划分完成后，根据设置的体单元网格尺寸，对油罐模型进行网格细化。因为在仿真过程中，考虑了大气边界层和地表粗糙度对烟气扩散的影响，所以对流体计算域近地面的边界层，根据用户设置的网格层数进行了网格分层处理。网格设置与划分见图 7.43。

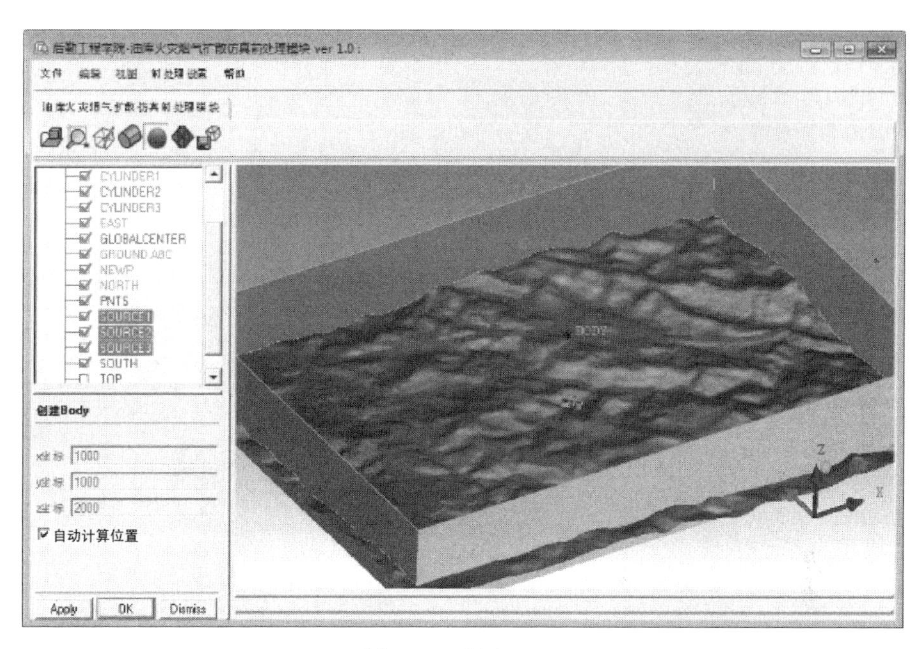

图 7.42　创建 Body

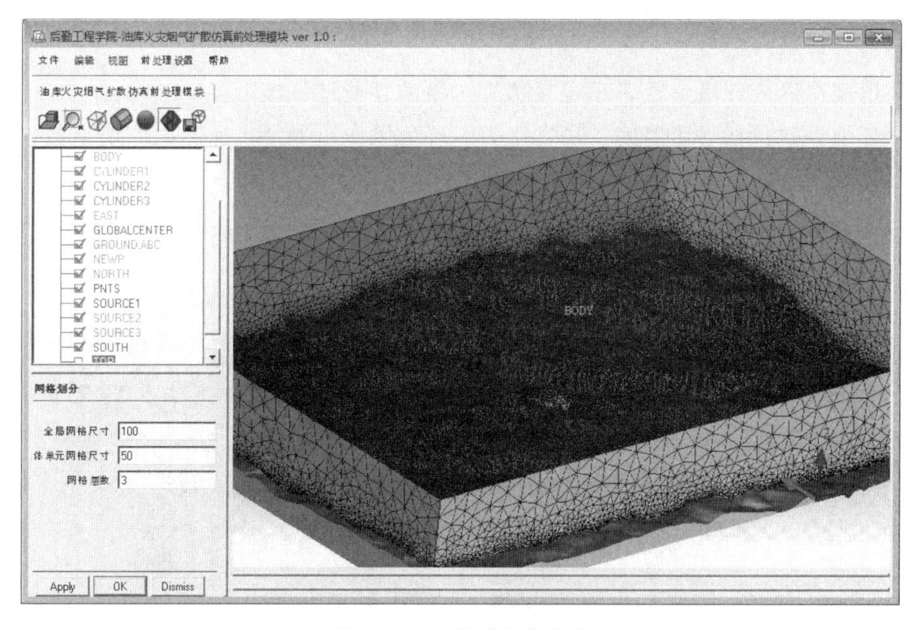

图 7.43　网格设置与划分

（7）导出网格模型

网格划分完成后，通过指定导出路径，将网格模型导出为后续仿真分析需要的文件格式，为后续分析提供网格模型基础。导出网格模型见图 7.44。

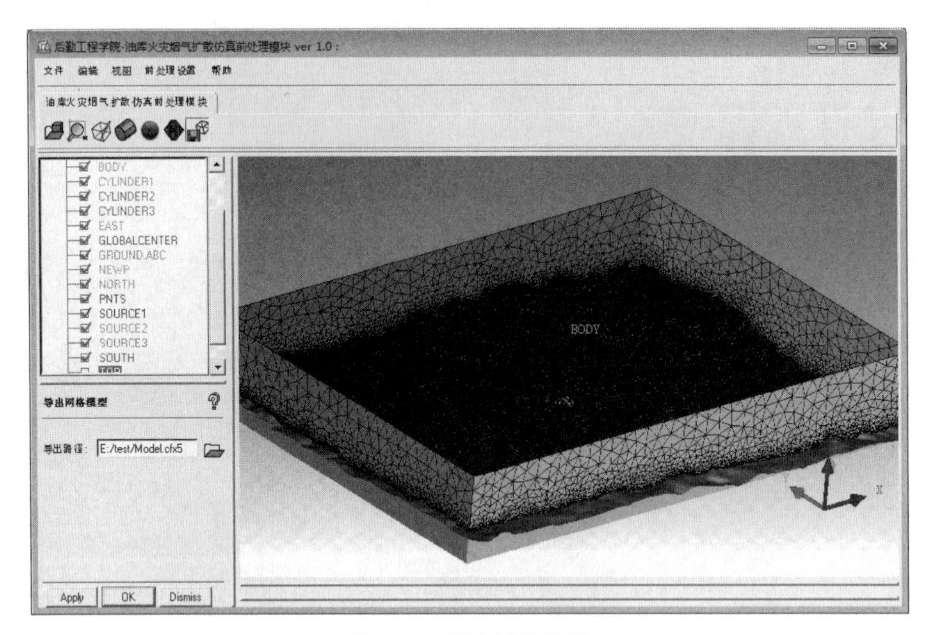

图 7.44 导出网格模型

7.3.2.2 分析设置及求解模块

(1) 环境参数设置

由用户输入环境参数，来定义仿真对象的环境计算模型。

环境参数包括环境温度、环境压力、环境风向、参考风速和风剪切指数，如图 7.45 所示。

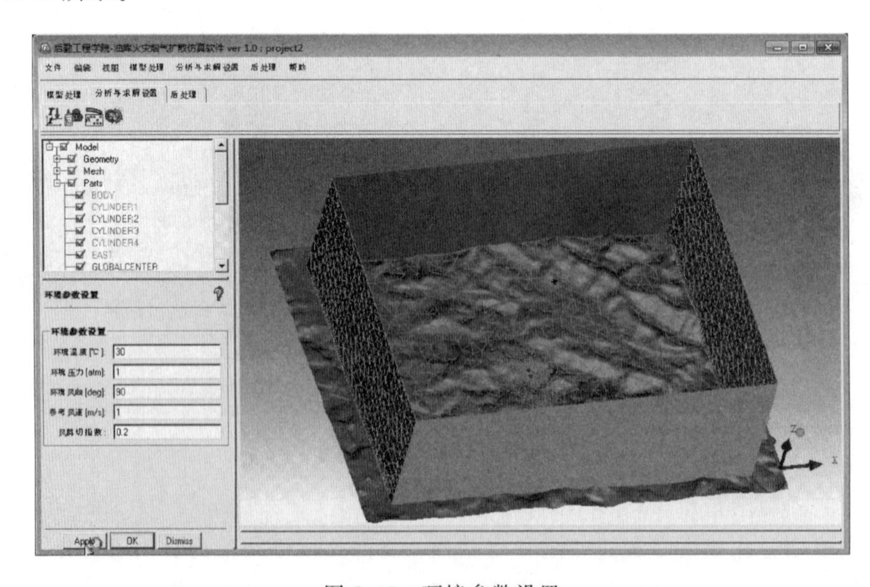

图 7.45 环境参数设置

（2）火源参数设置

由用户输入火源参数，来定义仿真对象的火源计算模型。

火源参数包括燃烧物类型（包括汽油、柴油两种类型）、燃烧率以及由用户从油罐列表中选择燃烧源，如图7.46所示。

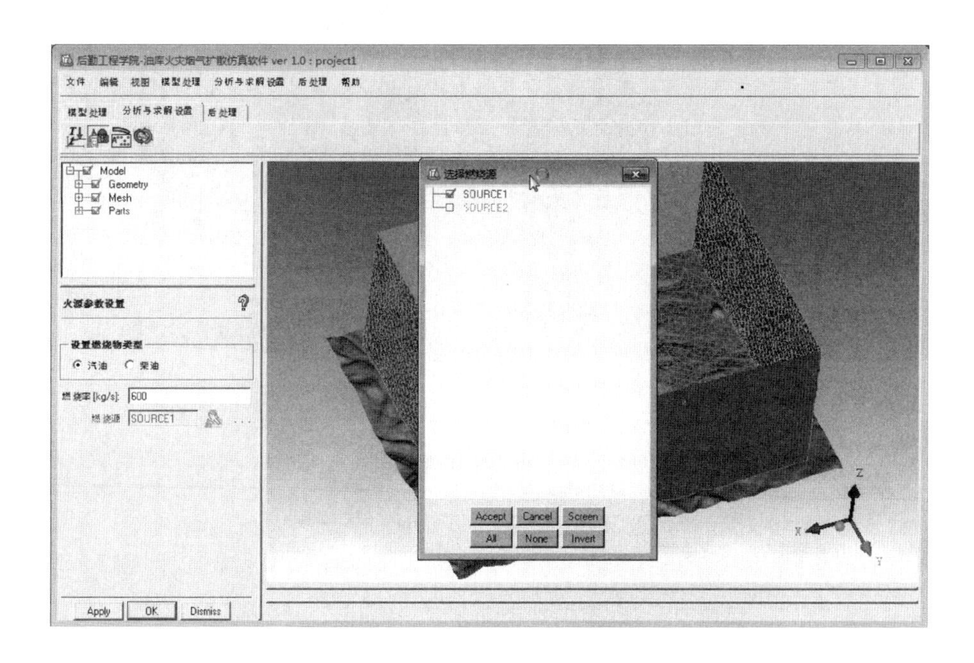

图7.46　火源参数设置

（3）仿真控制参数设置

由用户输入仿真控制参数，来对仿真求解过程进行控制，见图7.47。仿真控制参数有如下几种。

① 对流项。包括迎风格式、高精格式和混合因子模式。

② 仿真参数。包括时间步长、计算时间。

③ 收敛控制参数。包括最大迭代子步、残差收敛精度。

④ 并行参数。包括多核并行数。

（4）提交计算及残差曲线监控

当前面的计算模型及仿真控制参数设置完成后，点击菜单项【提交计算】或者通过快速应用按钮中的【提交计算】项按钮，系统整理用户的计算输入数据，并写出满足CFX求解计算要求的油库火灾烟气扩散仿真待求解文件，通过后台调用CFX求解器，进行提交计算，并实时监控计算过程中的残差曲线的收敛情况。提交计算及残差曲线监控模型见图7.48。

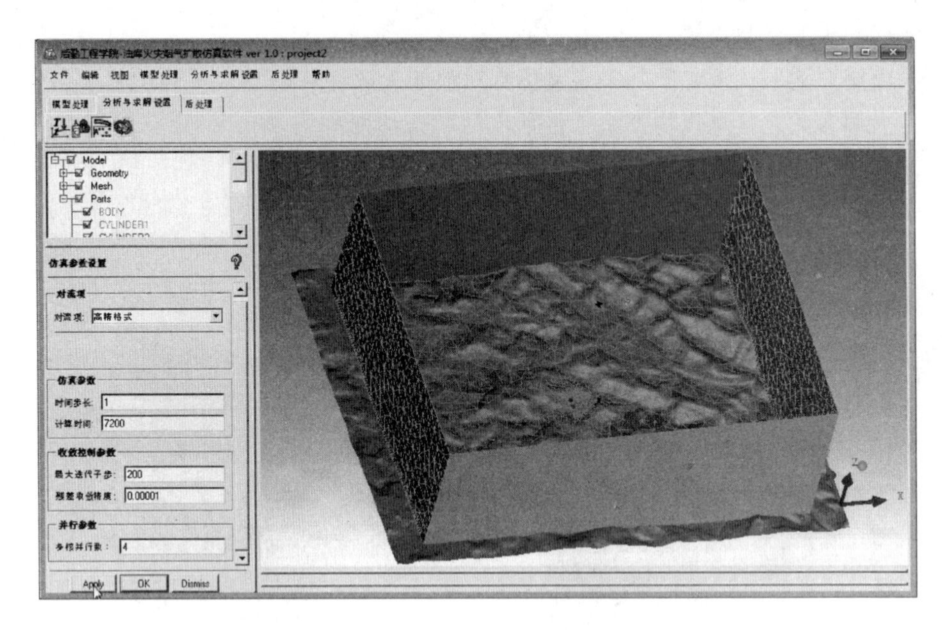

图 7.47 仿真控制参数设置

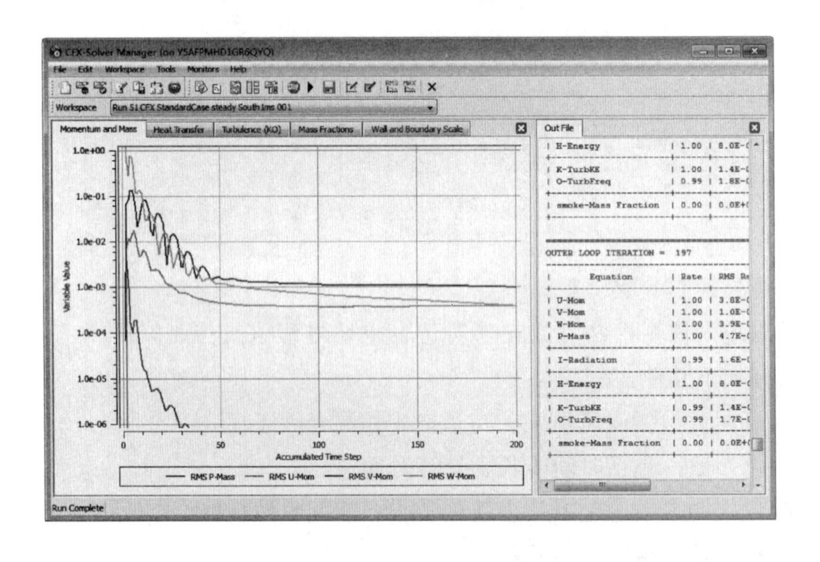

图 7.48 提交计算及残差曲线监控模型

7.3.2.3 后处理模块

(1) 结果数据提取

油库火灾烟气扩散仿真中，主要关注的结果包括 CO 浓度分布、热辐射强度分布以及热辐射强度危害评估。因为仿真计算结果由 CFX 计算得到，为了在当前的分析环境中提取并查看相应的计算结果，需要由用户指定要提取的结果数据。结果数据提取模型见图 7.49。

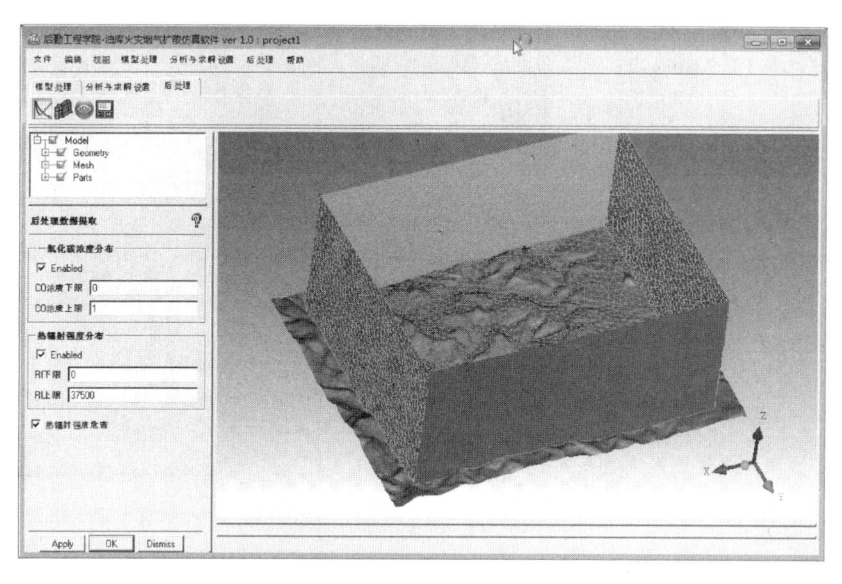

图 7.49　结果数据提取模型

(2) 结果数据查看

由用户选择要查看的计算结果。默认以静态图片的形式呈现计算结果，当用户勾选 cvf 格式选项后，以 cvf 格式（轻量型计算结果，支持缩放、旋转等视图操作）呈现计算结果。cvf 格式下的几种结果模型如图 7.50～图 7.53 所示。

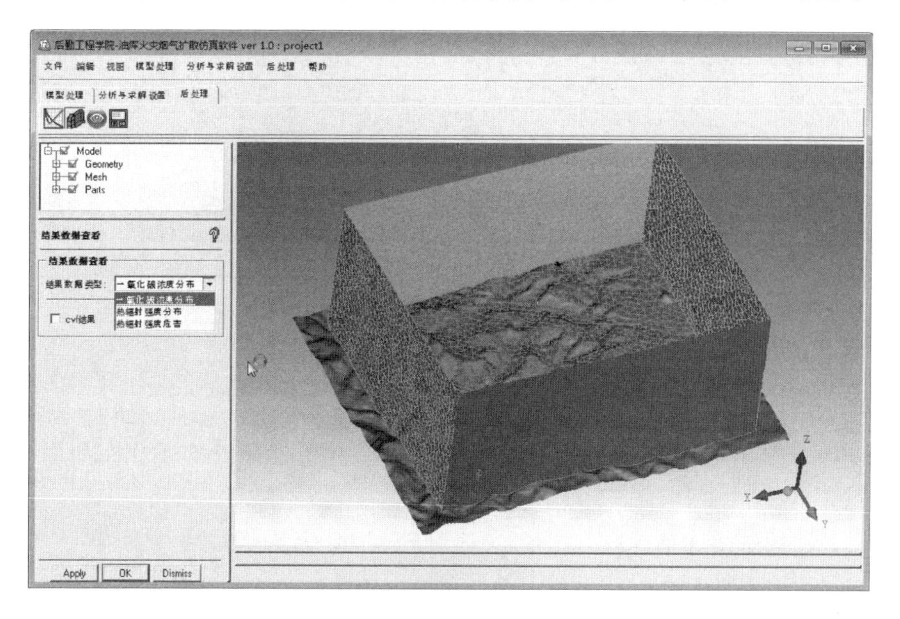

图 7.50　结果数据查看模型

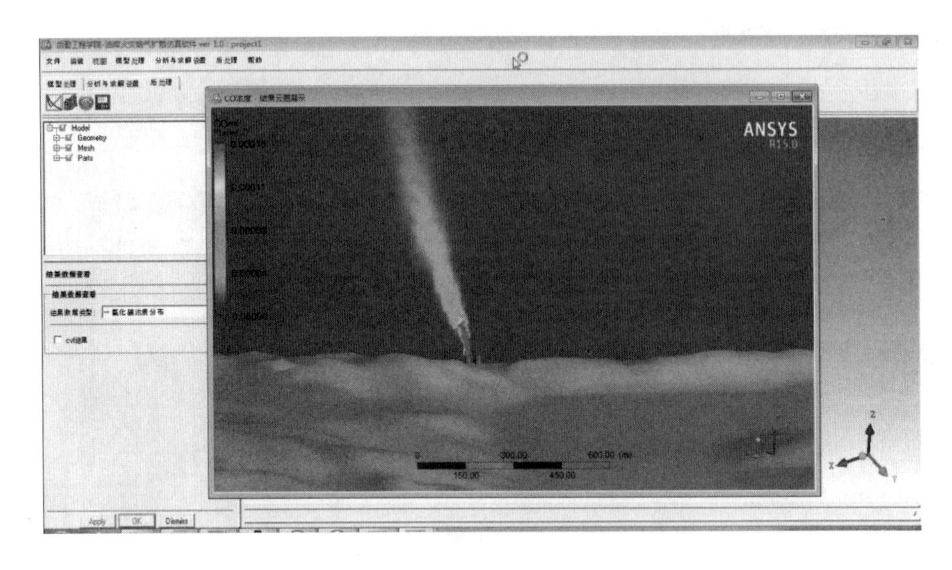

图 7.51　CO 浓度分布结果模型

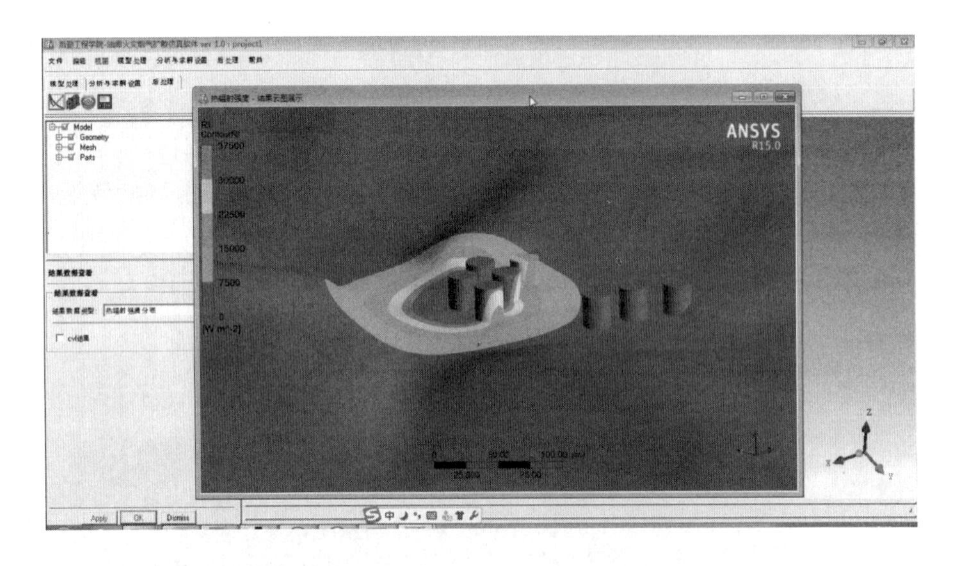

图 7.52　热辐射入射强度分布结果模型

(3) 用户自定义评估模型

支持用户进入 CFD Post 对计算结果做更多的个性化处理工作，如图 7.54 所示。

(4) 工程算法评估

通过工程上的一些方法，对火灾危害做出快速的初步的评估。

① 火焰热辐射危害评估。根据池火灾火焰热辐射评价模型，用户输入的燃

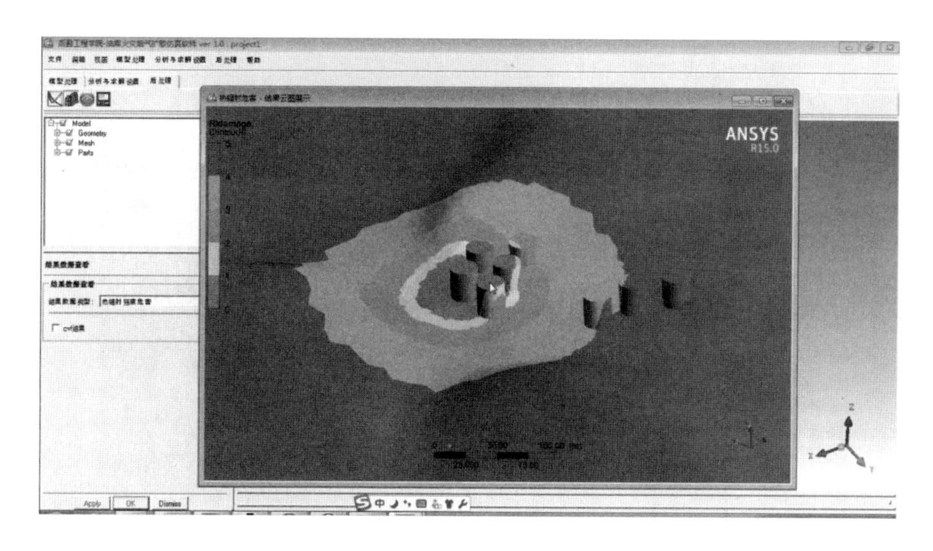

图 7.53　热辐射危害等级结果模型

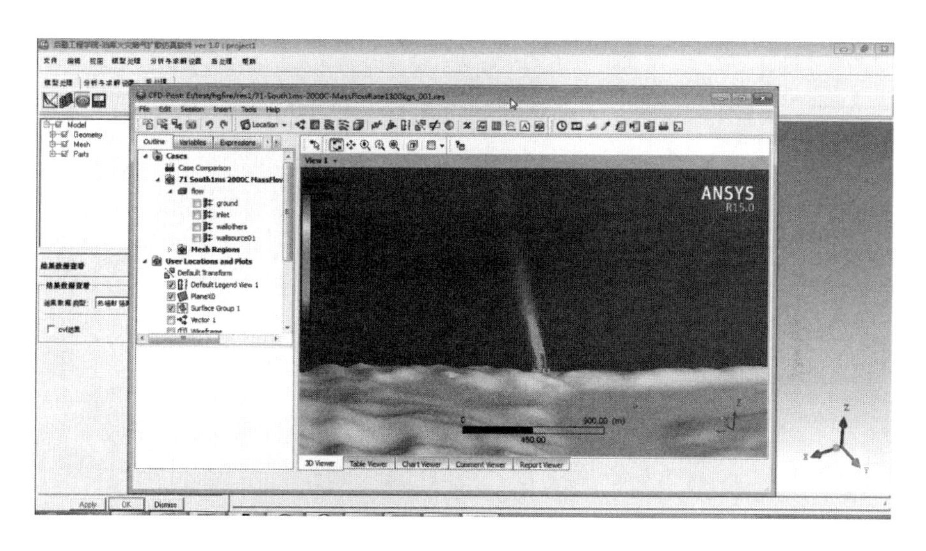

图 7.54　进入 CFD Post 对计算结果进行后处理

烧物类型、液池面积、环境温度、环境风速、热传导系数、效率因子，计算得到火焰热辐射的危害评估，如图 7.55 所示。

② CO 扩散分布浓度预测。基于高斯扩散模型，对油库火灾产生的 CO 的扩散分布浓度进行预测。

由用户指定计算环境的大气稳定度、CO 排放源强、环境风速三个参数，来计算 CO 的扩散分布浓度，得到距离火源中心半径 R 处的 CO 浓度数据，如图 7.56 所示。

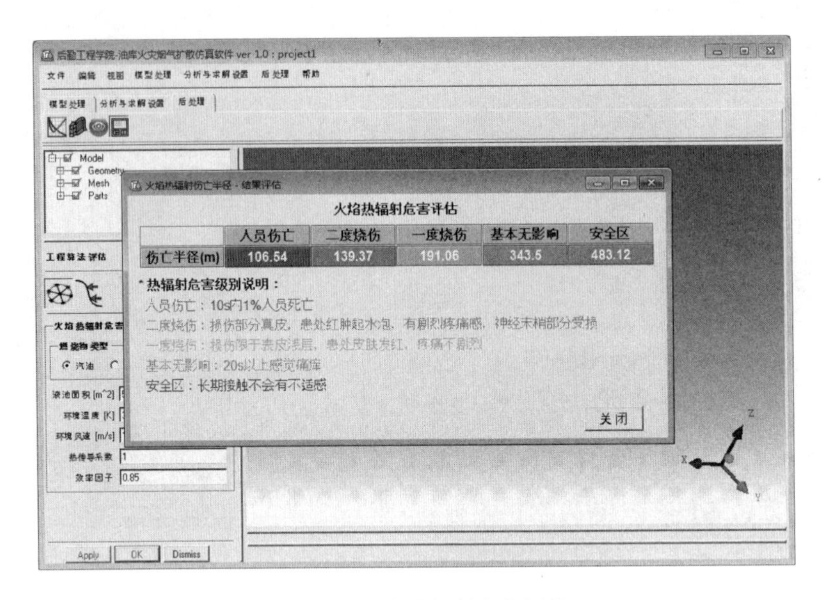

图 7.55 火焰热辐射危害评估

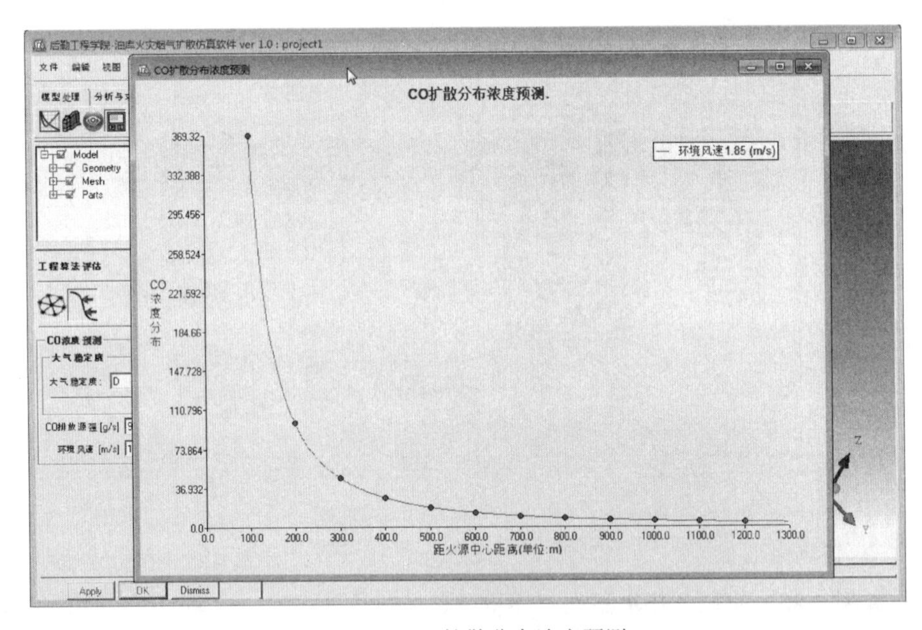

图 7.56 CO 扩散分布浓度预测

7.4 小结

通过数值模拟分析方法对油料燃烧污染扩散过程进行了研究，得出以下结论。

① 实现了大气边界层速度分布条件的合理加载；基于地表粗糙度的等效理论和半经验公式，编程实现了不同地表粗糙度（如湖泊、耕地、草地、灌木林、森林、城市建筑等）对风速场的影响，此方法可与后续真实油库的地形地势图结合，更有效地仿真研究真实油库火灾烟气蔓延特性。

② 以重庆某油库为例进行了真实条件下的油库火灾污染数值模拟分析，基于重庆地理信息中心提供的多个分块DEM数据格式，把所计算油库的8个油罐三维几何模型添加到重庆地理信息中心所提供的DEM高精度地形图中，同时考虑了风速、风向、大气边界层效应、地形效应、地表粗糙度效应等因素对火灾大气污染的影响。分别考虑了四种工况，结果表明热辐射是油库火灾爆炸污染影响周边环境的主要因素，可能引发次生燃烧；而燃烧产生的地表的CO浓度范围对人群危害不大。

③ 系统研究了基于遥感技术的油库火灾爆炸大气污染的损害评估，即基于遥感技术特征，结合ArcGIS和图层叠置法，以评估指标的可遥感监测为切入点，建立了油库火灾爆炸产生的大气污染损害评估指标体系，为获得油库火灾爆炸大气污染危害范围、程度，以及实现快速“遥感评估”奠定了基础。

④ 基于油库火灾烟气扩散的仿真方法，构建了油库火灾爆炸大气污染模拟预测与评估的专用软件分析模块。依据软件开发中的MVC模式和模块化设计思想，开展了油库火灾烟气扩散仿真分析软件系统模块的设计与开发，实现了地形数据导入、模型创建、网格划分、环境条件设置、火源条件设置、评估结果显示等功能。

第8章

航天遥感探测识别地表溢油污染的初步探索研究

8.1 基于室内测量的石油烃污染土壤的光谱特征研究

8.1.1 实验设计

（1）实验方法

实验室测量时，首先从每种土壤样品中称取50g置于直径10cm、深1.5cm的玻璃皿内，每种油料取一定量倒入玻璃皿内，如彩图4和彩图5所示，分别测量8种未受烃类污染的土壤和5种实验油料各自的光谱。

其次，用注射器逐次抽取一定含量的油料注入土壤样本中。往土壤样本中注入一次油料，即进行一次光谱测量，经过反复实验，最后确定出最佳的油料注入方法。对于柴油、航空煤油、机油和原油，起初加入1mL，之后逐次加入0.5mL直至总量达到6mL后，再逐次加入1mL直至总量达到10mL，再逐次加入2mL直到样本中油料含量饱和。考虑到汽油挥发性较强，起初每次加入1mL直至总量达到10mL，之后每次加入2mL直到饱和，5种石油烃在8种土壤中的饱和含量以及样本数如表8.1所列，彩图6为土壤与不同含量的石油烃混合后的样本。每次注入油料后迅速用塑料勺搅拌均匀并抹平，测量土壤与不同含量的石油烃混合后的光谱。

表 8.1　土壤与油料的组合样本数以及饱和时的含量

组合	样本数	饱和含量/mL	组合	样本数	饱和含量/mL
紫色土-柴油	18	14	黑土-柴油	21	20
紫色土-航空煤油	18	14	黑土-航空煤油	20	18
紫色土-机油	16	10	黑土-机油	20	18
紫色土-汽油	20	28	黑土-汽油	24	36
紫色土-原油	16	10	黑土-原油	17	12
砖红壤-柴油	17	12	黄褐土-柴油	19	16
砖红壤-航空煤油	18	14	黄褐土-航空煤油	19	16
砖红壤-机油	16	10	黄褐土-机油	19	16
砖红壤-汽油	19	26	黄褐土-汽油	21	30
砖红壤-原油	16	10	黄褐土-原油	16	10
赤红壤-柴油	17	12	褐土-柴油	20	18
赤红壤-航空煤油	18	14	褐土-航空煤油	19	16
赤红壤-机油	18	14	褐土-机油	20	18
赤红壤-汽油	22	32	褐土-汽油	23	34
赤红壤-原油	17	12	褐土-原油	16	10
黄棕壤-柴油	18	14	黄壤-柴油	19	16
黄棕壤-航空煤油	19	16	黄壤-航空煤油	18	14
黄棕壤-机油	19	16	黄壤-机油	19	16
黄棕壤-汽油	21	30	黄壤-汽油	21	30
黄棕壤-原油	19	16	黄壤-原油	18	14

（2）光谱测量

采用 ASD 地物光谱仪在搭建的暗室中对样本进行光谱测定，光源为 1000W 卤光灯，光源距土壤样品表面 50cm，天顶角 45°，采用 25°视场角光纤探头，位于样品表面垂直上方 15cm 处，实验平台如图 8.1 所示。考虑到土壤表面状况和光谱的各项异性，每个样品每旋转 120°采集 10 条光谱曲线，经过算术平均后可得到实际反射率。

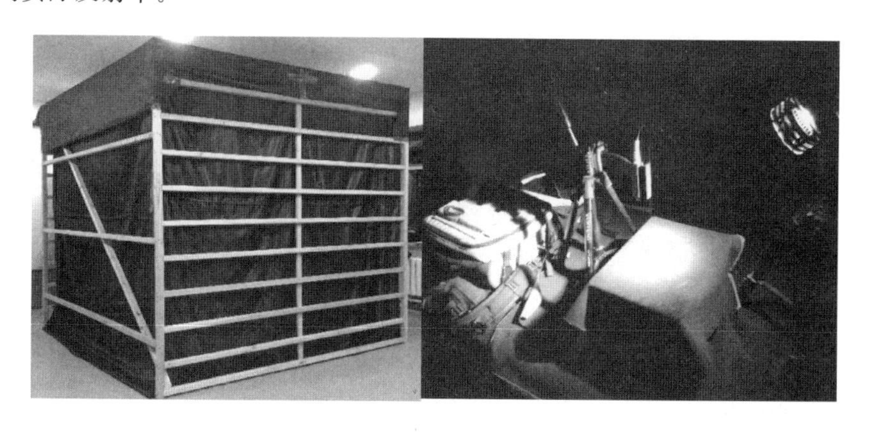

图 8.1　实验平台

8.1.2 光谱特征分析

(1) 8 种未受污染的土壤和 5 种油料的光谱

观察图 8.2 可得，8 种未受污染土壤的光谱曲线各不相同，其中黄壤、黄褐土、黄棕壤和褐土的曲线形状较为相似，但反射率有显著差异。8 种土壤中，整体反射率大小排序为：砖红壤＞赤红壤＞黄褐土＞黄棕壤＞褐土＞黄壤＞紫色土＞黑土，砖红壤反射率最高，黑土反射率最低。在全波段（350～2500nm）范围内，存在三个相同的吸收波段，分别是 1400nm、1900nm 和 2200nm 附近。根据前人研究成果可知[80～82]，1400nm 和 1900nm 均为水分吸收波段，其中 1400nm 附近的吸收谷由水分子 O—H 基团在一级倍频处的伸缩振动引起，1900nm 附近的吸收谷是水分子 O—H 基团的伸缩和转角振动引起的合频跃迁，且 1900nm 附近的吸收深度大于 1400nm；2200nm 附近的吸收谷并不是水分子 O—H 基团，而是有机质中 O—H 基团由合频引起的伸缩和转角振动。由于土壤类型、有机质含量、所含矿物不同，除上述相同的吸收波段外，还分别存在各自的特征吸收波段。

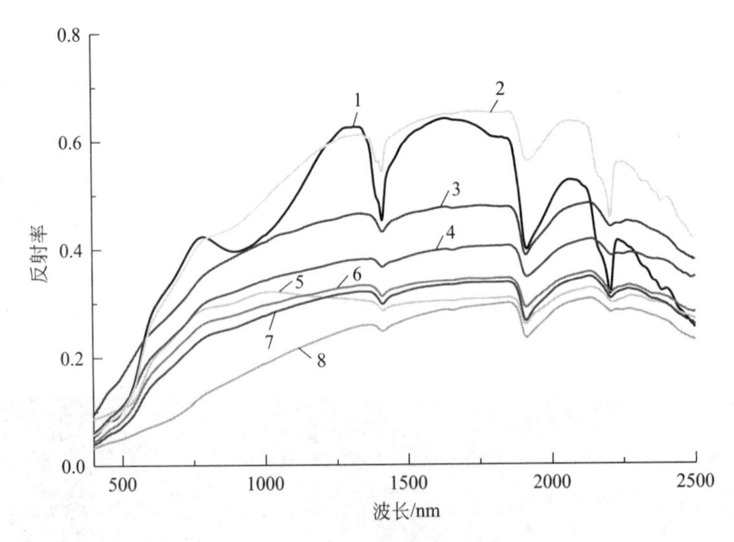

图 8.2 8 种未受污染土壤的光谱

1—赤红壤；2—砖红壤；3—黄褐土；4—黄棕壤；5—紫色土；6—褐土；7—黄壤；8—黑土

图 8.3 为 5 种油料的光谱，柴油、航空煤油、机油和汽油的吸收特征主要位于 1200nm 附近，存在较深的吸收谷；而在 1700nm 和 2300nm 附近，柴油、航空煤油和机油虽吸收较强，反射率很低，但曲线表现平直，无吸收特征；汽油的光谱曲线在 1700nm 附近存在明显的吸收特征，但在 2300nm 附近表现平缓，无

吸收谷；原油光谱反射率整体较低，主要的吸收波段位于 1700nm 和 2300nm 附近，且吸收深度较小。

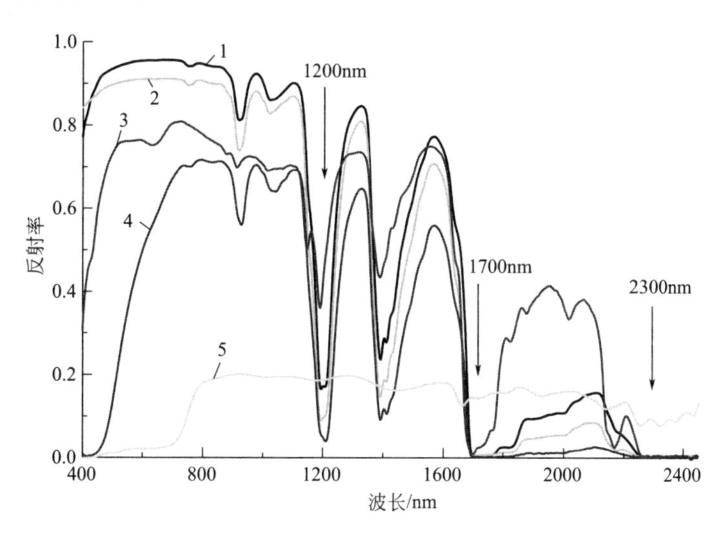

图 8.3　5 种油料的光谱

1—柴油；2—航空煤油；3—汽油；

4—机油；5—原油

（2）不同种类和含量石油烃污染土壤的光谱特征分析

经过实验室测定和光谱采集，得到了不同种类和含量的石油烃污染土壤的光谱曲线，如图 8.4～图 8.11 所示。观察可得，随着石油烃含量的增加，光谱反射率在全波段范围内逐渐降低，土壤中石油烃含量越高，反射率下降的速率越慢，曲线更加密集。但随着含量增加至接近饱和时，偶尔会出现反射率增大，光谱曲线上升的现象。这可能是因为石油烃含量较多时，不仅覆盖在土壤颗粒上而且填满了土壤颗粒的间隙，在土壤表面形成一层很薄的油膜，光源入射到油膜时，膜的表面光滑且均匀，散射减少，反射增加，此时石油烃对入射光的镜面反射作用会大于吸收作用，导致反射率会有一定程度的升高。

通过与图 8.2 中 8 种未受污染土壤的光谱对比可发现，土壤中加入石油烃后，没有掩盖土壤自身的吸收特征，曲线的形状和轮廓与土壤的光谱曲线的形状相似，并没有显示出图 8.3 中 5 种油料的光谱曲线形状；当石油烃含量逐渐增加时，曲线趋于扁平状，土壤本身的吸收特征逐渐减弱，而光谱曲线中存在几处吸收特征逐渐变得显著，主要位于 1200nm、1700nm 和 2300nm 波段附近，其中 1700nm 和 2300nm 处较为明显。为了精确地定位吸收特征的具体位置和判别分析该响应特征是否可以作为识别土壤中石油烃存在的依据，需要进一步提取光谱特征进行研究。

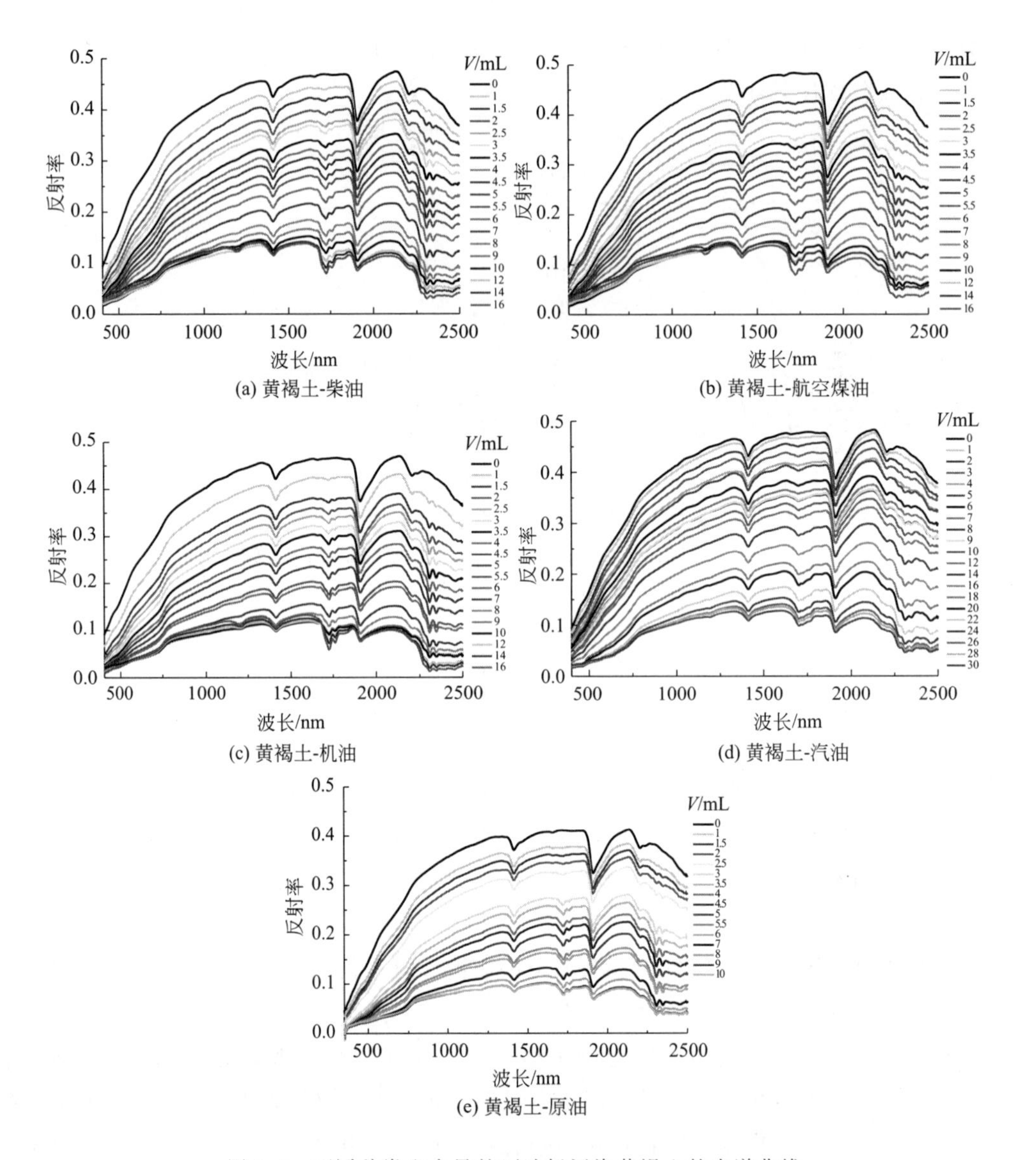

(a) 黄褐土-柴油 (b) 黄褐土-航空煤油

(c) 黄褐土-机油 (d) 黄褐土-汽油

(e) 黄褐土-原油

图 8.4 不同种类和含量的石油烃污染黄褐土的光谱曲线

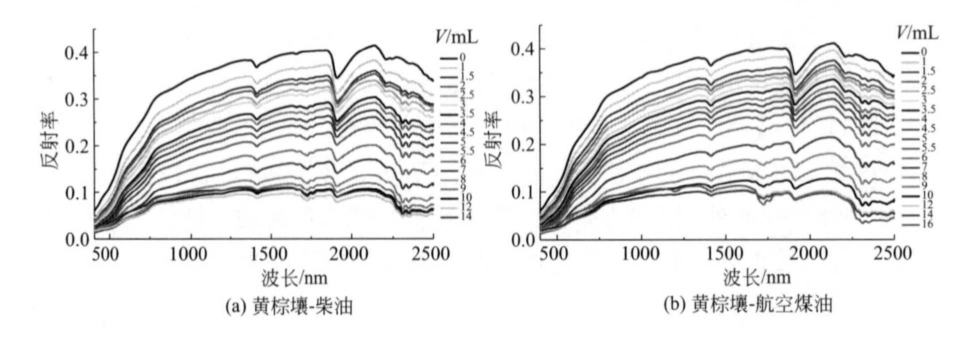

(a) 黄棕壤-柴油 (b) 黄棕壤-航空煤油

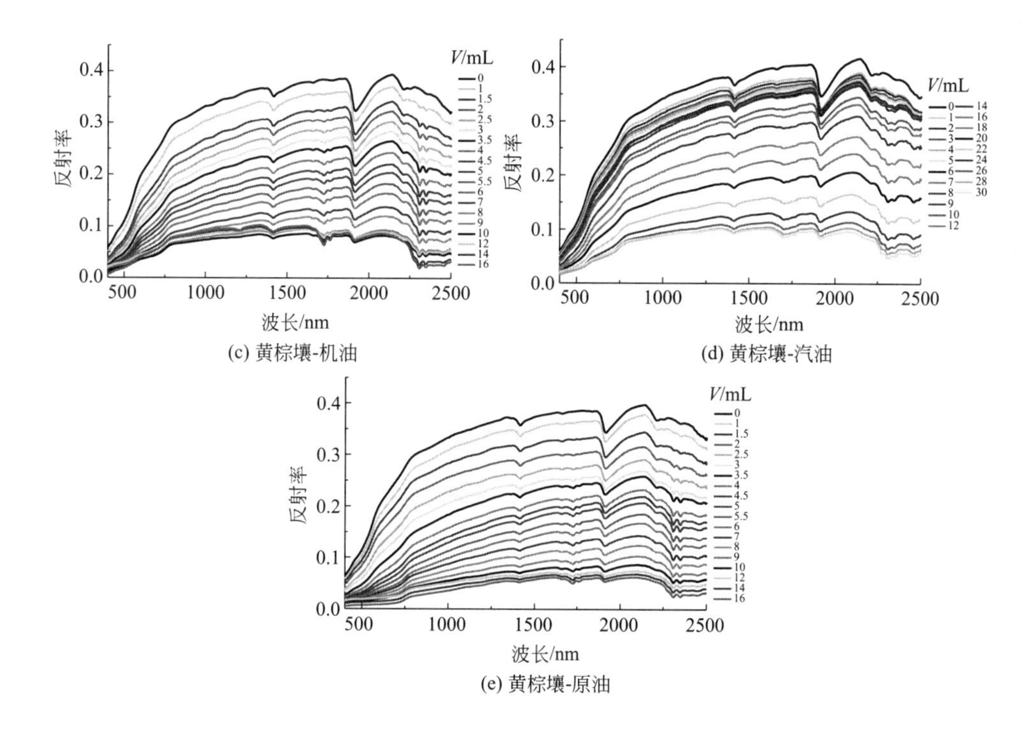

(c) 黄棕壤-机油

(d) 黄棕壤-汽油

(e) 黄棕壤-原油

图 8.5　不同种类和含量的石油烃污染黄棕壤的光谱曲线

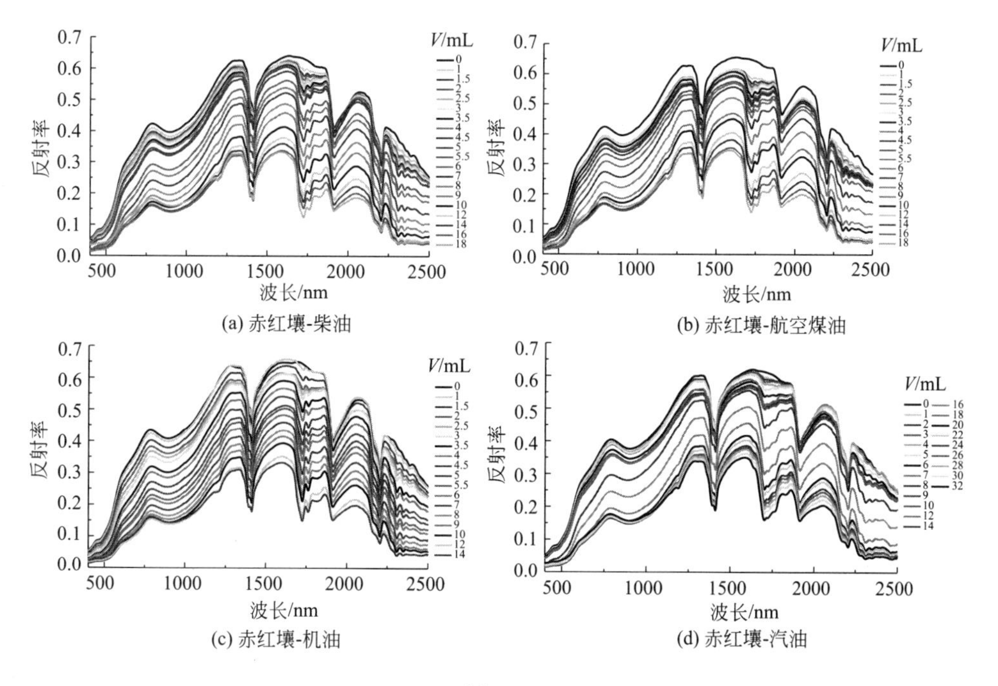

(a) 赤红壤-柴油

(b) 赤红壤-航空煤油

(c) 赤红壤-机油

(d) 赤红壤-汽油

图 8.6

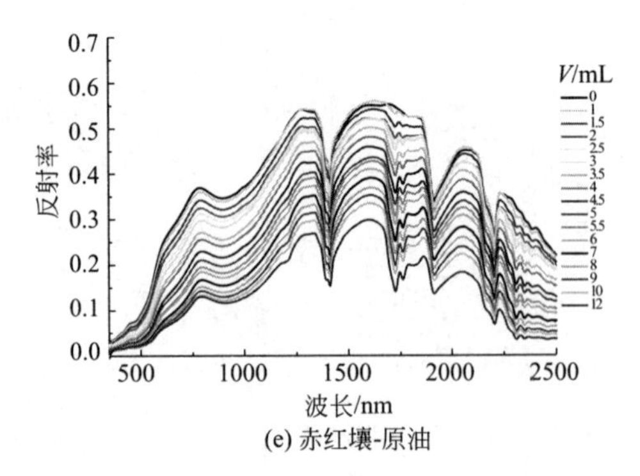

(e) 赤红壤-原油

图 8.6 不同种类和含量的石油烃污染赤红壤的光谱曲线

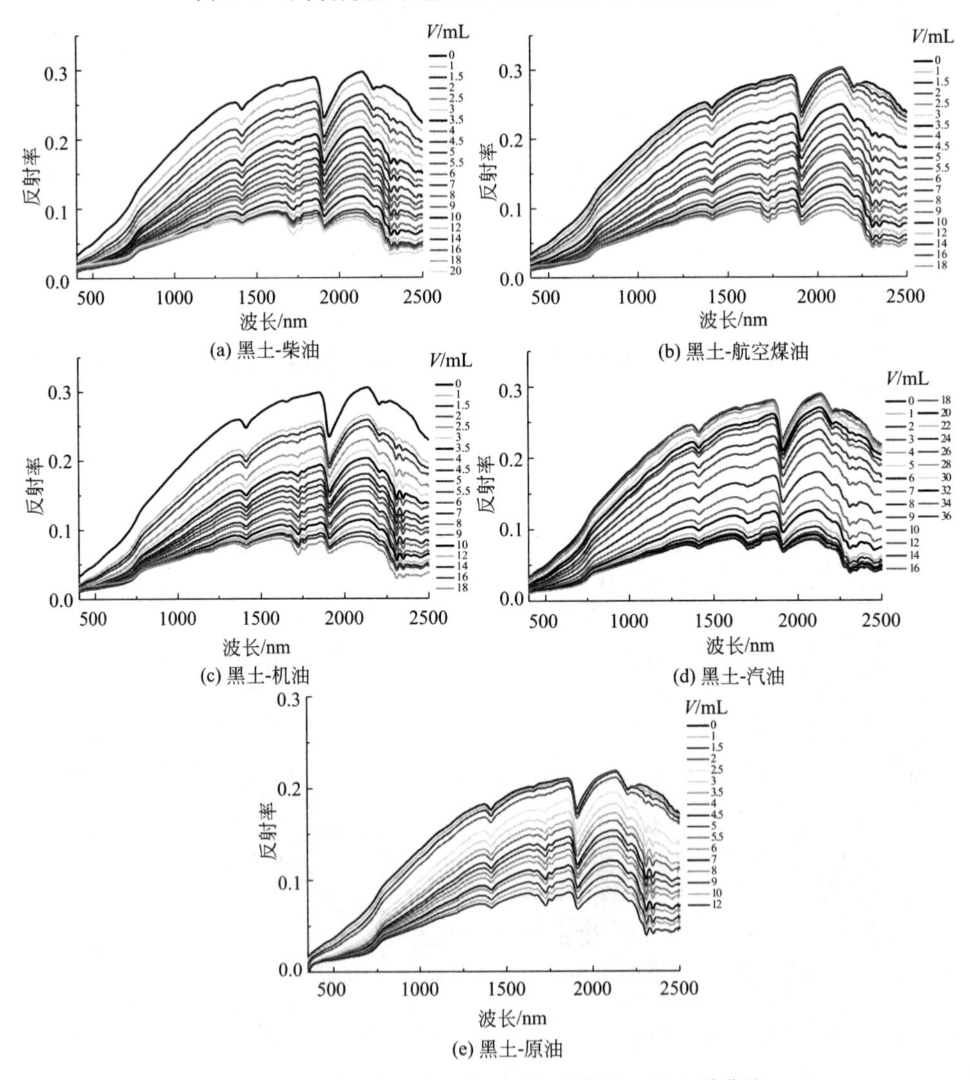

(a) 黑土-柴油

(b) 黑土-航空煤油

(c) 黑土-机油

(d) 黑土-汽油

(e) 黑土-原油

图 8.7 不同种类和含量的石油烃污染黑土的光谱曲线

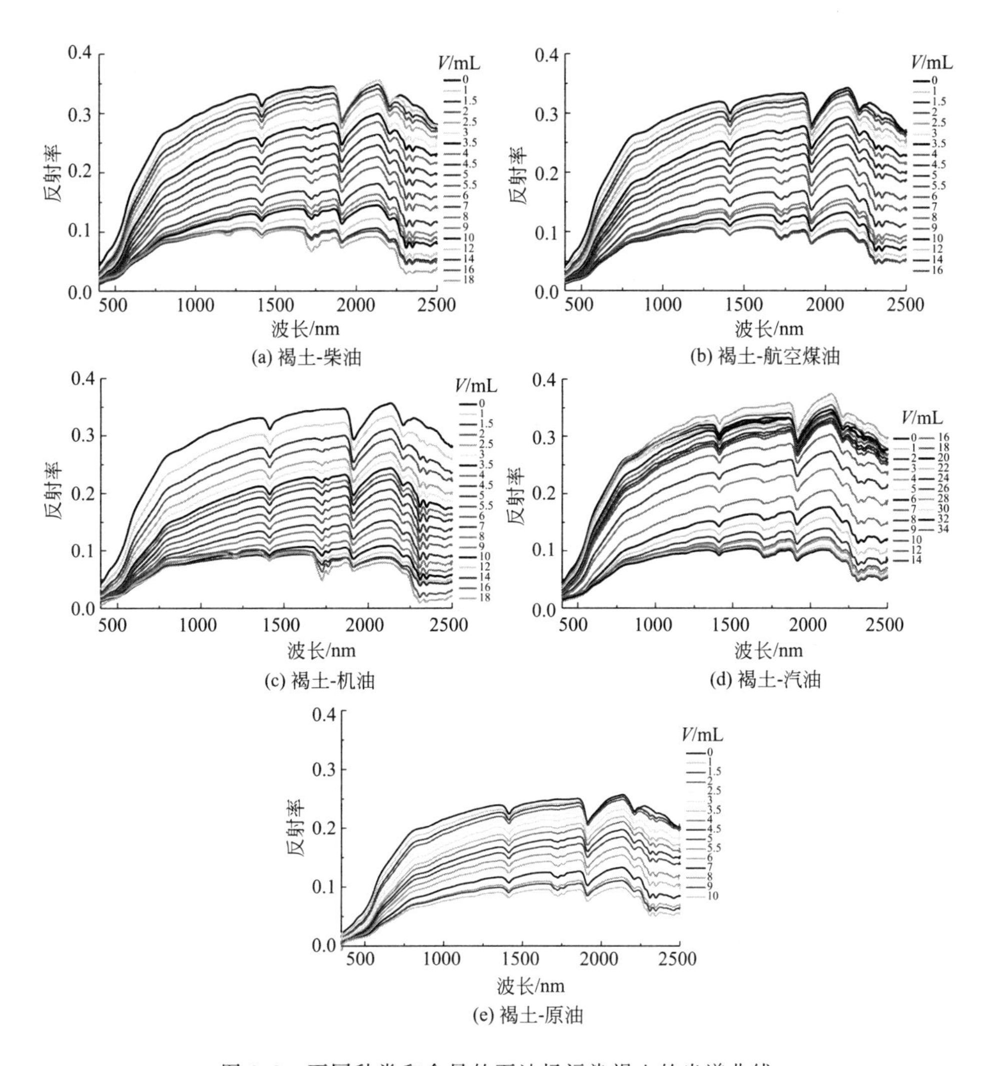

(a) 褐土-柴油　(b) 褐土-航空煤油

(c) 褐土-机油　(d) 褐土-汽油

(e) 褐土-原油

图 8.8　不同种类和含量的石油烃污染褐土的光谱曲线

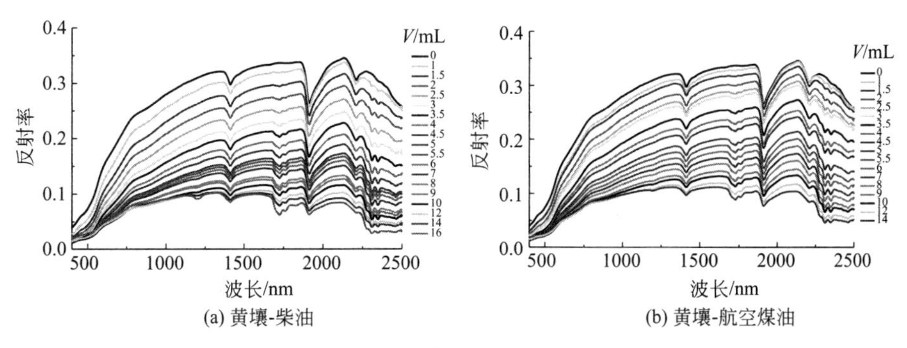

(a) 黄壤-柴油　(b) 黄壤-航空煤油

图 8.9

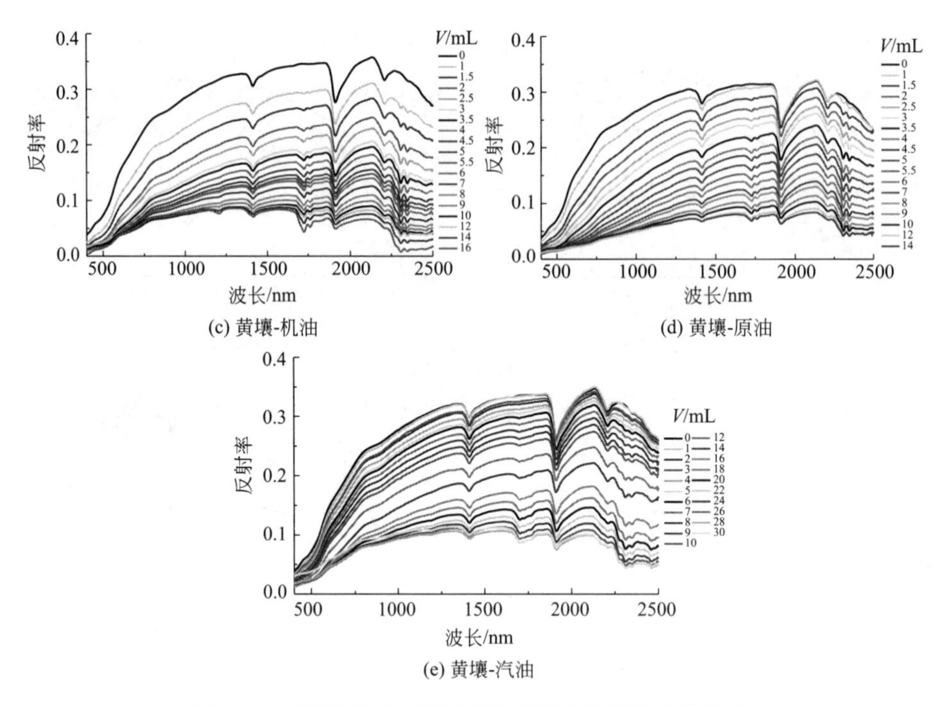

(c) 黄壤-机油

(d) 黄壤-原油

(e) 黄壤-汽油

图 8.9　不同种类和含量的石油烃污染黄壤的光谱曲线

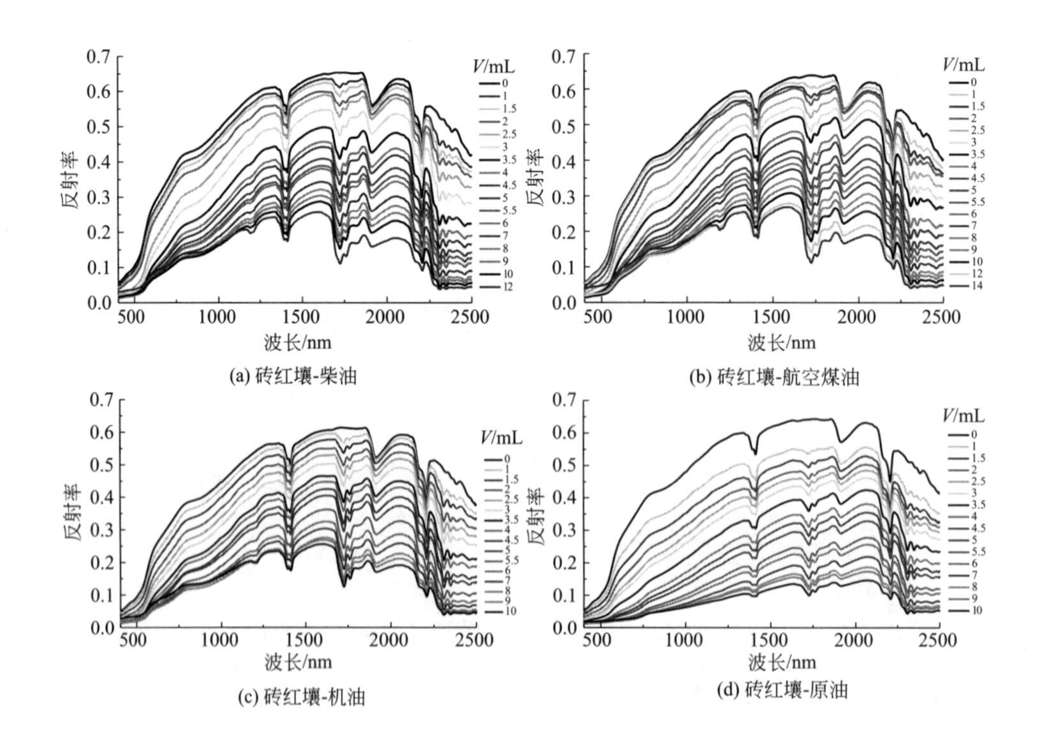

(a) 砖红壤-柴油

(b) 砖红壤-航空煤油

(c) 砖红壤-机油

(d) 砖红壤-原油

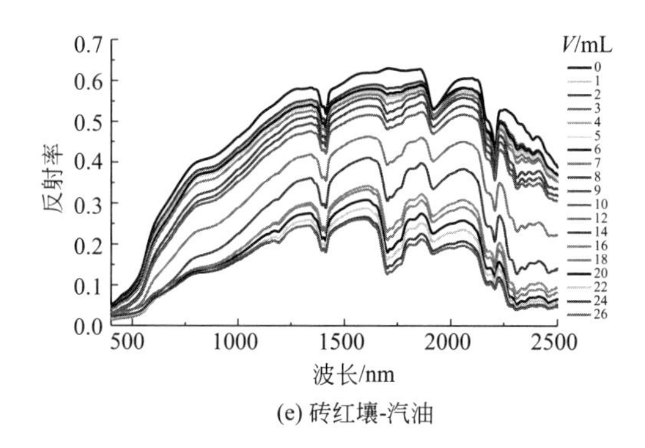

(e) 砖红壤-汽油

图 8.10　不同种类和含量的石油烃污染砖红壤的光谱曲线

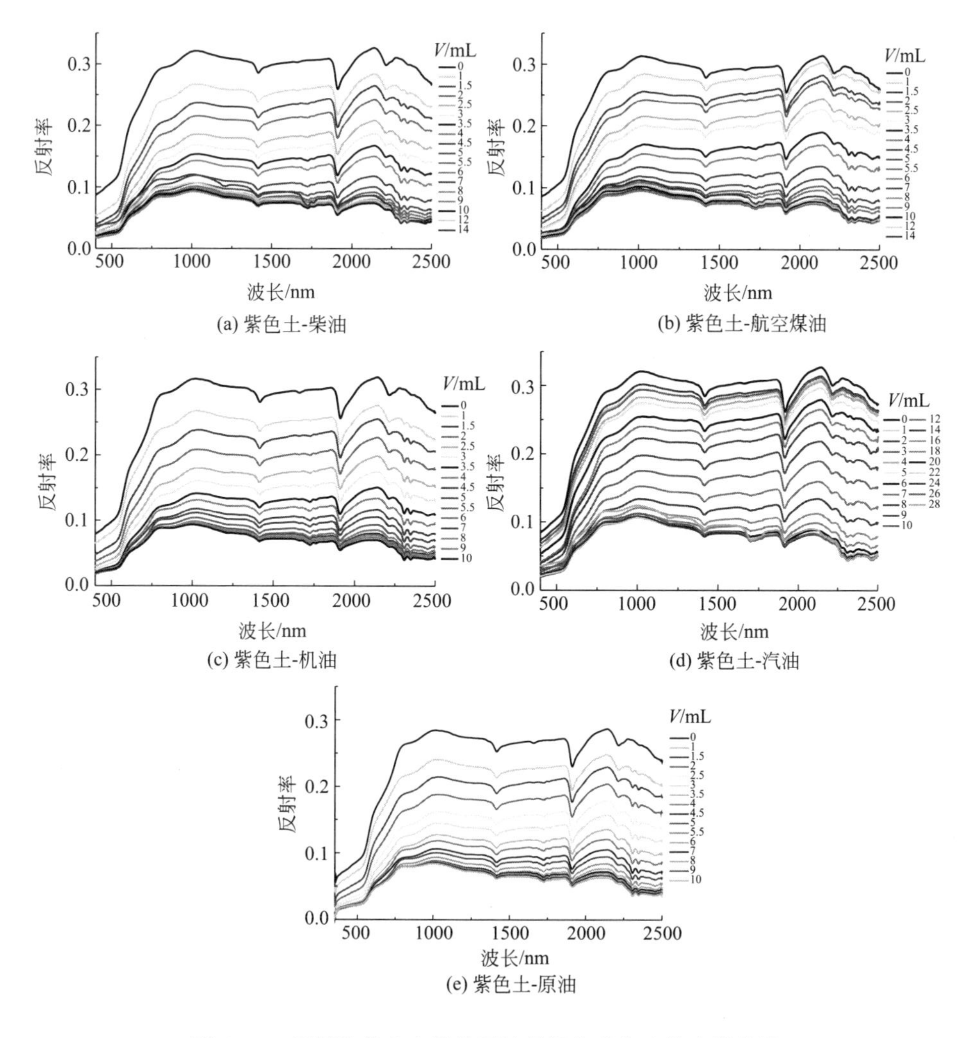

图 8.11　不同种类和含量的石油烃污染紫色土的光谱曲线

（3）石油烃污染土壤的光谱吸收特征波段

对采集到的光谱数据进行连续统去除，1200nm、1700nm 和 2300nm 附近光谱吸收特征会被放大，能够找出很多特征波段。波段多而杂，具有普适性才有价值，需要找出共同的显著波段，可为遥感监测和识别土壤中石油烃类物质提供基础。为了获取在不同土壤背景下石油烃污染的光谱响应特征波段，将 8 种土壤与每种石油烃在相同含量下混合的光谱曲线进行互相对比研究，提取出每种石油烃与不同土壤混合后具有共性的显著波段，如图 8.12 所示，每种石油烃在与不同类型土壤混合后的共同特征波段集中在 1700nm 和 2300nm 附近。

观察图 8.12 可知，柴油、航空煤油、机油和原油的光谱特征较为相似，全部为双吸收谷，特征波段相近，但不同的中心波长可用以区分不同的污染物。柴油的中心波长位于 1724nm、1760nm、2309nm 和 2347nm；航空煤油的中心波长位于 1724nm、1758nm、2309nm 和 2347nm；机油的中心波长位于 1725nm、1762nm、2308nm 和 2347nm；原油的中心波长位于 1726nm、1760nm、2308nm 和 2347nm；其中，2300nm 附近，柴油和航空煤油的特征波段相同，机油和原油的特征波段相同。汽油的光谱特征差异较大，1700nm 附近为双吸收谷，中心波长位于 1702nm、1723nm，2300nm 附近为三吸收谷，中心波长位于 2278nm、2309nm 和 2346nm。上述波段特征显著且适用于研究的 8 种土壤，可以推断该波段不随土壤类型的改变而变化，具有普遍性，为石油烃污染土壤的主要特征波段，即诊断特征波段，可以作为识别石油烃存在的依据，将其归纳如表 8.2 所列。

表 8.2　石油烃污染土壤的主要特征波段　　　单位：nm

波段范围	光谱吸收主要特征波段				
	柴油	航空煤油	机油	汽油	原油
1600～1900	1724 1760	1724 1758	1725 1762	1702 1723	1726 1760
2200～2400	2309 2347	2309 2347	2308 2347	2278 2309 2346	2308 2347

表 8.3 列出了除主要特征波段以外的其余次要波段，其中个别波长例如 1192nm，虽然具有共性，但特征不显著，容易被土壤自身组分掩盖，当石油烃污染达到一定程度时，才能够被识别出来；而其他波段如 1206nm、2454nm 等，可能只在其中某一种土壤背景下适用，并不适用于实验中的全部 8 种土壤，不具有共性。因此次要波段不能用于识别土壤中石油烃的存在，可以辅助区分不同石油烃类型。

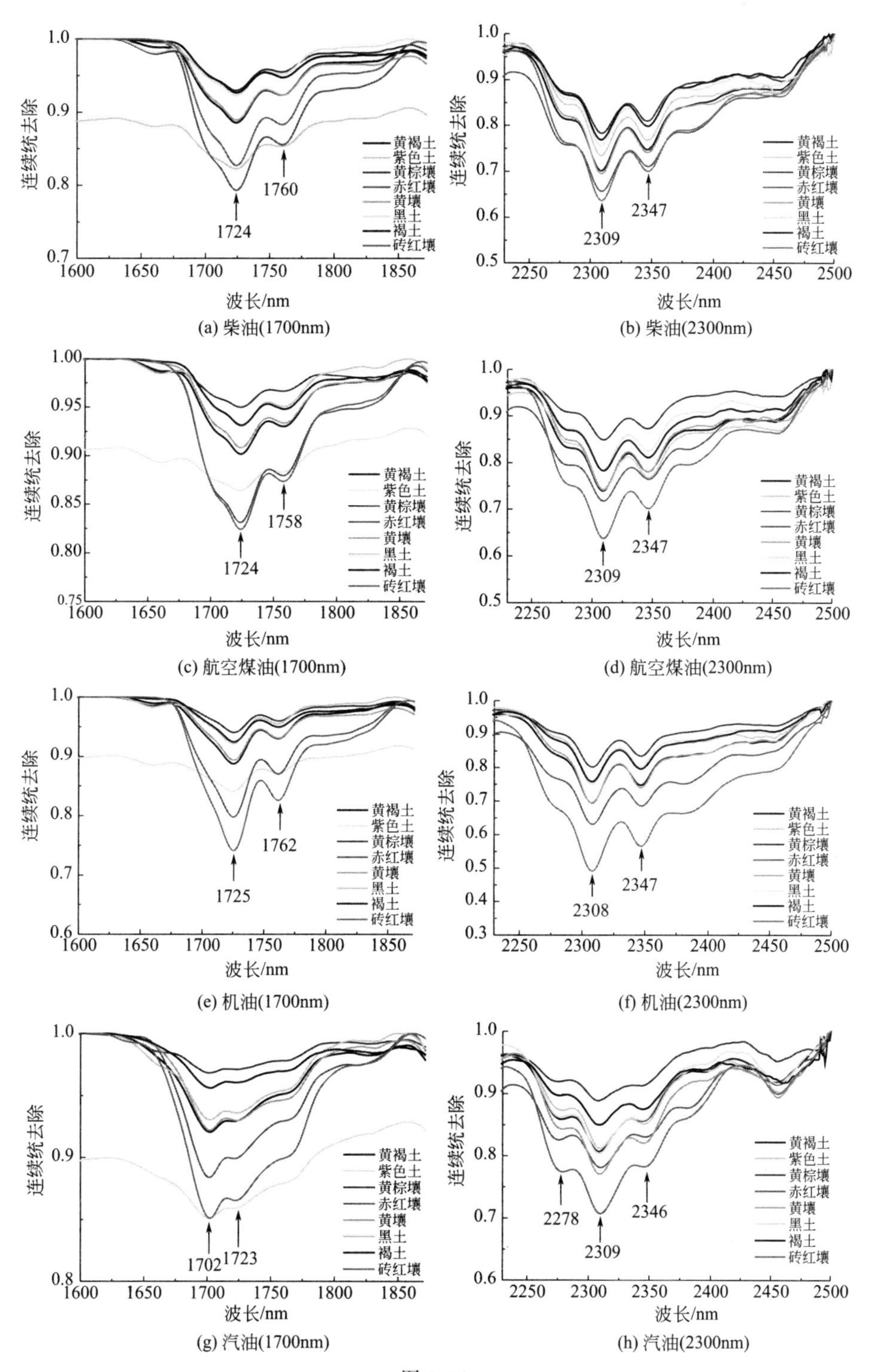
连续统去除
波长/nm
黄褐土
紫色土
黄棕壤
赤红壤
黄壤
黑土
褐土
砖红壤
1724
1760
2309
2347
1758
1725
1762
2308
1702
1723
2278
2346
(a) 柴油(1700nm)
(b) 柴油(2300nm)
(c) 航空煤油(1700nm)
(d) 航空煤油(2300nm)
(e) 机油(1700nm)
(f) 机油(2300nm)
(g) 汽油(1700nm)
(h) 汽油(2300nm)

图 8.12

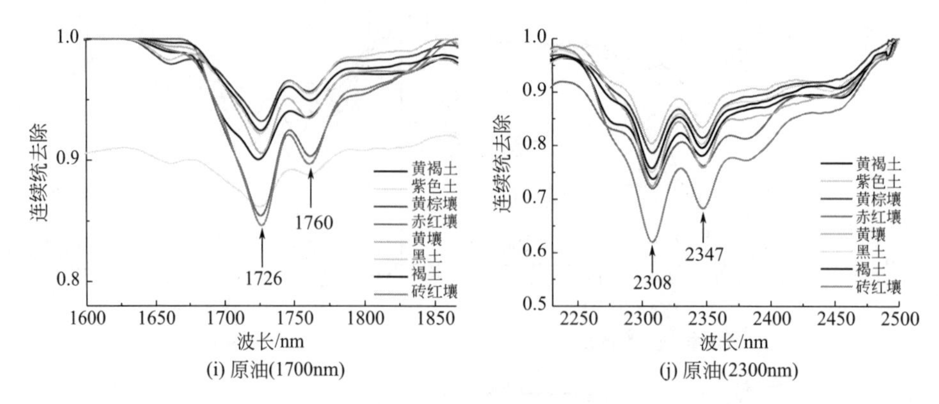

(i) 原油(1700nm)　(j) 原油(2300nm)

图 8.12 石油烃污染土壤在 1700nm 和 2300nm 附近的光谱特征波段

表 8.3 石油烃污染土壤的次要特征波段 单位：nm

项目	光谱吸收次要特征波段				
	柴油	航空煤油	机油	汽油	原油
波长	1192 1210 2454	1192 1209 1832 2378 2455	1192 1206 2454	1192 2356	1206 2382

图 8.3 中 5 种油料的光谱的吸收特征波段主要位于 1200nm 附近且吸收显著，只有汽油和原油在 1700nm 和 2300nm 有吸收特征，但特征较弱。与之对比发现，土壤与石油烃混合后 1200nm 附近的特征减弱，不足以作为诊断特征，主要的诊断特征位置全部迁移至 1700nm 和 2300nm 附近，并且特征明显。由此可见，石油烃污染土壤的光谱特征与石油烃本身的光谱特征差异较大，特征波段发生了迁移。

8.2 基于野外实测的石油烃污染土壤的光谱特征研究

8.1 部分提取出了室内测量条件下石油烃污染土壤的光谱诊断波段，可以作为识别土壤中石油烃存在的依据。相比室内光谱测量，野外测量条件较为复杂，环境的干扰因素会影响光谱测量的精度，可能难以探测到光谱诊断波段或者提取出的特征波段有较大的偏差，进而导致室内测量研究得出的光谱诊断波段不适用于野外测量，只能用于实验室条件下测量。本章针对上述问题选取了 4 种具有代表性的土地背景，开展了野外条件下石油烃污染土壤的光谱测量研究，提取出光谱特征信息，并与室内研究结果进行对比，检验室内的研究结果是否适用于野外环境。

8.2.1 野外光谱数据的获取及数据处理

野外光谱测量时需要充分考虑各种复杂的因素，必须充分了解测量点的地形地貌、气候、环境、大气状况、光照条件等综合因素的制约。

（1）野外测量方案

综合考虑到光照条件、太阳高度角、大气特征及其稳定性、风、云等各方面的影响，本研究在 2017 年 6 月 11 日～6 月 16 日，天气状况稳定、光照充足、微风少云的条件下，在 10:40～14:00 开展了野外石油烃污染土壤的光谱测量实验，研究地点位于吉林省长春市二道区泉眼镇，如图 8.13 所示。

图 8.13　研究区位置示意

在开展野外条件下石油烃污染土壤的光谱测量时，缺少了实验室测量中土壤样品的烘干、研磨和过筛等预处理过程，会受到土壤含水量、粗糙度、粒径以及植被覆盖等因素的影响。根据前人对土壤性质的研究可知，土壤有机质、含水量、粒径和粗糙度主要影响土壤光谱反射率的大小，对土壤光谱曲线形状影响很小；其中有机质的响应波段在可见光范围内，水分的响应波段在 1400nm 和 1900nm 左右，如前文所述，石油烃在土壤中的诊断波段集中在 1725nm、1760nm、2309nm 和 2347nm 附近。由此，土壤有机质、含水量、粒径和粗糙度等因素并不会影响土壤中石油烃的识别。实际环境中，土壤表面常常被不同类型的植被覆盖，覆盖度各不相同，而植被的覆盖不仅能够影响土壤光谱反射率的大小，还会影响光谱曲线的形状，可能会出现植被的特征掩盖石油烃在土壤中的诊断特征，难以探测识别土壤中是否存在石油烃。因此，在研究石油烃污染土壤的遥感监测与识别过程中，主要考虑不同植被覆盖对野外测量光谱的影响。

本实验选取4种具有代表性植被覆盖类型的土地作为研究背景，分别是裸土、杂草地、农田和茅草地，开展野外石油烃污染土壤的光谱识别研究，如图8.14所示。考虑到原油和机油为重质石油烃，颜色较深，较为黏稠，当发生泄漏时相对易辨识，而柴油、航空煤油和汽油均为轻质石油烃，颜色透明，黏性低，泄漏时难以探测和识别。因此，实验中选用柴油、航空煤油和汽油作为研究对象。

(a) 裸土　(b) 杂草地　(c) 农田　(d) 茅草地

图8.14　4种不同的植被覆盖类型

在研究区内的4种样地中布设样方，大小约为20cm×20cm，先采集不同植被覆盖类型下土壤的光谱；然后逐次用量筒量取一定量的柴油，均匀地倾洒在裸土的样方表面。土壤中石油烃加入总量依次为2.5mL、5mL、7.5mL、10mL、15mL、20mL、25mL、30mL、40mL、50mL、60mL、80mL，每次加入后迅速采集光谱，航空煤油和汽油的加入方式与柴油相同。按照此法，依次完成杂草地、农田和茅草地的实验。

(2) 野外测量方法

为使得数据能够与航空、航天传感器获取的数据相比较，贴近实际应用，实验中采用垂直测量的方法，采用25°视场角探头，经计算探头固定于三脚架距地

表 45cm，探头位于样方中心，面向太阳进行测定，可以保证测量的准确性。每次测量时采集 10 条曲线，取平均值作为实际野外光谱反射率。测量时每隔 10min 进行一次优化校正，若光照条件发生变化时，及时进行白板校正。图 8.15 为野外光谱采集。此外，在进行野外测量时，及时填写野外测量记录表，把观测过程中各种状态参数记录下来，可作为数据进一步处理和分析的辅助参考，表 8.4 为野外光谱测量记录表。

图 8.15　野外光谱采集

表 8.4　野外光谱测量记录表

项目	记录	项目	记录	项目	记录
测点日期	2017-6-13	太阳高度角	66°	植被覆盖类型	农田
测点时间	12:00	气温	29℃	土壤类型	暗棕壤
测点编号	LS003	相对湿度	31%	颜色	黄棕色
测点经度	E 125°36′0″	云量	1	质地	壤质黏土
测点纬度	N 43°50′29″	气压	98.7kPa	松紧度	松
测点海拔高度	212.8m	风速	2.8m/s	土壤含水量	4.8%
测点坡向	3°	风向	北风	油料种类	柴油
测点坡向	北偏东	能见度	30.0km		

（3）数据处理

对于野外获取的光谱数据，先进行断点修正，其次采用 Savitzky-Golay 卷积滤波进行平滑去噪，选取多项式次数为 2，平滑窗口为 10，即左右各 10 个样点。在野外光谱测量的曲线中，可以看到 3 个区域波动剧烈，反射率异常，这是由大气中水汽吸收以及周围环境因素导致的，因此需要剔除这 3 个波段，以消除背景因素的影响。通过参考相关文献和分析实际数据，具体剔除范围为：1350～1418nm、1802～1950nm 和 2450～2500nm。剔除前后的效果对比如图 8.16 所示，从图中可见，剔除后的光谱曲线被截成 3 段。

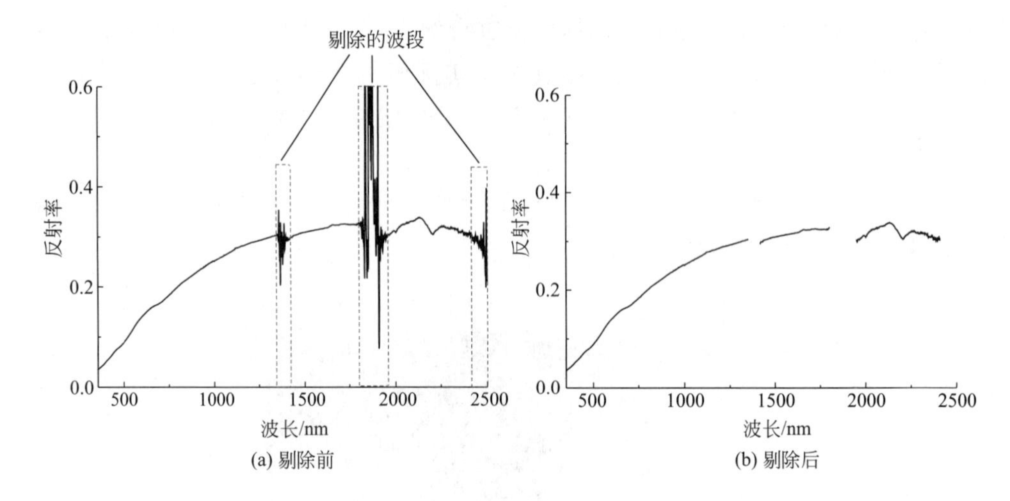

图 8.16 剔除波段前后对比图

(4) 植被覆盖度信息提取

植被覆盖度是指观测区域内植被垂直投影面积占地表面积的百分比，即植土比。本研究选取了 4 种不同的植被覆盖类型，每种类型的植被覆盖度不同，对测量石油烃污染土壤的光谱曲线会产生影响，为便于后续分析，需要对研究区域的植被覆盖度信息进行提取。

野外实测植被覆盖度的方法主要包括目视估算法、阴影法、散点测量法、网格测量法、空间定量计算法和照相法，本研究选择简便有效的照相法计算研究区的植被覆盖度。首先对 20cm×20cm 的小尺度样方进行垂直拍照，拍摄高度应与光谱测量时一致；然后将其导入 ENVI 软件，提取植被的感兴趣区域，采用最大似然法对图像进行监督分类，将图像划分为植被和非植被两类；最后利用 ENVI 软件统计植被所占的像元数，即该区域的植被覆盖度＝植被像元总和/整幅图像的像元数[83～86]。通过以上计算方法，4 种植被覆盖类型下的土壤表面植被覆盖度结果如表 8.5 所列。根据表 8.5 可知，植被覆盖度大小顺序为：茅草地＞农田＞杂草地＞裸土。

表 8.5 4 种样地的植被覆盖度

样地类型	植被覆盖度/%
裸土	0
杂草地	25.74
农田	49.28
茅草地	83.66

8.2.2　野外实测光谱特征分析

8.2.2.1　不同植被覆盖类型下的土壤背景光谱特征

观察图 8.17 可以发现，随着植被覆盖度的增加，从 0%（裸土）到 83.66%（茅草地），土壤与植被混合的光谱曲线发生了明显的变化，光谱特征从土壤光谱占主导转变为植被光谱占主导。除了剔除的 2 个水汽吸收波段，裸土的光谱特征与上一节中土壤的光谱特征基本相同；杂草地中不仅含有杂草，还有衰老植被和秸秆，其光谱曲线在 350～1100nm 范围内与裸土的光谱曲线相似，但在 1400～1800nm 和 1950～2450nm 范围内与裸土有明显的差异，均呈现为衰老植被的特征[87]，其中 1950nm 之后反射率较低，吸收谷主要存在于 1480nm、1680nm、2100nm 和 2280nm 附近，与纤维素或木质素的吸收特征波段相吻合。由此可见，杂草地的光谱特征主要为枯萎衰老植被的光谱特征；农田和茅草地由于植被覆盖度较高，光谱曲线主要表现为健康植被的曲线形状。健康植被与衰老植被、土壤的光谱形状都不同，在可见光范围内反射率较低，在 400～500nm 与 600～700nm 之间有 2 处低谷，550nm 附近有 1 处反射峰，这是由于植被中的叶绿素光合作用时吸收较多的蓝光和红光而导致反射作用很弱，对绿光吸收较少而反射作用强。在近红外波段（700～1100nm）范围内，由于健康植被内部构造的原因，反射率急剧上升，高于土壤和衰老植被的反射率，表现出健康植被的独有特征，植被覆盖度越高，曲线越陡。1350～2500nm 是植被叶片水分吸收主导的波段，光谱反射率整体下降，植被覆盖度越高，反射率越低。植被吸收、反射等特点共同构成了其独有的光谱特征，与土壤的光谱特征具有明显区别。

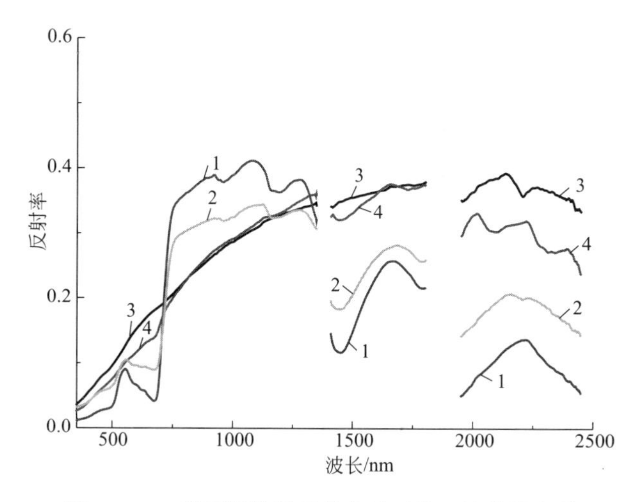

图 8.17　4 种不同植被覆盖条件下的土壤背景光谱

1—茅草地；2—农田；3—裸土；4—杂草地

8.2.2.2 不同植被覆盖类型下石油烃污染土壤的光谱特征

研究表明，基于室内测量石油烃污染土壤的光谱曲线中存在非常明显的光谱吸收特征，每种石油烃的诊断波段存在差异但又非常相似，主要集中在 1700nm 和 2300nm 附近，可以作为土壤中石油烃存在的判别依据。基于野外实测石油烃污染土壤的光谱曲线如图 8.18～图 8.21 所示，图中分别剔除了大气水汽吸收波段。观察图可知，反射率随着石油烃含量的增加而降低，石油烃种类不同，反射率下降幅度不同。野外测量条件下，不同植被覆盖的石油烃污染土壤光谱曲线中依然能够观测到石油烃的吸收特征，即虚线标注的地方，能够与未受污染时的光谱曲线区分开。裸土、杂草地、农田和茅草地中石油烃的吸收特征主要在 1700nm 和 2300nm 附近，与第 3 章的研究结果相符；此外，石油烃污染裸土的光谱在 1200nm 附近没有表现出吸收特征，但随着植被覆盖度的增加，该吸收特征逐渐增强，石油烃污染杂草地和农田的光谱中虽然分别呈现出吸收特征但相对较弱，容易受环境因素的影响；而石油烃污染茅草地的光谱在 1200nm 附近吸收强烈，特征显著。因此，为了进一步提取和分析吸收特征，去除原始光谱数据，突出和放大上述波段附近的吸收特征。

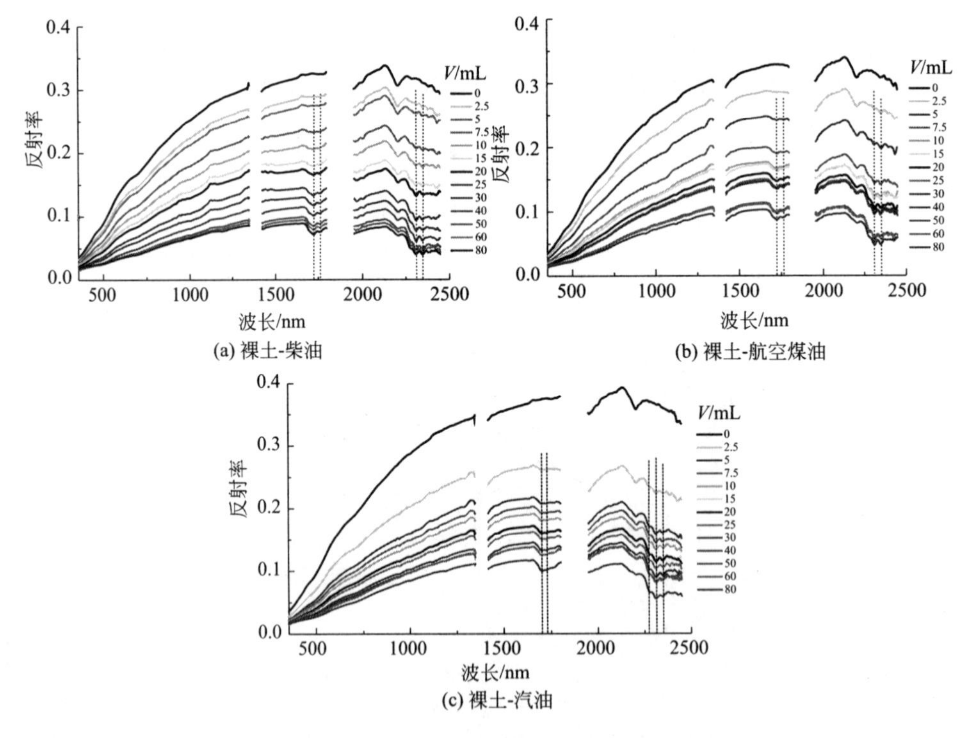

图 8.18 柴油、航空煤油和汽油污染裸土的野外实测光谱曲线

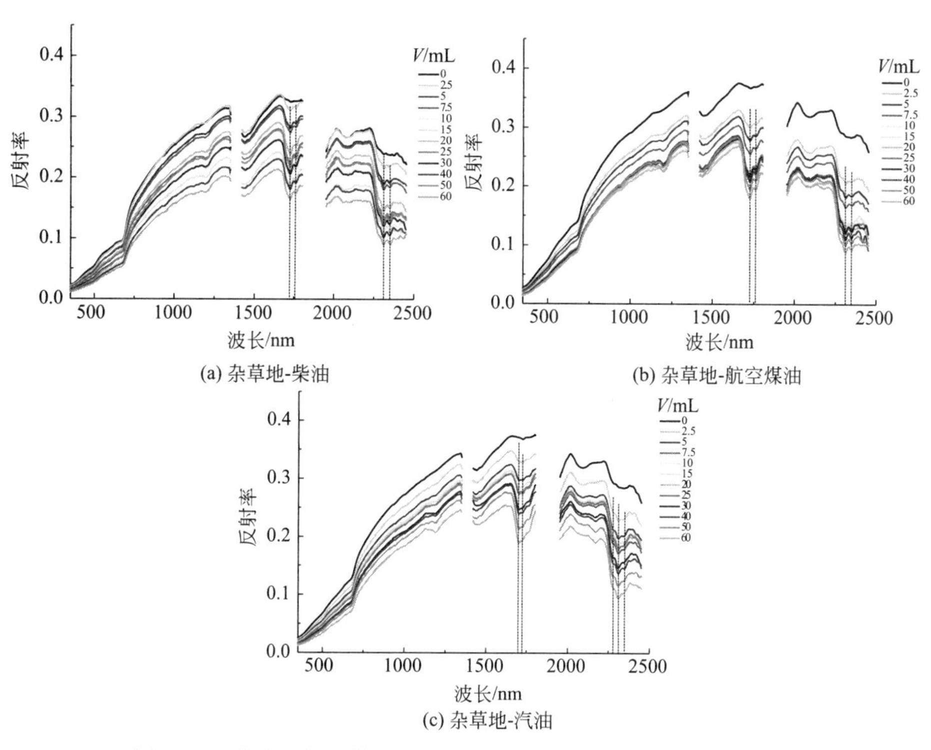

(a) 杂草地-柴油　(b) 杂草地-航空煤油

(c) 杂草地-汽油

图 8.19　柴油、航空煤油和汽油污染杂草地的野外实测光谱曲线

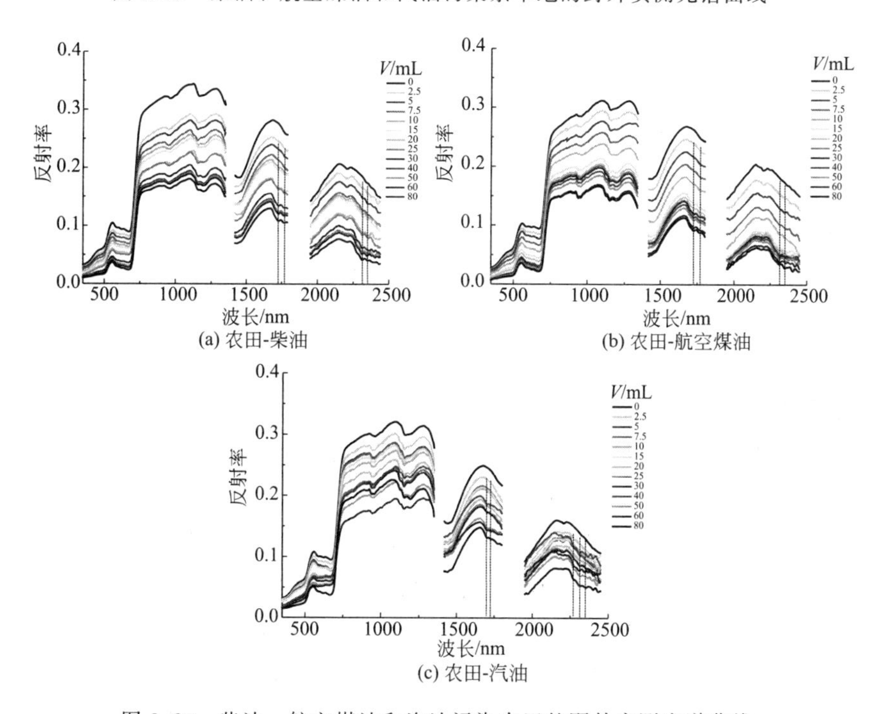

(a) 农田-柴油　(b) 农田-航空煤油

(c) 农田-汽油

图 8.20　柴油、航空煤油和汽油污染农田的野外实测光谱曲线

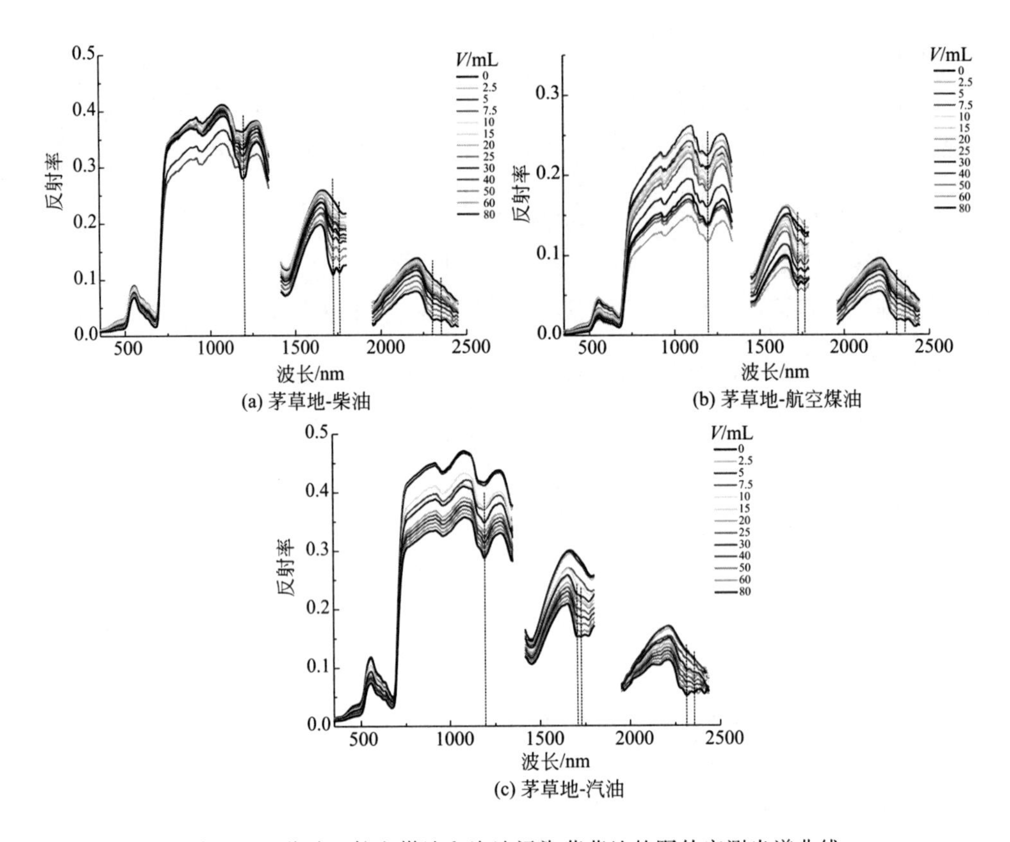

图 8.21 柴油、航空煤油和汽油污染茅草地的野外实测光谱曲线

8.2.2.3 基于统计分析的野外实测石油烃污染土壤光谱特征信息提取

图 8.22～图 8.25 为石油烃污染裸土、杂草地、农田和茅草地的光谱在 1700nm 和 2300nm 附近连续统去除曲线。观察图可发现，经过连续统去除处理后光谱曲线吸收特征显著，有利于特征信息的提取。野外测量时，由于环境因素的干扰，特征波段的吸收谷会发生迁移，并且石油烃含量不同时，吸收特征处所对应的波长位置不一致，表现为在吸收特征处光谱曲线形状参差不齐、相互交错，并且植被覆盖度越高，光谱曲线特征相似性越低，吸收谷的波长位置差异越大。其中，茅草地的光谱曲线互相交错，特征波段处吸收位置差异较大，而裸土的光谱曲线较为整齐，特征波段处吸收位置差异较小，一致性高。本研究对每条曲线在特征吸收波段处的吸收位置进行了详细地统计分析，提取光谱特征信息，并与第 3 章室内光谱测量研究中得到的吸收特征波段进行比较。

(1) 不同植被覆盖类型下石油烃污染土壤的光谱吸收位置

从柴油、航空煤油和汽油污染土壤的连续统去除曲线中提取特征吸收波段处的波长位置，统计分析并获取吸收特征的参数，彩图 7～彩图 10 为不同植被

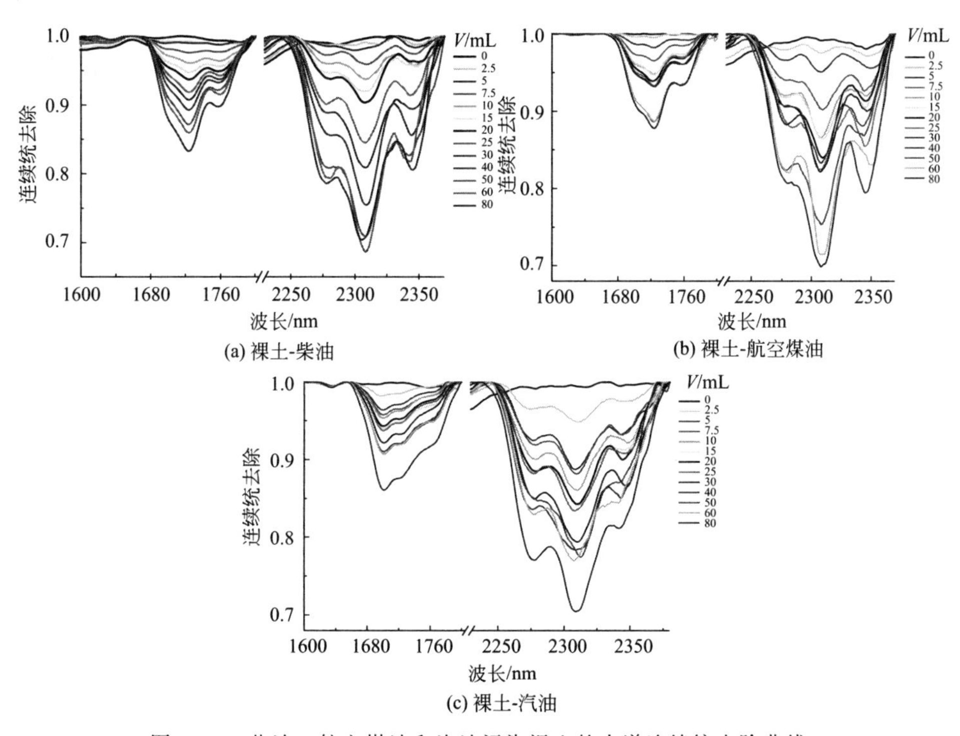

(a) 裸土-柴油　(b) 裸土-航空煤油　(c) 裸土-汽油

图 8.22　柴油、航空煤油和汽油污染裸土的光谱连续统去除曲线

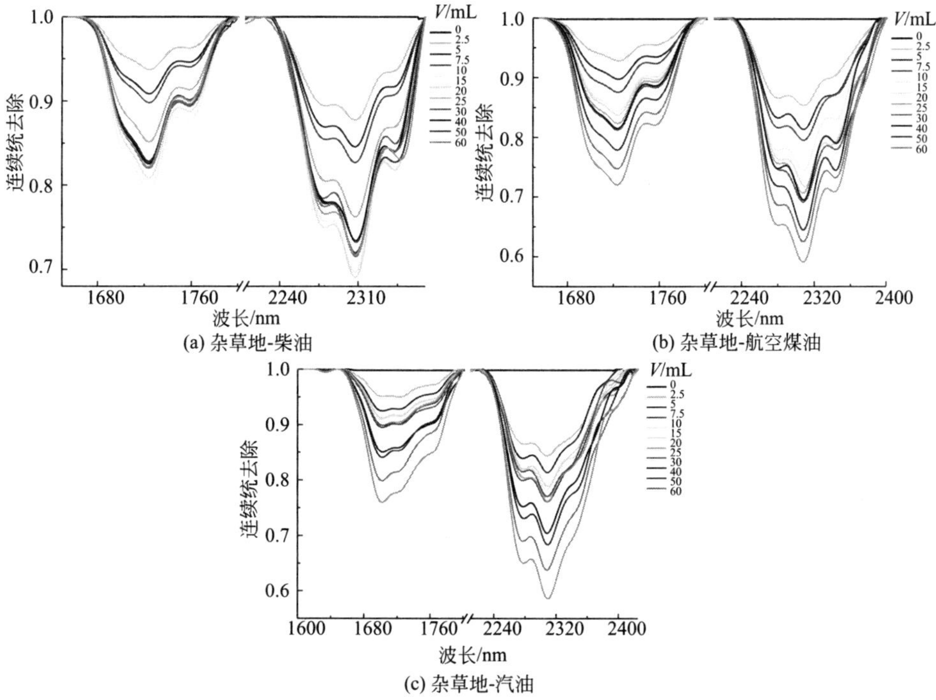

(a) 杂草地-柴油　(b) 杂草地-航空煤油　(c) 杂草地-汽油

图 8.23　柴油、航空煤油和汽油污染杂草地的光谱连续统去除曲线

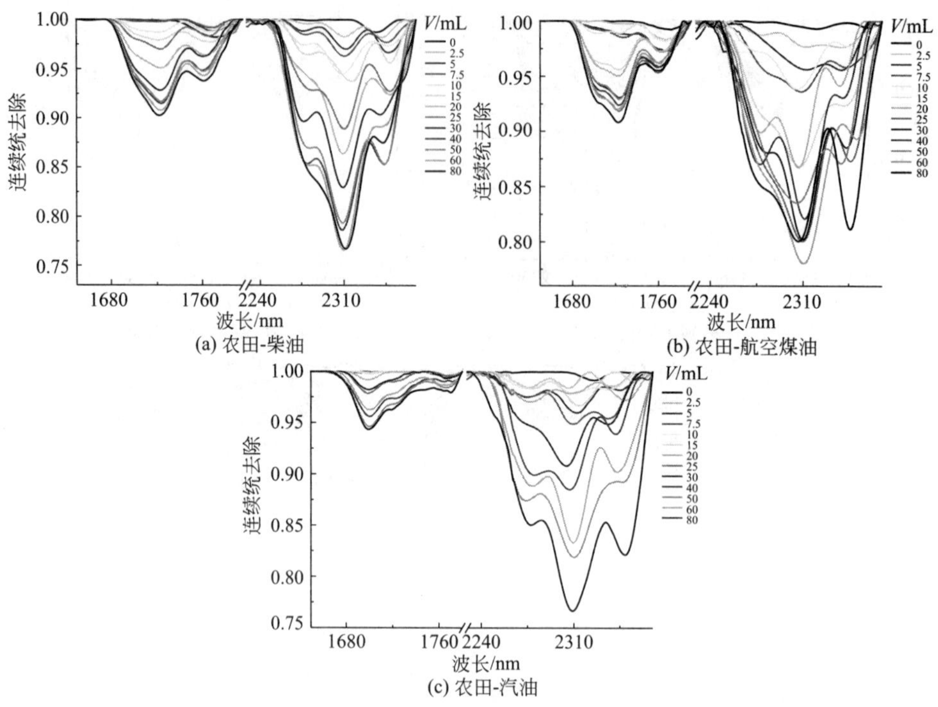

(a) 农田-柴油 (b) 农田-航空煤油 (c) 农田-汽油

图 8.24 柴油、航空煤油和汽油污染农田的光谱连续统去除曲线

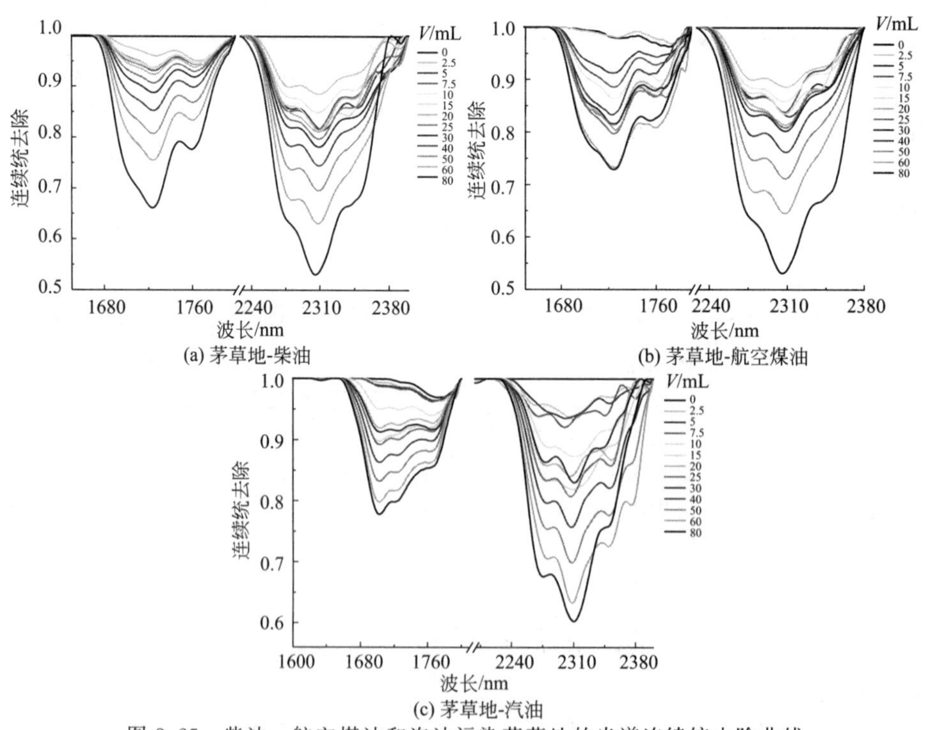

(a) 茅草地-柴油 (b) 茅草地-航空煤油 (c) 茅草地-汽油

图 8.25 柴油、航空煤油和汽油污染茅草地的光谱连续统去除曲线

覆盖类型下柴油、航空煤油和汽油污染土壤的不同吸收波长位置的频率统计值。野外测量条件下，土壤中石油烃的光谱吸收位置会发生变化，所在的特征波段范围内可能存在不同的吸收位置，根据各吸收位置在波段内出现的频率判断出主要特征吸收位置，将其作为野外条件下石油烃的诊断波段。

针对裸土，观察彩图7可知柴油的光谱吸收波段为1724nm、1756～1759nm、2305～2309nm和2343～2349nm。其中1724nm处的吸收特征最稳定，曲线的吸收位置全部一致，没有发生变化；1759nm为1756～1759nm波段的主要吸收位置，出现频率最高；2308nm为2305～2309nm波段的主要吸收位置；2347nm是2343～2349nm波段的主要吸收位置。

航空煤油的光谱吸收波段为1722～1724nm、1756～1758nm、2307～2309nm、2343～2351nm。其中在1722～1724nm波段，1723nm和1724nm的频率相近，但1723nm出现频率更高，是该波段的主要吸收位置；1756～1758nm波段，1757nm的频率相对1756nm和1758nm最高，是主要的吸收位置；2308nm是2307～2309nm波段的主要吸收位置；2345nm是2343～2351nm波段的主要吸收位置。

汽油的光谱吸收波段为1700～1702nm、1719～1721nm、2276～2280nm、2308～2313nm、2342～2348nm。1701nm为1700～1702nm波段的主要吸收位置；1719～1721nm波段，1719nm和1720nm频率相同，均为44%，没有主要吸收位置；2278nm为2276～2280nm波段的主要吸收位置；2310nm为2308～2313nm波段的主要吸收位置；2342～2348nm波段，2342nm的频率为33%，在几个波长中频率相对较高，是主要吸收位置。

针对杂草地，观察彩图8可知柴油的光谱吸收波段为1723～1725nm、1757～1759nm、2307～2308nm和2340～2348nm。其中，1724nm出现频率为82%，是1723～1725nm波段的主要吸收位置；1758nm是1757～1759nm波段的主要吸收位置；2307nm为2307～2308nm波段的主要吸收位置；2343nm是2340～2348nm波段的主要吸收位置。

航空煤油的光谱吸收波段为1723～1724nm、1756～1757nm、2308～2310nm和2340～2344nm。其中，1724nm是1723～1724nm波段的主要吸收位置；1756nm是1756～1757nm波段的主要吸收位置；2308nm出现频率高达91%，是2308～2310nm波段的主要吸收位置；2344nm是2340～2344nm波段的主要吸收位置。

汽油的光谱在2346nm附近的吸收特征比较微弱，经过连续统去除后仍然不够明显，因此没有对该特征波段进行统计分析，主要吸收波段为1702～1703nm、1720～1723nm、2277～2279nm和2308～2309nm。其中1702nm频率占 64%，是 1702～1703nm 波段的主要吸收位置；1720nm 是 1720～1723nm 波段的主要吸收位置；2277～2279nm 波段，2277nm 和 2279nm 的频率均为 36%，无主要吸收位置；2308nm 是 2308～2309nm 波段的主要吸收位置。

针对农田，观察彩图 9 可知柴油的光谱吸收波段为 1722～1724nm、1760～1766nm、2309～2317nm 和 2340～2348nm。其中 1723nm 为 1722～1724nm 波段的主要吸收位置；1761nm 和 1766nm 的频率均为 33%，1760～1766nm 波段无主要吸收位置；2309nm 为 2309～2317nm 波段的主要吸收位置；2348nm 为 2340～2348nm 波段的主要吸收位置。

航空煤油的光谱吸收波段为 1722～1724nm、1760～1765nm、2307～2311nm 和 2339～2351nm。其中，1722～1724nm 波段内 1723nm 和 1724nm 频率相同，无主要吸收位置；1760～1765nm 波段内，1760nm、1761nm 和 1765nm 频率均相同，无主要吸收位置；2307nm 为 2307～2311nm 波段的主要吸收位置；2339～2351nm 波段，2339nm 和 2342nm 的频率相同，无主要吸收位置。

观测到汽油光谱在 1723nm 附近特征微弱，曲线上没有明显的吸收谷，认为 1723nm 附近不存在吸收特征，未对该波段进行统计分析，因此主要的吸收波段有 1699～1700nm、2274～2280nm、2304～2314nm 和 2336～2356nm。其中，1700nm 为 1699～1700nm 波段的主要吸收特征；2278nm 为 2274～2280nm 波段的主要吸收特征；2304～2314nm 波段，2307nm 和 2309nm 的频率相同，无主要吸收位置；2336～2356nm 波段 2336nm 为主要吸收位置。

针对茅草地，观察彩图 10 可知，柴油和航空煤油污染茅草地的光谱经过连续统去除处理后，在 2347nm 附近没有明显的吸收特征，未对该波段进行统计分析。茅草地中柴油的主要吸收波段为 1724～1725nm、1761～1764nm 和2306～2313nm。其中，1725nm 是 1724～1725nm 波段的主要吸收位置；1764nm 是 1761～1764nm 波段的主要吸收位置；2309nm 是 2306～2313nm 波段的主要吸收位置。

茅草地中航空煤油的主要吸收波段为 1723～1726nm、1756～1762nm 和 2307～2313nm。其中，1725nm 是 1723～1726nm 波段的主要吸收位置；1759nm 是 1756～1762nm 波段的主要吸收位置；2308nm 是 2307～2313nm 波段的主要吸收位置。

汽油污染茅草地的光谱吸收波段为 1702～1704nm、1719～1727nm、2275～2282nm、2301～2311nm 和 2342～2353nm。其中，1702nm 是 1702～1704nm 波段的主要吸收位置；1724nm 是 1719～1727nm 波段的主要吸收位置；2280nm 是 2275～2282nm 波段的主要吸收位置；2307nm 是 2301～2311nm 波段的主要

吸收位置；由于 2342nm 和 2350nm 频率相同，2342～2353nm 波段无主要吸收位置。将上述研究得到的主要吸收位置进行归纳，如表 8.6 所列。

表 8.6　不同植被覆盖类型下柴油、航空煤油和汽油污染土壤的光谱主要吸收位置

石油烃种类	样地类型	主要吸收位置/nm				
柴油	裸土	1724	1759	2308	2347	
	杂草地	1724	1758	2307	2343	
	农田	1723	无	2309	2348	
	茅草地	1725	1764	2309	—	
航空煤油	裸土	1723	1757	2308	2345	
	杂草地	1724	1756	2308	2344	
	农田	无	无	2307	无	
	茅草地	1725	1759	2308	—	
汽油	裸土	1701	无	2278	2310	2342
	杂草地	1702	1720	无	2308	—
	农田	1700	—	2278	无	2336
	茅草地	1702	1724	2280	2307	无

（2）不同植被覆盖类型下石油烃污染土壤的光谱吸收深度

基于 8.1 部分得出的吸收特征波段，从中提取不同石油烃含量下每条曲线在特征波段内的吸收深度，如图 8.26～图 8.29 所示。从图中能够看出，提取出的吸收波段可以作为在野外实测条件下石油烃存在的显著特征，其吸收深度随着石油烃含量的增加而增大，吸收特征波段不同，增大的幅度不同；植被覆盖类型不同，增大的幅度也不同。4 种植被覆盖类型中，茅草地中石油烃的光谱吸收深度增加幅度最大，最大吸收深度为 0.468，农田中石油烃的光谱吸收深度增加幅度最小，最大吸收深度为 0.237；吸收特征波段中，2300～2317nm 范围内的波段吸收深度最大，曲线为斜直上升，可以作为识别石油烃存在的主要波段；对于柴油和航空煤油，1756～1766nm 范围内的波段吸收深度最小，对于汽油，1719～1727nm 范围内的波段吸收深度最小，曲线均为平缓上升。

8.2.3　野外实测光谱特征与室内光谱特征比较

根据室内测量研究结果可知，柴油污染土壤的诊断波段为 1724nm、1760nm、2309nm 和 2347nm；航空煤油污染土壤的诊断波段为 1724nm、1758nm、2309nm 和 2347nm；汽油污染土壤的诊断波段为 1702nm、1723nm、2278nm、2311nm 和 2346nm。为了检验室内研究结果是否适用于野外环境中，将 8.1 节研究中提取的光谱特征波段结果与室内测量结果进行比较，如表 8.7～表 8.10 所列。

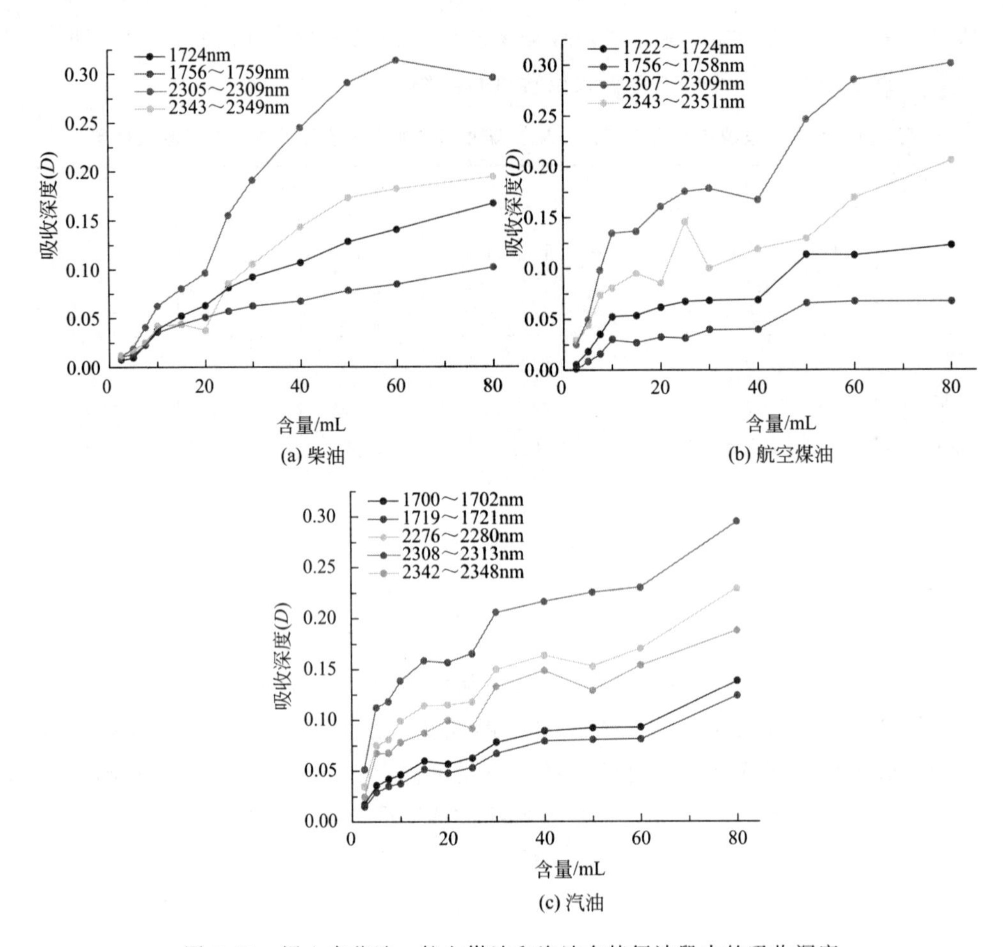

图 8.26 裸土中柴油、航空煤油和汽油在特征波段内的吸收深度

表 8.7 裸土中柴油、航空煤油和汽油污染的光谱特征与室内光谱特征比较

单位：nm

石油烃种类	室内光谱特征波段	野外实测光谱特征波段	波段内主要吸收位置	平均绝对偏差	标准差
柴油	1724	1724	1724	0	0
	1760	1756～1759	1759	2.08	1.18
	2309	2305～2309	2308	1.20	1.07
	2347	2343～2349	2347	1.67	1.88
航空煤油	1724	1722～1724	1723	0.67	0.62
	1758	1756～1758	1757	1.18	0.72
	2309	2307～2309	2308	1.00	0.70
	2347	2343～2351	2345	1.83	1.86
汽油	1702	1700～1702	1701	0.83	0.68
	1723	1719～1721	无	1.33	0.67
	2278	2276～2280	2278	0.83	1.21
	2311	2308～2313	2310	1.83	1.32
	2346	2342～2348	2342	2.42	2.12

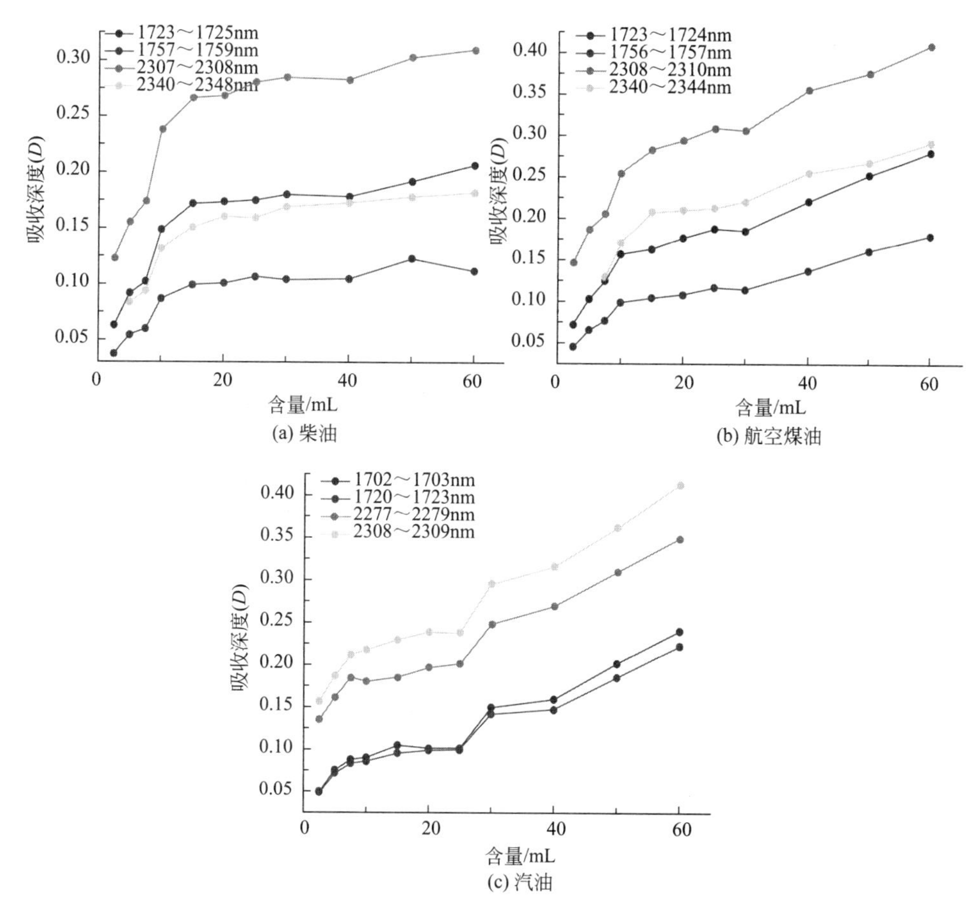

图 8.27　杂草地中柴油、航空煤油和汽油在特征波段内的吸收深度

表 8.8　杂草地中柴油、航空煤油和汽油污染的光谱特征与室内光谱特征比较

单位：nm

石油烃种类	室内光谱特征波段	野外实测光谱特征波段	波段内主要吸收位置	平均绝对偏差	标准差
柴油	1724	1723～1725	1724	0.18	0.43
	1760	1757～1759	1758	2.00	0.45
	2309	2307～2308	2307	1.54	0.49
	2347	2340～2348	2343	4.56	2.40
航空煤油	1724	1723～1724	1724	0.30	0.46
	1758	1756～1757	1756	1.72	0.44
	2309	2308～2310	2308	1.00	0.57
	2347	2340～2344	2344	4.11	1.59
汽油	1702	1702～1703	1701	0.36	0.48
	1723	1720～1723	1720	1.08	1.21
	2278	2277～2279	无	0.72	0.85
	2311	2308～2309	2308	2.54	0.50
	2346	—	—	—	—

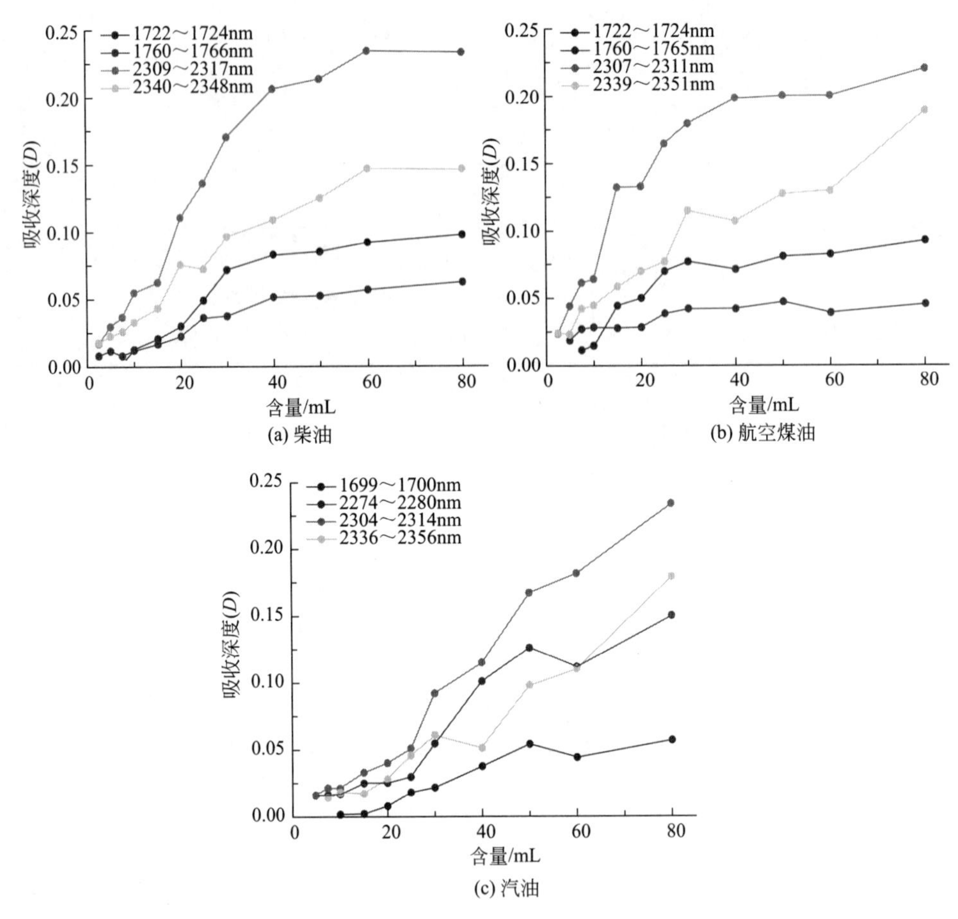

图 8.28 农田中柴油、航空煤油和汽油在特征波段内的吸收深度

表 8.9 农田中柴油、航空煤油和汽油污染的光谱特征与室内光谱特征比较

单位：nm

石油烃种类	室内光谱特征波段	野外实测光谱特征波段	波段内主要吸收位置	平均绝对偏差	标准差
柴油	1724	1722～1724	1723	1.11	0.57
	1760	1760～1766	无	2.56	2.49
	2309	2309～2317	2309	1.23	2.08
	2347	2342～2348	2348	2.08	2.59
航空煤油	1724	1722～1724	无	0.58	0.67
	1758	1760～1765	无	3.25	1.95
	2309	2307～2311	2307	1.58	1.71
	2347	2339～2351	无	4.33	3.73
汽油	1702	1699～1700	1700	1.42	0.49
	1723	—	—	—	—
	2278	2274～2280	2278	1.80	2.23
	2311	2304～2314	无	2.00	1.84
	2346	2336～2356	2336	3.40	3.07

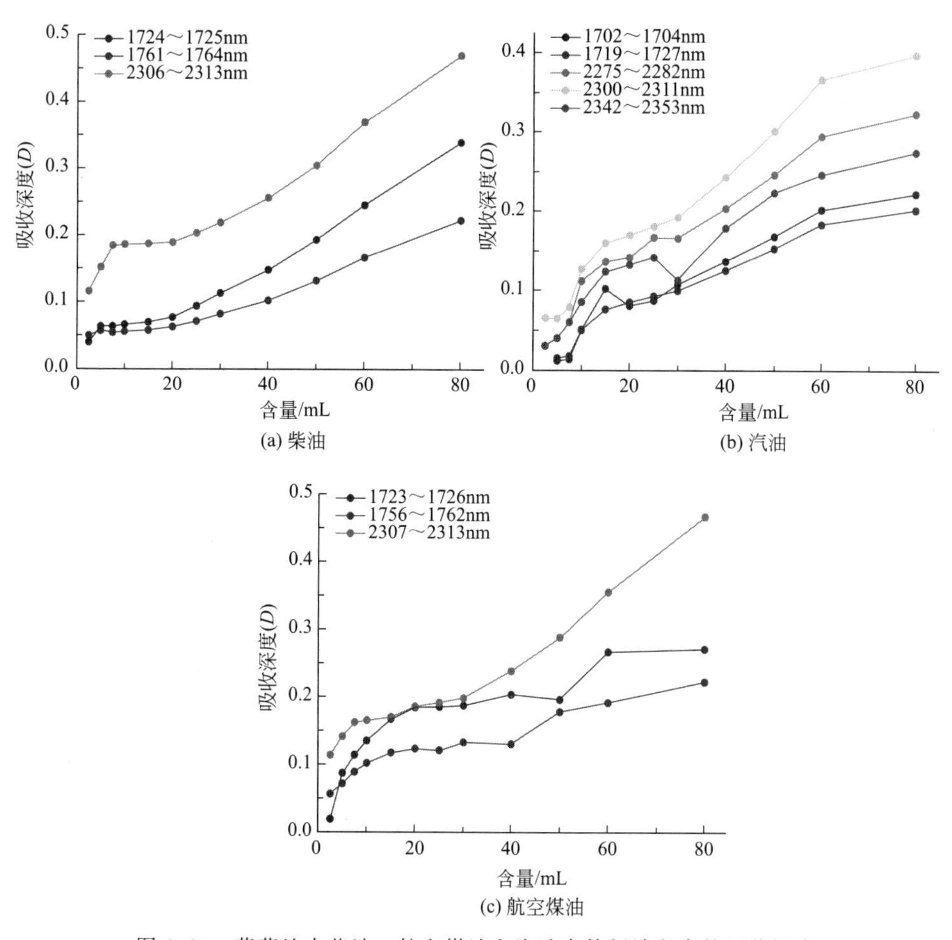

图 8.29　茅草地中柴油、航空煤油和汽油在特征波段内的吸收深度

表 8.10　茅草地中柴油、航空煤油和汽油污染的光谱特征与室内光谱特征比较

单位：nm

石油烃种类	室内光谱特征波段	野外实测光谱特征波段	波段内主要吸收位置	平均绝对偏差	标准差
柴油	1724	1724～1725	1725	0.67	0.49
	1760	1761～1762	1764	2.50	1.32
	2309	2306～2313	2309	0.83	1.51
	2347	—	—	—	—
航空煤油	1724	1723～1726	1725	0.92	1.03
	1758	1756～1762	1759	2.27	2.02
	2309	2307～2313	2308	1.08	1.44
	2347	—	—	—	—
汽油	1702	1702～1704	1702	0.70	0.78
	1723	1719～1727	1724	3.18	2.91
	2278	2275～2282	2280	2.70	2.37
	2311	2300～2311	2307	3.58	3.27
	2346	2342～2353	无	4.83	4.31

从表中可以明显地看出野外实测光谱特征与室内测得的光谱特征非常相似，但存在一定差异。平均绝对偏差代表野外实测光谱特征波段与室内测量结果的偏差。根据其结果可知，不同植被覆类型下柴油、航空煤油和汽油污染土壤的光谱特征波段与室内光谱特征波段很相近，整体偏差程度较小，数值主要集中在0.18～2.70nm。以裸土为背景提取的光谱特征波段与室内测量结果偏差最小，平均绝对偏差最小值为0nm，最大值为2.42nm，偏差值一般在0.83～1.83nm；其次是杂草地，平均绝对偏差最小值为0.18nm，最大值为4.56nm，偏差整体在1.00～2.54nm范围内；再次是农田，平均绝对偏差最小值为0.58nm，最大值为4.33nm，偏差值一般在1.11～3.40nm范围内；以茅草地为背景提取的光谱特征波段与室内测量结果偏差最大，平均绝对偏差最小值为0.67nm，最大值为4.83nm，偏差值整体在0.83～3.58nm范围内。

此外，标准差代表野外实测光谱特征波段的离散程度，标准差越大，数据越离散，野外实测值与室内测量结果的偏差就越大，标准差值与平均绝对偏差值是呈正比关系。分析表可发现，野外实测光谱特征波段的标准差整体较小，数值主要在0.48～2.40nm范围内，4种样地标准差大小：茅草地＞农田＞杂草地＞裸土。表中还存在4处没有特征吸收波段，即室内得出的诊断波段不适用于野外条件，该结果在8.2.2.3部分中已有讨论，分别为汽油污染杂草地的光谱在2346nm附近无特征波段，汽油污染农田的光谱在1723nm附近无特征波段，柴油和航空煤油污染茅草地的光谱在2347nm附近污染特征波段。

结合4种样地的植被覆盖度可发现，植被覆盖度越高，石油烃的吸收特征波段与室内研究结果偏差越大，吸收位置的离散度越大。可能是因为植被覆盖度越大，环境噪声对特征波段的识别和提取的干扰就越大，进而导致波段位置发生偏差，室内研究得出的诊断波段不适用于野外环境。

统计出的主要吸收位置可以作为野外实测条件下石油烃诊断波段，因此将表中波段内主要吸收位置结果与室内光谱特征波段对比能够发现，除个别波段无主要的吸收位置，其余经过统计分析得出的主要吸收位置与室内光谱特征波段非常相近，整体差异较小，表明室内研究提取的石油烃污染土壤的诊断波段在一定程度上可以应用于野外条件下。

综上，经过野外实测光谱特征与室内光谱特征比较发现，实验室测量得到的石油烃污染土壤的光谱诊断波段可以用于在野外条件下探测和识别土壤表面石油烃的存在。

8.3 基于雷达影像的油库溢油识别研究

用于溢油和环境探测的雷达主要有两种，即合成孔径雷达（SAR）和侧视机载雷达（SLAR）。后者是一种传统式雷达，造价较低，它的空间分辨率与天线长度有关。合成孔径技术则是利用多普勒效应原理，依靠短天线达到高空间分辨率的目的。目前星载雷达都是合成孔径雷达，能够进行大范围成像，并能在夜间或有云雾的恶劣天气条件下对海面成像，在油库溢油监测中发挥重要作用。

针对油品泄漏物质，主要利用雷达数据，通过分析火灾发生区域的后向散射系数，利用遥感分类算法，提取溢油范围信息。通过对上述油库火灾特征物质的遥感信息提取，为油库火灾污染源及其迁移扩散行为的遥感监测分析提供数据支撑。

8.3.1　基于雷达的监测方法研究

基于卫星雷达数据的溢油监测主要包括的方法研究如下。

（1）卫星雷达数据的滤波方法研究

SAR 图像由于其相干成像的特点，当雷达相干信号照射目标时，目标上的随机散射面的散射信号与发射的相干信号之间的干涉作用使 SAR 图像上往往存在着大量的斑点噪声，严重地干扰图像中地物目标的识别和提取。因此，去除斑点噪声就成了 SAR 研究的热点，国内外对此进行了大量研究，形成了许多算法。对 SAR 图像油膜检测而言，常用的滤波方法主要有 Lee 滤波、Gamma Map 滤波、Kuan 滤波、Frost 滤波、小波软阈值滤波等。这些滤波方法各有优点，选用何种滤波方法应该视实际处理效果而定。

（2）基于卫星雷达数据的溢油目标检测方法研究

目标检测有两种方法，人工检测和自动检测。其中，人工检测直接利用人类的视觉灵敏度对 SAR 图像进行分析，判断是否存在油膜，这种方法对目标判断较为准确，但工作效率不高，特别是在数据量很大的条件下，仅仅依靠人工手段不能满足实时的需要；自动检测利用计算机自动识别目标，目前采用的算法主要有单一阈值法、自适应阈值法、小波变换、熵方法和 DHT 方法等。

（3）基于卫星雷达数据的油膜特征检测方法研究

确定油膜特征的度量值，例如油膜复杂度、油膜功率均值比、油膜局部对比度、油膜宽度、油膜局部邻域、油膜全局邻域、边缘梯度、油膜面积、油膜距检测出的船只距离、油膜平坦力矩、图像目标区域数目、油膜平滑对比度 12 项特征。这些特征的获取可为海上溢油分类提供数据基础。

(4) 基于卫星雷达数据的海上溢油分类方法研究

海上溢油分类是SAR图像海洋表面油膜检测中比较关键且很困难的一步，通常的方法是将直接分析（油膜特征信息）和间接分析（风/水流/雨的历史记录等）结合起来识别油膜。在具体分类过程中建议采用各种分类方法，如基于统计模型分类决策方法、神经网络识别技术等。

8.3.2 基于雷达的监测结果分析

成像时间为5月4日，空间分辨率1.5m，溢油位置位于后勤工程学院人工湖东南侧一处训练场。溢油现场设有一面积9m×9m的油池，因为此实验无燃烧过程，油池底部覆有塑料膜，便于油的回收。倒入油池的油品为此前燃烧实验同规格同批次柴油，油膜平均厚度约为15mm，最浅处5mm。溢油监测实验现场及雷达影像见图8.30和图8.31。

图8.30 溢油监测实验现场

目前，根据获取的雷达遥感影像中可以看出，溢油点位置与周围环境之间存在着较大的差别，说明利用雷达技术能够识别溢油信息。

图 8.31　雷达影像

雷达遥感由于具有全天候、全天时和具有一定穿透功能的特性，在遥感监测中有独特优势。在油库火灾事故发生期间，受到天气条件（如多云多雾等）的影响，常规的可见光遥感数据无法及时获取，雷达卫星遥感受天气条件的影响较小。但是目前雷达卫星遥感数据仍然相对较少，在时间分辨率、空间分辨率等方面需要进一步的提高，以满足油库污染监测的需要。另外，雷达遥感影像中如何去除伪信息，获取较准确的地表溢油信息还需进一步探索。

SAR 是唯一可以提供大范围全天候溢油监测的遥感器，也将是重要的业务化发展方向。目前，SAR 的应用限制是卫星的地面覆盖周期长且分辨率偏低，因而监测的实时性差，在一定程度上限制了其监测效果，但是仍然具有很大的发展潜力和应用前景。

8.4 小结

本章在室内条件下开展了石油烃污染土壤的光谱特征实验研究，分析了 8 种未受污染的土壤在不同含量的 5 种石油烃污染条件下的光谱特征，经过 7 种光谱变换和相关性分析，筛选出与石油烃含量最敏感的光谱变量，分别采用偏最小二乘回归和支持向量机建模预测并验证。在野外条件下选取了 4 种不同植被覆盖类型的土地背景，以柴油、航空煤油和汽油为研究对象，开展了石油烃污染土壤的光谱特征研究实验，提取了不同植被覆盖类型下石油烃污染土壤的光谱特征信息，并与室内光谱特征研究结果进行比较，分析了二者的差异。本章主要结论如下。

① 石油烃污染土壤的光谱特征波段集中在 1100～1300nm、1600～1900nm 和 2200～2400nm 三个波段范围内，每种石油烃的主要特征波段在 8 种土壤中相同且显著，具有普遍性，可以推断为石油烃污染土壤的诊断波段，作为识别土壤中石油烃存在的依据。其中，柴油的诊断波段位于 1724nm、1760nm、2309nm 和 2347nm；航空煤油的诊断波段位于 1724nm、1758nm、2309nm 和 2347nm；机油的中心波长位于 1725nm、1762nm、2308nm 和 2347nm；机油的诊断波段位于 1725nm、1762nm、2308nm 和 2347nm；原油的诊断波段位于 1726nm、1760nm、2308nm 和 2347nm；以上 4 种石油烃的诊断波段较为相似，而汽油的光谱特征差异较大，诊断波段位于 1702nm、1723nm、2278nm、2309nm 和 2346nm。

② 基于相关性研究结果，分别采用 PLSR 和 SVM 方法作为线性和非线性模型的代表进行建模分析，经研究发现：两种模型都能够用于对石油烃污染土壤的含量进行预测，SVM 模型预测结果优于 PLSR 模型。PLSR 模型的 R^2 主要在 0.95～0.99 范围内，而 SVM 模型的 R^2 主要在 0.980～0.999；PLSR 模型的 RMSEC 和 RMSEP 在 0.3～0.9，SVM 模型的 RMSEC 和 RMSEP 在 0.1～0.5。综上，SVM 较 PLSR 有更理想的建模结果，更适用于预测土壤中石油烃的含量。

③ 将野外实测研究得到的光谱特征与室内研究结果对比发现，野外条件下提取的光谱吸收特征波段与室内光谱特征波段有一定的偏差，特征波段范围内的吸收位置不一致。经过统计分析发现，平均绝对偏差和标准差整体较小，并且得出的主要吸收位置与室内光谱特征波段非常相近，差异较小，表明室内研究提取的石油烃污染土壤的诊断波段在一定程度上可以应用于野外条件下。

④ 植被覆盖度越高，光谱曲线吸收特征的相似性越低，石油烃的吸收特征波段与室内研究结果偏差越大，吸收位置的离散度越大。4 种植被覆盖类型下的覆盖度：茅草地＞农田＞杂草地＞裸土，野外实测石油烃吸收特征波段与室内结果的偏差：茅草地＞农田＞杂草地＞裸土。

第9章 总结

针对航天遥感监测油库火灾污染环境行为的理论与方法研究，本研究主要开展了以下工作，并获取了相关结论。

① 在室外开敞空间条件下搭建了火焰光谱红外测试分析系统，在紫外-近红外波段（354～845nm）及近红外-中红外波段（1～14μm）研究分析了92# 汽油、95# 汽油、0# 柴油、航空煤油、润滑油池火焰光谱特征，并与纸张、木柴、酒精及蜂窝煤的火焰光谱特征进行了对比分析研究。

结果表明，在可见光-近红外波段范围内，油料池火焰光谱与其他燃料火焰光谱具有较大的相似性，火焰光谱的主要特征是燃烧产生的炭黑颗粒的连续光谱。在1.1μm、2.4μm及2.8μm附近存在H_2O的特征发射峰；在4.2μm及4.5μm存在CO_2的发射峰，其中4.5μm处的CO_2发射峰在整个光谱测试范围内强度最高；各油品池火焰光谱在3.4μm处存在C—H伸缩振动峰。各油品火焰光谱在6.3μm附近存在一个微弱的H_2O的发射峰，在6.3μm后各油品火焰光谱不存在明显的发射峰与吸收谷，且光谱的强度较低。提出了油料池火焰识别指数（oil pool fire detection index，OPFDI），该指数的计算方法为：

$$\mathrm{OPFDI}=\frac{2L_{\lambda 3.4}-L_{\lambda 3.2}-L_{\lambda 3.8}}{L_{\lambda 4.5}}$$

② 构建了天-地一体化中尺度油池火灾外场监测分析平台，研究分析了中尺度油料火灾周边环境的热响应变化。中尺度油料池火焰燃烧以火焰为中心向周边环境辐射传热。在水平方向上，距离火焰越近，温度梯度变化越剧烈，环境温度T的变化与距离火焰的距离L的关系为$T=a\mathrm{e}^{bL}$。在竖直方向上，火焰不同高度对环境的换热强度顺序为：火焰中部温度＞火焰顶部＞火焰底部，火焰的脉动

强化了与周边环境的换热过程，火焰中部对周边环境换热明显。

构建了烟气斑块的提取模型，以分水岭分割算法为核心，提出了同灰度邻域合并算法，通过小波逆变换得到烟气提取结果，模型可以适应较大范围的合并阈值，烟气斑块的提取精度在93%左右。

③ 基于 Landsat 8 卫星影像，研究分析了江苏省靖江市德桥油料火灾事故、乌克兰基辅州油库火灾事故及伊拉克炼油厂火灾事故影像数据。研究表明，短波红外波段对于高温火点的识别效果更好，油料火灾可引起 Landsat 8 OLI 第 6、第 7 波段的热异常，火点像元的 DN 值显著高于常温地物像元，火点像元的光谱特性明显。构建了 PCA-SVM 分类模型，对影像的分类效果较为理想，Kappa 系数达到 0.9 以上。对江苏省靖江市德桥油料火灾事故、乌克兰基辅州油库火灾事故及伊拉克炼油厂火灾事故分类得到的火点像元进行了精度评价，TPR 分别为 0.85、0.792、0.818，分类精度较高。构建了非监督分类的火点像元识别分类树模型，利用该模型对伊拉克油田大火的火点像元进行了长时间序列的提取分析，TPR 可达 0.8 以上。

基于烟气的光谱特征，构建归一化烟气识别指数 NSDI，该指数可增强影像中的烟气信息。构建了烟气斑块提取模型，可以较好地提取不同时相、不同地域的油料火灾烟气斑块信息，模型具有较好的鲁棒性。

④ 针对传统的热红外影像数据反演高温火焰温度的局限性，基于 Landsat 8 OLI 第 7 波段的短波红外数据，构建了油料火焰温度反演模型。研究分析了反演模型中高温火焰面积百分比、火焰比辐射率、常温背景地物反射率及大气透过率的变化对反演结果的影响，结果表明，随着高温火焰面积百分比的增大，反演得到的表观温度逐渐降低；随着火焰比辐射率的增加，反演得到的火焰表观温度逐渐减小；反演结果随着常温地物反射率的增加而减小，且火焰面积百分比越大，反演得到的表观温度梯度变化越小；随着大气透过率的增加，反演结果逐渐减小，且火焰面积百分比越大，反演得到的表观温度梯度变化越小。

通过构建的温度反演模型，对油库火灾事故影像的火点像元的火焰温度进行了反演。结果表明，当火焰的比辐射率为 0.1 时，各像元火焰温度的反演结果最大可达 1200K，优于传统的热红外波段数据反演结果。

⑤ 提出了一种基于小波与分水岭变换的油库目标提取方法，通过对灰度值对比增强后的遥感图像进行小波变换，平滑逼近图像梯度计算、分水岭分割、图像重构和重构图像后处理等环节得到最终分割结果，准确快速地提取出了油库目标，为下一步开展油库火灾污染特征物质遥感监测理论与方法研究奠定了基础。

⑥ 研究了基于遥感技术的军用油库火灾爆炸大气污染的预测与评估方法，构建了军用油库火灾爆炸大气污染模拟预测与评估的专用软件分析模块。模块实

现了地形数据导入、模型创建、网格划分、环境条件设置、火源条件设置、评估结果显示等功能。以重庆某油库为例进行了真实条件下的油库火灾污染数值模拟分析，结果表明，热辐射是油库火灾爆炸污染影响周边环境的主要因素，可能引发次生燃烧，而燃烧产生的地表的CO浓度范围对人群危害不大。

⑦ 室内实验表明石油烃污染土壤的光谱特征波段集中在1100～1300nm、1600～1900nm和2200～2400nm三个波段范围内。分别采用PLSR和SVM方法作为线性和非线性模型的代表进行建模分析，经研究发现：两种模型都能够用于对石油烃污染土壤的含量进行预测。

野外实测研究的光谱特征与室内研究结果对比表明，野外条件下提取的光谱吸收特征波段与室内光谱特征波段有一定的偏差，特征波段范围内的吸收位置不一致。经过统计分析发现，平均绝对偏差和标准差整体较小，并且得出的主要吸收位置与室内光谱特征波段非常相近，差异较小，表明室内研究提取的石油烃污染土壤的诊断波段在一定程度上可以应用于野外条件下。

参 考 文 献

[1] Keith T Weber, Steven Seefeldt, Corey Moffet, et al. Comparing Fire Severity Models from Post-Fire and Pre/Post-Fire Differenced Imagery [J]. Giscience & Remote Sensing, 2008, 45 (4): 392-405.

[2] 谭克龙，周日平，万余庆，等. 地下煤层燃烧的高光谱及高分辨率遥感监测方法 [J]. 红外与毫米波学报，2007，26 (5)：349-352.

[3] 王晓鹏，万余庆，张光超，等. 多源遥感技术在汝箕沟煤田火区动态监测中的应用 [C]. 中国地质学会、中国煤炭学会、中国煤田地质专业委员会 2005 年会，2005：28-31.

[4] 王军，曹主军，王兵. 汝箕沟煤田火区遥感动态监测应用研究 [J]. 西北煤炭，2005，3 (3)：30-32.

[5] Magdalini Pleniou, Fotios Xystrakis, Panayotis Dimopoulos, et al. Maps of fire occurrence-spatially explicit reconstruction of recent fire history using satellite remote sensing [J]. Journal of Maps, 2012, 8 (4): 499-506.

[6] Foula Nioti, Panayotis Dimopoulos, Nikos Koutsias. Correcting the Fire Scar Perimeter of a 1983 Wildfire Using USGS-Archived Landsat Satellite Data [J]. Giscience & Remote Sensing, 2011, 48 (4): 600-613.

[7] Villarreal M L, Norman L M, Buckley S, et al. Multi-index time series monitoring of drought and fire effects on desert grasslands [J]. Remote Sensing of Environment, 2016, 183 (6): 186-197.

[8] Chuvieco E, Englefield P, Trishchenko A P, et al. Generation of long time series of burn area maps of the boreal forest from NOAA-AVHRR composite data. Remote Sensing of Environment, 2008, 112 (5): 2381-2396.

[9] Quintano C, Fernández - Manso A, Fernández-Manso O, et al. Mapping burned areas in Mediterranean countries using spectral mixture analysis from a unitemporal perspective [J]. International Journal of Remote Sensing, 2006, 27 (4): 645-662.

[10] 叶兵. 国内外森林防火技术及其发展趋势 [D]. 北京：中国林业科学院，2000.

[11] 易浩若，纪平. 森林过火面积的遥感测算方法 [J]. 遥感技术与应用，1998，13 (2)：10-14.

[12] Matson M. Identification of subresolution high temperature sources using thermal IR sensor [J]. Photogrammetric Engineering and Remote Sensing, 1981, 47 (9): 1311-1318.

[13] Cracknell A P. Identification of gas flares in the North Sea using satellite data [J]. International Journal of Remote Sensing, 1984, 5 (1): 199-212.

[14] 梁云. 利用 EOS/MODIS 资料监测森林火情 [J]. 遥感技术与应用，2002 (6)：311-312.

[15] 张树誉，景毅. EOS/MODIS 资料在森林火监测中的应用研究 [J]. 灾害学，2004，19 (1)：58-61.

[16] Zhang, Qu, Liu, et al. Detection of burned areas from mega-fires using daily and historical MODIS surface reflectance [J]. International Journal of Remote Sensing, 2015, 36 (4): 1167-1187.

[17] Kaufman Y J, Justice C, Flynn L. Monitoring global fires from EOS MODIS [J]. Journal of Geophysical Research, 1998, 102 (29): 611-624.

[18] 段卫虎，黄诚，王皓，等. MODIS 数据在森林火点识别中的应用研究 [J]. 安徽农业科学，2014 (28)：9800-9803.

[19] 李建，陈晓玲，陆建忠，等. 森林火灾遥感监测方法适用性研究 [J]. 华中师范大学学报（自然科学版），2011，45 (3)：485-489.

[20] 覃先林，易浩若. 基于 MODIS 数据的林火识别方法研究 [J]. 火灾科学，2004，13 (2)：83-89.

[21] Cheng D, Rogan J, Schneider L, et al. Evaluating MODIS active fire products in subtropical Yucatán forest [J]. Remote Sensing Letters, 2013, 4 (5): 455-464.

[22] 张春桂. MODIS数据在南方丘陵地区局地森林火灾面积评估中的应用. 研究应用气象学报, 2007 (18): 119-123.

[23] Peterson D, Wang J, Ichoku C, et al. A sub-pixel-based calculation of fire radiative power from MODIS observations: 1 : Algorithm development and initial assessment [J]. Remote Sensing of Environment, 2013, 129 (2): 262-279.

[24] 崔学明, 王林和, 周梅, 等. MODIS及ASTER卫星数据在林火面积估算中的应用 [J]. 干旱区资源与环境, 2008, 22 (1): 198-200.

[25] 黄诚, 王皓, 王一凯, 等. 基于亚像元分解与增强的MODIS卫星林火监测图像制作 [J]. 西部林业科学, 2015 (1): 82-87.

[26] 焦琳琳, 常禹, 胡远满, 等. 基于MODIS的中国野火时空分布格局 [J]. 生态学杂志, 2014, 33 (5): 1351-1358.

[27] Justice C O, Giglio L, Korontzi S, et al. The MODIS fire products [J]. Remote Sensing of Environment, 2002, 83 (1-2): 244-262.

[28] Louis Giglioa, Jacques Descloitres. An Enhanced Contextual Fire Detection Algorithm for MODIS [J]. Remote Sensing of Environment, 2003 (87): 273-282.

[29] Liming He, Zhanqing Li. Enhancement of a fire-detection algorithm by eliminating solar contamination effects and atmospheric path radiance: application to MODIS data [J]. International Journal of Remote Sensing, 2011, 32 (21): 6273-6293.

[30] 齐少群, 张菲菲, 万鲁河, 等. 哈尔滨秋季雾霾期秸秆焚烧区域识别提取研究 [J]. 自然灾害学报, 2016, 8 (4): 152-158.

[31] Wang W, Qu J J, Hao X, et al. An improved algorithm for small and cool fire detection using MODIS data: A preliminary study in the southeastern United States [J]. Remote Sensing of Environment, 2007, 108 (2): 163-170.

[32] Blackett M. An initial comparison of the thermal anomaly detection products of MODIS and VIIRS in their observation of Indonesian volcanic activity [J]. Remote Sensing of Environment, 2015, 171: 75-82.

[33] Turner D, Ostendorf B, Lewis M. A comparison of NOAA-AVHRR fire data with three Landsat data sets in arid and semi-arid Australia [J]. International Journal of Remote Sensing, 2012, 33 (9): 2657-2682.

[34] Meng Q, Meentemeyer R K. Modeling of multi-strata forest fire severity using Landsat TM Data [J]. International Journal of Applied Earth Observation & Geoinformation, 2011, 13 (1): 120-126.

[35] Veraverbeke S, Lhermitte S, Verstraeten W W, et al. Evaluation of pre/post-fire differenced spectral indices for assessing burn severity in a Mediterranean environment with Landsat Thematic Mapper [J]. International Journal of Remote Sensing, 2011, 32 (12): 3521-3537.

[36] Koutsias N, Pleniou M, Mallinis G, et al. A rule-based semi-automatic method to map burned areas: exploring the USGS historical Landsat archives to reconstruct recent fire history [J]. International Journal of Remote Sensing, 2013, 34 (20): 7049-7068.

[37] Ashwani Raju, Ravi P Gupta, Anupma Prakash. Delineation of coalfield surface fires by thresholding

Landsat TM-7 day-time image data [J]. Geocarto International, 2012, 28 (4): 1-21.

[38] Roy P, Guha A, Kumar K V. An approach of surface coal fire detection from ASTER and Landsat-8 thermal data: Jharia coal field, India [J]. International Journal of Applied Earth Observation & Geoinformation, 2015, 39: 120-127.

[39] Blackett M. Early Analysis of Landsat-8 Thermal Infrared Sensor Imagery of Volcanic Activity [J]. Remote Sensing, 2014, 6 (3): 2282-2295.

[40] Parker B M, Lewis T, Srivastava S K. Estimation and evaluation of multi-decadal fire severity patterns using Landsat sensors [J]. Remote Sensing of Environment, 2015, 170 (10): 340-349.

[41] Fang L, Yang J, Zu J, et al. Quantifying influences and relative importance of fire weather, topography, and vegetation on fire size and fire severity in a Chinese boreal forest landscape [J]. Forest Ecology and Management, 2015, 356: 2-12.

[42] 王新民，胡德永，戴昌达，等. 陆地卫星对中国大兴安岭森林火灾的监测 [J]. 宇航学报，1990 (1): 7-17.

[43] 吴立叶，沈润平，李鑫慧，等. 不同遥感指数提取林火迹地研究 [J]. 遥感技术与应用，2014，29 (4): 567-574.

[44] 马建行，宋开山，温志丹，等. 基于 Landsat 8 影像的不同燃烧指数在农田秸秆焚烧区域识别中的应用 [J]. 应用生态学报，2015，26 (11): 3451-3456.

[45] 李军. 基于遥感的煤层自燃灾害区信息提取研究 [J]. 中国矿业，2015，24 (6): 138-141.

[46] 李如仁，贲忠奇，李品，等. 基于 Landsat-8 的煤火监测方法研究 [J]. 煤炭学报，2016，41 (7): 1735-1740.

[47] 谭柳霞，曾永年，郑忠. 林火烈度遥感评估指数适应性分析 [J]. 国土资源遥感，2016，28 (2): 84-90.

[48] Pereira M C, Setzer A W. Spectral characteristics of fire scars in Landsat-5 TM images of Amazonia [J]. International Journal of Remote Sensing, 1993, 14 (11): 2061-2078.

[49] Salvador R, Valeriano J, Pons X, et al. A semi-automatic methodology to detect fire scars in shrubs and evergreen forests with Landsat MSS time series. [J]. International Journal of Remote Sensing, 2000, 21 (4): 655-671.

[50] Koutsias N, Karteris M. Burned area mapping using logistic regression modeling of a single post-fire Landsat-5 Thematic Mapper image [J]. International Journal of Remote Sensing, 2000, 21 (4): 673-687.

[51] Maingi J K. Mapping Fire Scars in a Mixed - Oak Forest in Eastern Kentucky, USA, Using Landsat ETM+ Data [J]. Geocarto International, 2005, 20 (3): 51-63.

[52] Fang L, Yang J. Atmospheric effects on the performance and threshold extrapolation of multi-temporal Landsat derived dNBR for burn severity assessment [J]. International Journal of Applied Earth Observation & Geoinformation, 2014, 33 (1): 10-20.

[53] Epting J, Verbyla D, Sorbel B. Evaluation of remotely sensed indices for assessing burn severity in interior Alaska using Landsat TM and ETM+ [J]. Remote Sensing of Environment, 2005, 96 (3-4): 328-339.

[54] 许凌飞. 基于炉口火焰光谱信息的转炉炼钢终点在线碳含量测量方法研究 [D]. 南京：南京理工大学，2011.

[55] 蔡小舒，罗武德. 采用发射光谱法检测煤粉锅炉火焰的技术研究 [J]. 动力工程学报，2000，20 (6)：955-959.

[56] Suoanttila J M, Blanchat T K. Hydrocarbon characterization experiments in fully turbulent fires : results and data analysis [J]. Sandia Report, 2011.

[57] 陈朝晖，朱江，徐兴奎. 利用归一化植被指数研究植被分类、面积估算和不确定性分析的进展 [J]. 气候与环境研究，2004，9 (4)：687-696.

[58] Mcfeeters S K. The use of the Normalized Difference Water Index (NDWI) in the delineation of open water features [J]. International Journal of Remote Sensing, 2012, 17 (7): 1425-1432.

[59] 徐涵秋. 利用改进的归一化差异水体指数（MNDWI）提取水体信息的研究 [J]. 遥感学报，2005，9 (5)：589-595.

[60] 张勇，戎志国，闵敏. 中国遥感卫星辐射校正场热红外通道在轨场地辐射定标方法精度评估 [J]. 地球科学进展，2016，31 (2)：171-179.

[61] 张勇，戎志国，闵敏，等. 风云二号气象卫星红外通道交叉辐射定标光谱匹配 [J]. 遥感技术与应用，2013，28 (5)：844-849.

[62] Vodacek A, Kremens R L, Fordham A J, et al. Remote optical detection of biomass burning using a potassium emission signature [J]. International Journal of Remote Sensing, 2002, 23 (13): 2721-2726.

[63] Dennison P E, Brewer S C, Arnold J D, et al. Large wildfire trends in the western United States, 1984-2011 [J]. Geophysical Research Letters, 2014, 41 (8): 2928-2933.

[64] 范一舟，马洪兵. 基于视频的林火烟雾识别方法 [J]. 清华大学学报（自然科学版），2015 (2)：243-250.

[65] 杨斌，马瑞升，何立，等. 基于颜色特征的遥感图像中烟的识别方法 [J]. 计算机工程，2009，35 (7)：168-169.

[66] Roy P, Guha A, Kumar K V. An approach of surface coal fire detection from ASTER and Landsat-8 thermal data: Jharia coal field, India [J]. International Journal of Applied Earth Observation & Geoinformation, 2015, 39: 120-127.

[67] Srivastava V K, Kumar J, Kushvah B S. Regularization of circular restricted three-body problem accounting radiation pressure and oblateness [J]. Astrophysics & Space Science, 2017, 362 (3): 49.

[68] Pal S K, Vaish J, Kumar S, et al. Coal fire mapping of East Basuria Colliery, Jharia coalfield using vertical derivative technique of magnetic data [J]. Journal of Earth System Science, 2016, 125 (1): 1-14.

[69] Kuenzer C, Zhang J, Jing L, et al. Thermal Infrared Remote Sensing of Surface and Underground Coal Fires [M]. Thermal Infrared Remote Sensing. Springer Netherlands, 2013: 429-451.

[70] Chuvieco E, Martin M P. Global fire mapping and fire danger estimation using AVHRR images. [J]. Photogrammetric Engineering & Remote Sensing, 1994, 60 (5): 563-570.

[71] Melchiori A E, Setzer A W, Morelli F, et al. A Landsat-TM/OLI algorithm for burned areas in the Brazilian Cerrado - preliminary results [C]. VII International Conference on Forest Fire Research, 2014.

[72] Schroeder W, Oliva P, Giglio L, et al. Active fire detection using Landsat-8/OLI data [J]. Remote Sensing of Environment, 2016, 185: 210-220.

[73] Schroeder W, Prins E, Giglio L, et al. Validation of GOES and MODIS active fire detection products using ASTER and ETM+ data [J]. Remote Sensing of Environment, 2008, 112 (5): 2711-2726.

[74] Giglio L, Csiszar I, Ágoston Restás, et al. Active fire detection and characterization with the advanced spaceborne thermal emission and reflection radiometer (ASTER) [J]. Remote Sensing of Environment, 2008, 112 (6): 3055-3063.

[75] Giglio L, Descloitres J, Justice C O, et al. An Enhanced Contextual Fire Detection Algorithm for MODIS [J]. Remote Sensing of Environment, 2003, 87 (2): 273-282.

[76] 朱亚静. 高温地物目标短波红外遥感识别及温度反演 [D]. 长春：吉林大学，2012.

[77] Noble S R, Hudson J G. Stratus Cloud Processing of CCN and the Radiative Impacts on Subsequent Stratus Clouds [C] // AMS Meeting, 2017.

[78] Painter T H, Dozier J. Measurements of the hemispherical - directional reflectance of snow at fine spectral and angular resolution [J]. Journal of Geophysical Research Atmospheres, 2004, 109 (D18).

[79] Koseki H, Iwata Y, Natsume Y, et al. Tomakomai Large Scale Crude Oil Fire Experiments [J]. Fire Technology, 2000, 36 (1): 24-38.

[80] 张小青，周清，王厚援，等. 邵阳县稻田土壤养分空间预测方法精度对比研究 [J]. 湖南农业科学，2011 (6): 73-75.

[81] 章海亮. 基于光谱和高光谱成像技术的土壤养分及类型检测与仪器开发 [D]. 杭州：浙江大学，2015.

[82] 唐琨. 土壤有机质高光谱数据挖掘与建模 [D]. 长沙：湖南农业大学，2009.

[83] 任杰，柏延臣，王锦地. 从数码照片中快速提取植被覆盖度的方法研究 [J]. 遥感技术与应用，2010，25 (5): 719-724.

[84] 印影. 黑土有机质含量的高光谱估测模型研究 [D]. 长春：吉林大学，2015.

[85] 仇瑞承，张漫，魏爽，等. 基于 RGB-D 相机的玉米茎粗测量方法 [J]. 农业工程学报，2017，33 (s1): 170-176.

[86] 杜博，张乐飞，张良培，等. 高光谱图像降维的判别流形学习方法 [J]. 光子学报，2013，42 (3): 320-325.

[87] 余旭初. 高光谱影像分析与应用 [M]. 北京：科学出版社，2013.

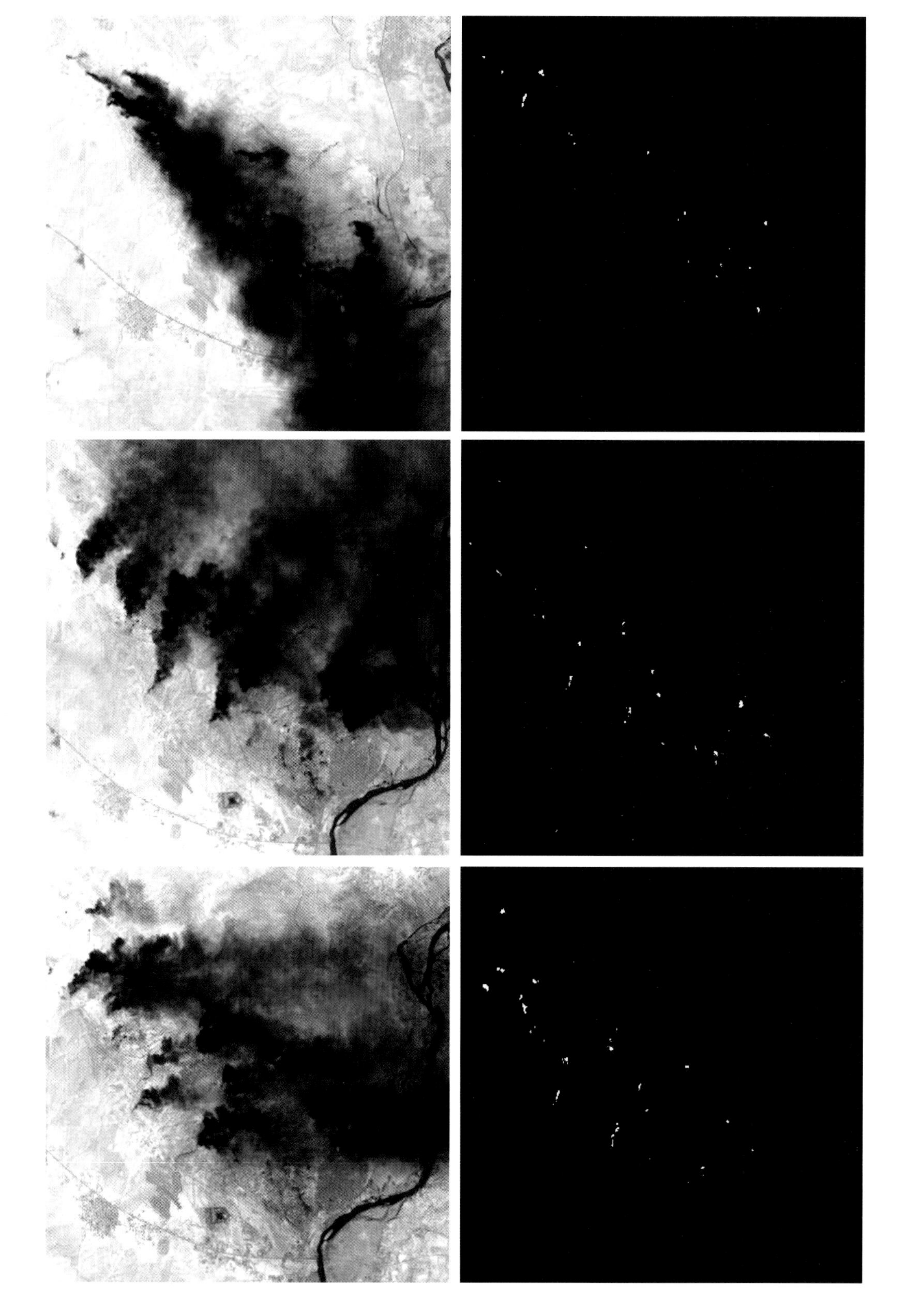

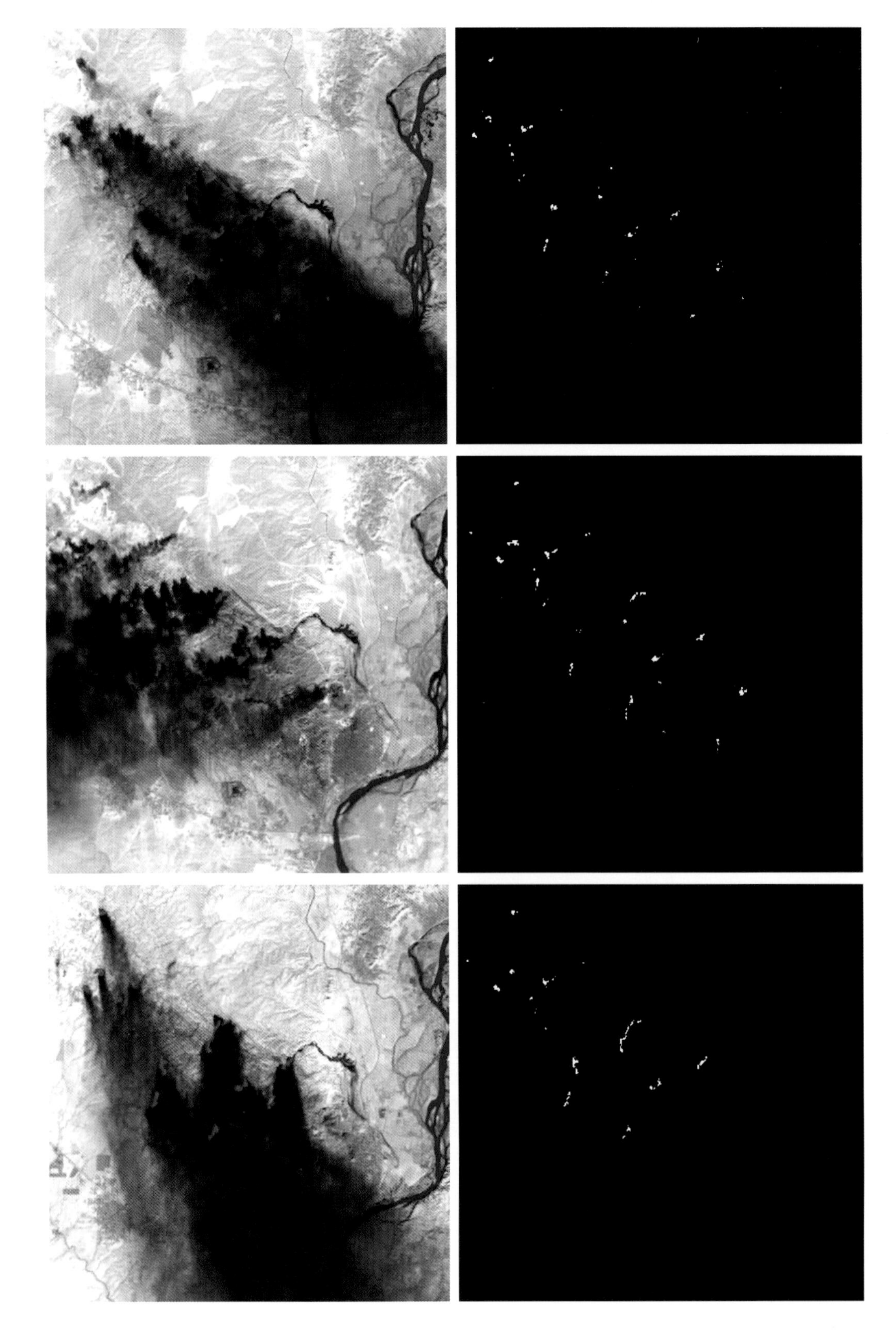

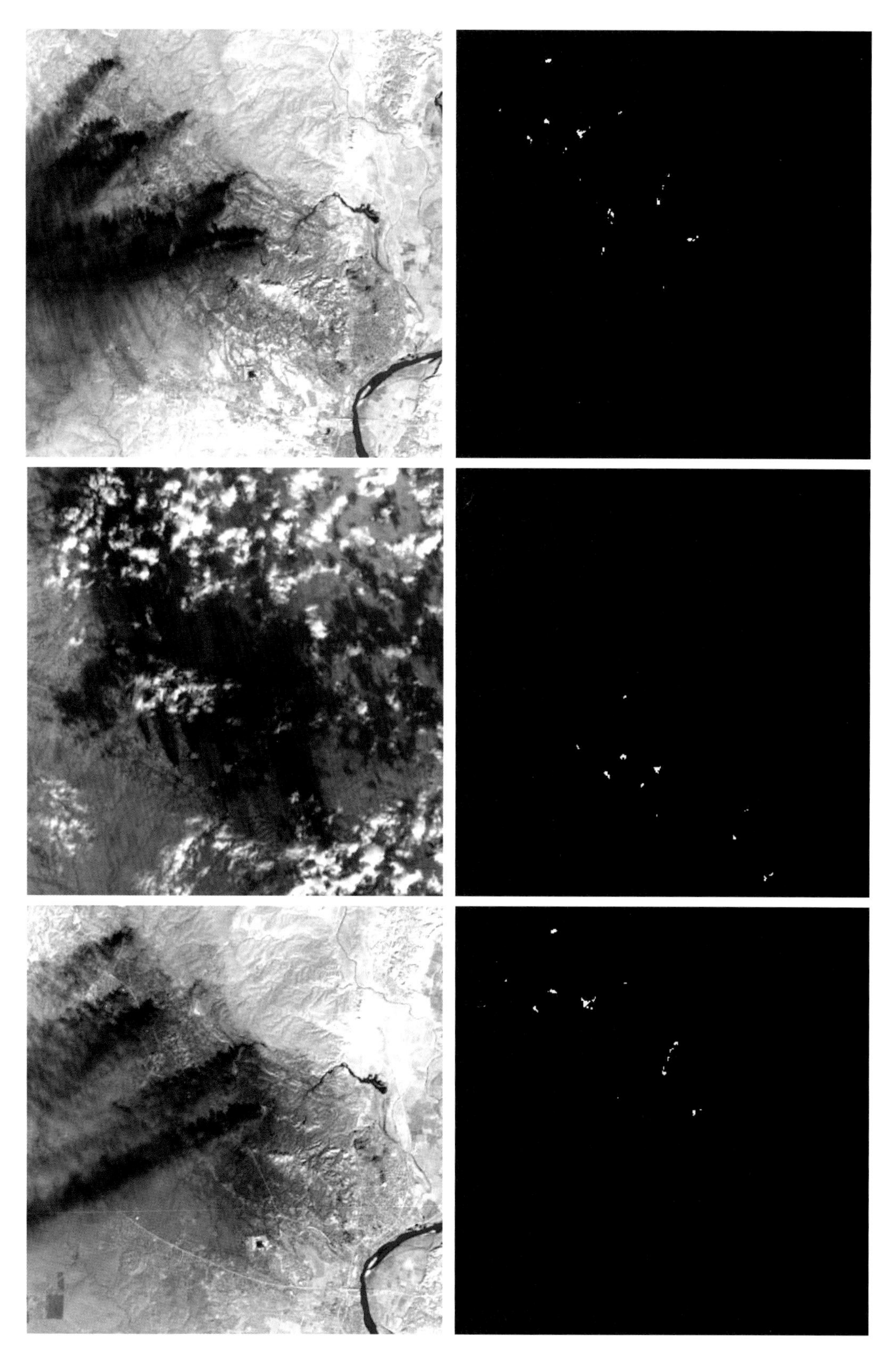

彩图1　伊拉克油田火灾影像火点像元提取结果

(a)黑白图像

(b)真彩色图像

彩图2　测试图像的黑白图像和真彩色图像

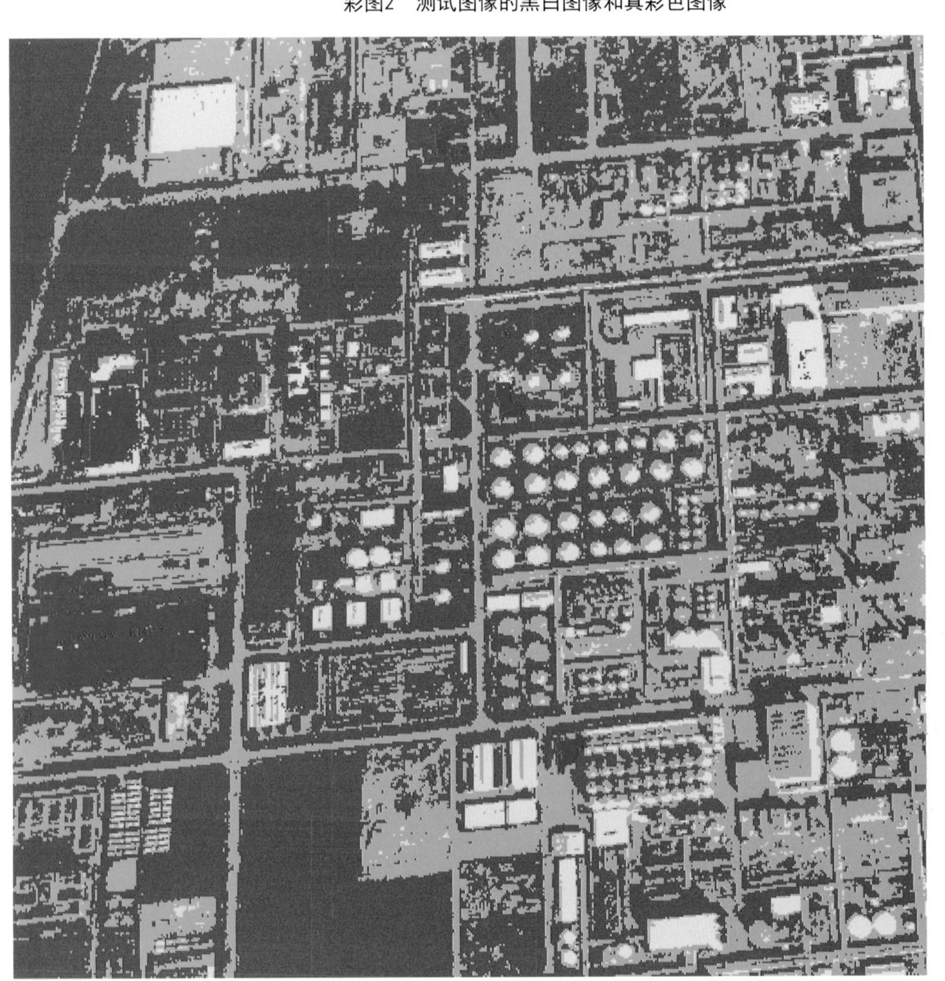

彩图3　最大似然分类结果

彩图4 8种未受烃类污染的土壤

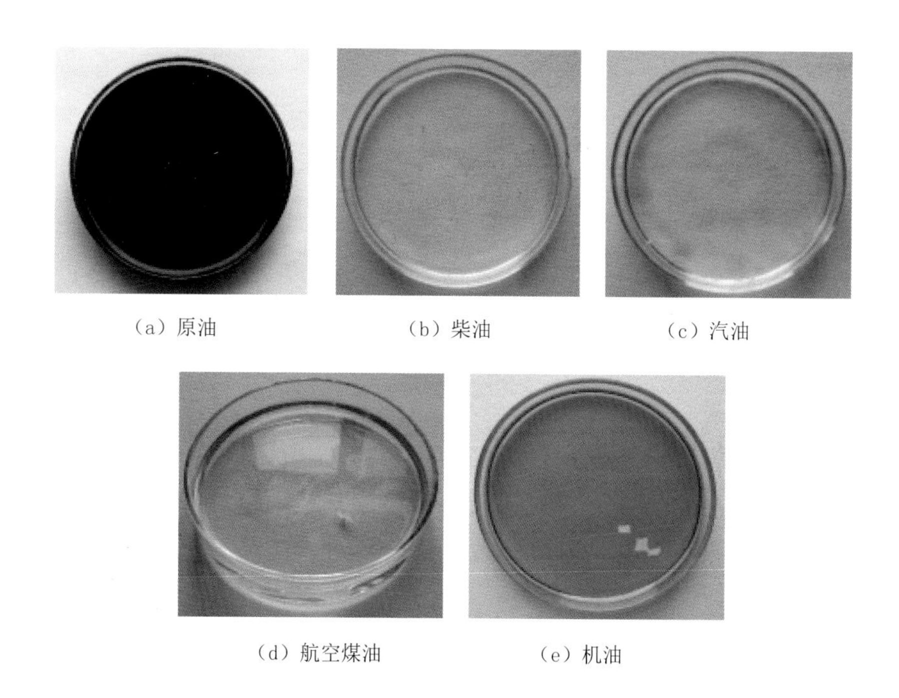

彩图5 5种实验油料

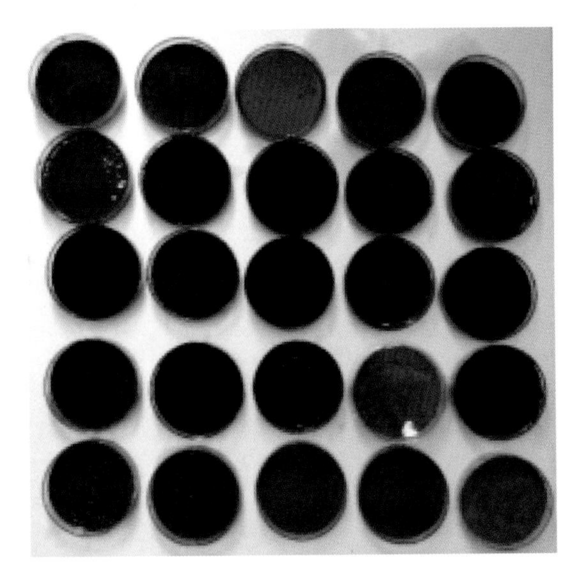

彩图6 土壤与不同含量油料混合后的样本

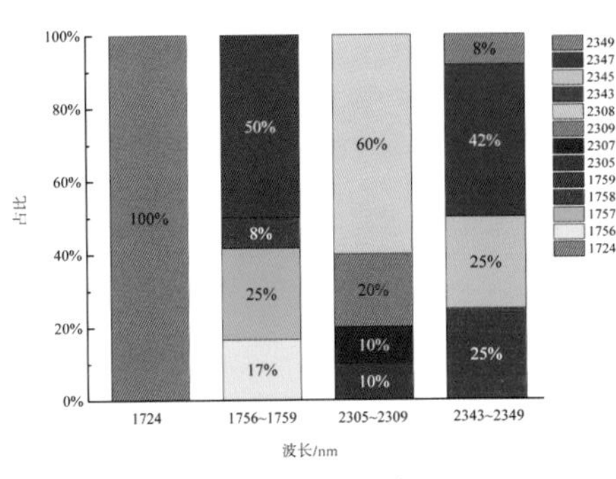

（a）裸土-柴油

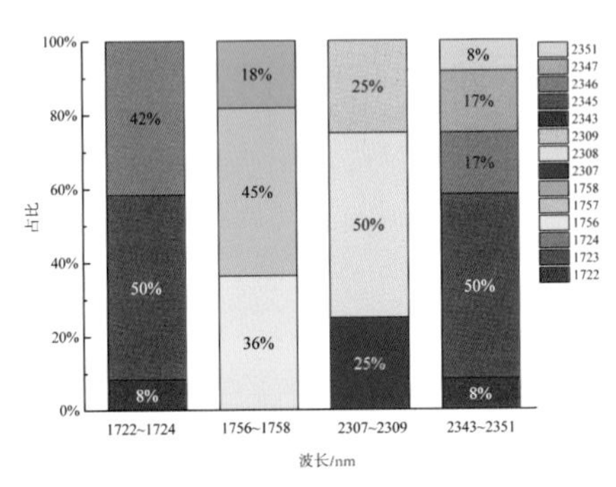

（b）裸土-航空煤油

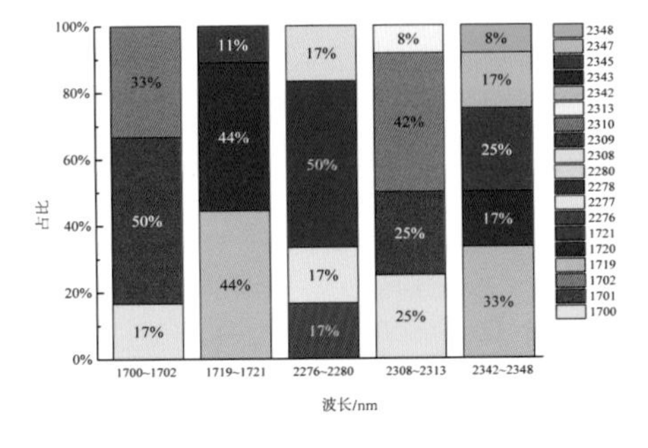

（c）裸土-汽油

彩图7 柴油、航空煤油和汽油污染裸土的特征吸收位置统计值

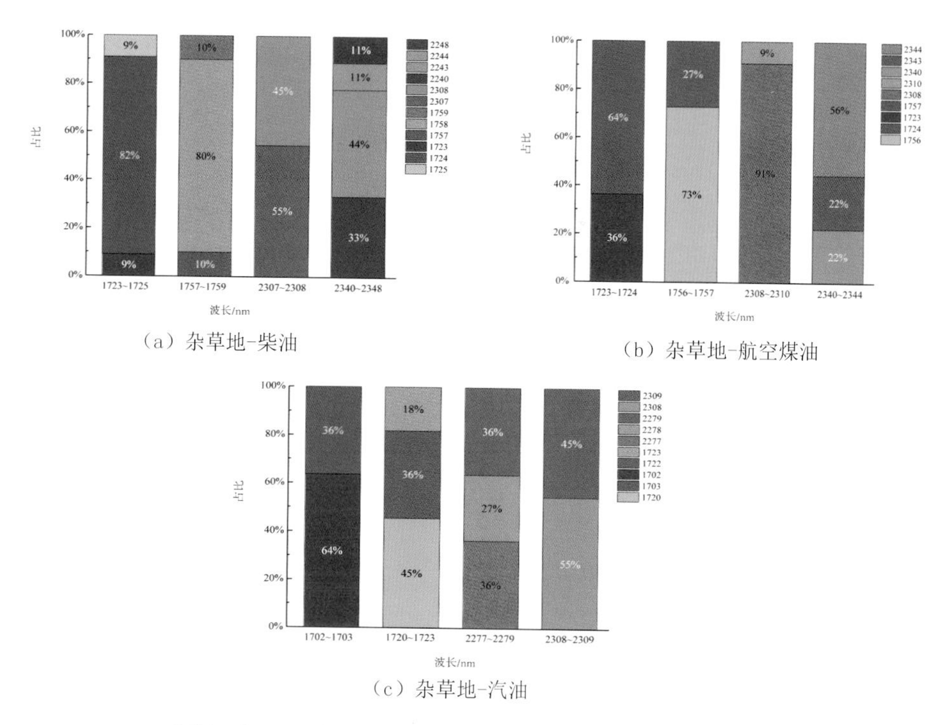

（a）杂草地-柴油

（b）杂草地-航空煤油

（c）杂草地-汽油

彩图8 柴油、航空煤油和汽油污染杂草地的特征吸收位置统计值

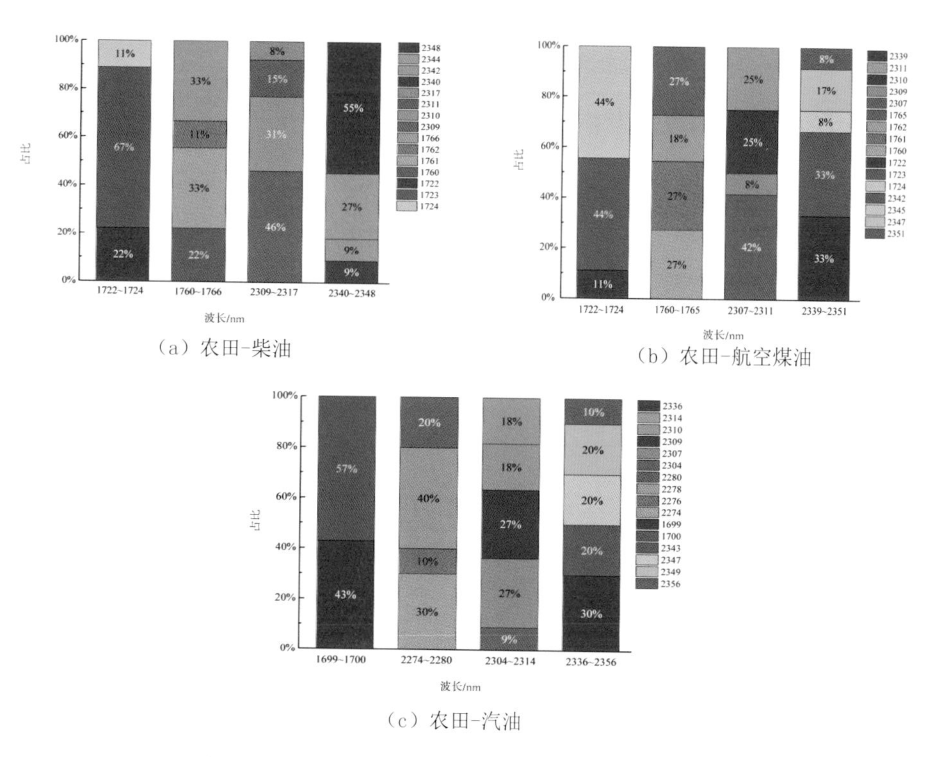

（a）农田-柴油

（b）农田-航空煤油

（c）农田-汽油

彩图9 柴油、航空煤油和汽油污染农田的特征吸收位置统计值

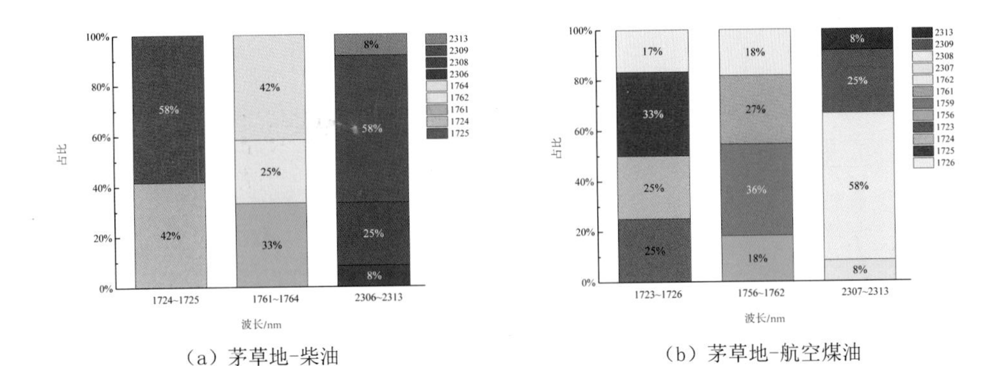

（a）茅草地-柴油

（b）茅草地-航空煤油

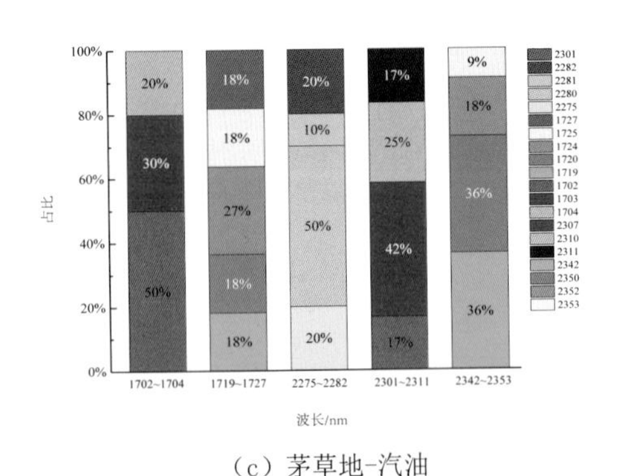

（c）茅草地-汽油

彩图10 柴油、航空煤油和汽油污染茅草地的特征吸收位置统计值